2014—2024

中国农学会农业文化遗产分会主要学术交流成果

闵庆文　刘某承　主编

中国农业出版社
北　京

艰难的起步　快速的发展　美好的前景

回想起来，成立中国农学会农业文化遗产分会颇费周折，正应了那句俗话，"好事多磨"。

我查了一下有关资料。早在 2010 年 2 月，我就受李文华院士委托，起草了《关于成立"中国农学会农业文化分会"的建议》，提出"为更好地联合科学研究力量，有效推动我国农业文化遗产及其保护和农村文化产业发展的科学研究，扎实推进我国农业文化遗产保护和农村文化产业的健康发展，建议在中国农学会下设立'农业文化分会'。"遗憾的是，这次申请没有成功。

过了一年，2011 年 3 月，李文华院士等再次提出，"为更好地联合不同学科的科学研究力量，促进不同农业文化遗产地之间的交流与合作，有效推动我国农业文化遗产保护的理论研究与实践探索，建议在中国农学会下设立'农业文化遗产保护分会'。"遗憾的是，这次申请还是没有成功。

又过了一年，2012年3月，李文华院士等继续提出成立"中国农学会农业文化遗产保护分会"申请，并认为分会的成立"将有助于更好地联合不同学科的科学研究力量，促进不同农业文化遗产地之间的交流与合作，有效推动我国农业文化遗产保护的理论研究与实践探索。"遗憾的是，这次申请依然没有成功。

"阳光总在风雨后"！又经过近两年的时间，在2014年1月17日召开的中国农学会十届三次常务理事会上，各位常务理事"同意成立农业文化遗产分会"。随后，在学会秘书处的指导下和中国科学院地理科学与资源研究所的支持下，我们积极筹备正式成立工作，于6月30日向中国农学会报送了《关于农业文化遗产分会成立事宜的请示》，提出了第一届分会领导机构组成人员建议人选名单，并于7月31日收到中国农学会《关于农业文化遗产分会召开成立大会暨第一次全国会员代表大会的函复》。2014年11月16日，在云南昆明召开了中国农学会农业文化遗产分会成立大会暨学术研讨会，选举产生了分会第一届委员会组成人员：顾问为任继周院士，主任委员为李文华院士，副主任委员为朱有勇院士、骆世明教授、曹幸穗研究员、闵庆文研究员、宛晓春教授，秘书长由闵庆文研究员兼任。

尽管分会的成立较为困难，但农业文化遗产及其保护的学术交流、政策咨询、科普宣传等工作却从未中断。仅就学术研讨会而言就有：中国科学院地理科学与资源研究所单独或联合主办了"文化旅游资源保护与可持续发展"（北京，

2010 年 4 月 11 日）、"全球重要农业文化遗产青田稻鱼共生系统授牌五周年纪念座谈会"（与青田县人民政府联合主办，浙江青田，2010 年 6 月 12 日）、"农业文化遗产地农产品开发与管理研讨会"（北京，2011 年 3 月 28—30 日）、"农业文化遗产保护与旅游发展论坛"（云南红河，2011 年 11 月 1—3 日）、"农业文化遗产保护与乡村发展座谈会"（北京，2011 年 12 月 22—23 日）、"香榧文化与香榧产业发展研讨会"（与绍兴市人民政府等联合主办，浙江绍兴，2012 年 8 月 27—28 日）、"全球重要农业文化遗产保护与发展国际研讨会"（与农业农村部国际合作司、联合国粮农组织联合主办，浙江绍兴，2012 年 8 月 29 日至 9 月 1 日）、"宣化传统葡萄园农业文化遗产保护与管理研讨会"（河北宣化，2012 年 9 月 22—23 日）、"全球重要农业文化遗产保护与管理经验交流会暨万年稻作农业文化遗产保护与发展研讨会"（江西万年，2012 年 12 月 3—4 日）、"中国宣化城市传统葡萄园申报全球重要农业文化遗产工作座谈会"（与宣化区人民政府联合主办，北京，2013 年 5 月 10 日）、"农业文化遗产保护与管理学术沙龙"（福建福州，2013 年 7 月 10 日）、"2013 紫鹊界梯田遗产保护研讨会"（与中国文物学会世界遗产研究委员会等联合主办，湖南新化，2013 年 9 月 24 日）、"贵州屯堡文化暨西秀区鲍家屯遗产保护研讨会"（与中国文物学会世界遗产研究委员会等联合主办，贵州安顺，2013 年 12 月 4 日）等活动，承办或联合承办了"世界农业文化遗产保护学术研讨会"（中华人民共和国农业部、文化部，中国文学艺术界联合会主办，北京，2010 年 6 月 15 日）、"第三届全球重要农业文化遗产国际论坛"（联合国粮农组织主办，北京，2011 年 6 月 9—12 日）、"农业文化遗产保护学术研讨会"（中国工程院农业学部、福州市人民政府主办，福建福州，2013 年 7 月 11 日）等；中国农业博物馆联合承办了"世界农业文化遗产保护学术研讨会"（2010 年 6 月 15 日）、"首届中华农耕文化研讨会"（中华人民共和国农业部主办，与中国农业历史学会联合承办，2012 年 3 月 2 日）；南京农业大学于南京召开了"中国农业文化遗产保护论坛"（与中国农业历史学会联合主办，江苏南京，2010 年 10 月 23—24 日）、"中国农业历史学会第五届会员代表大会暨第二届中国农业文化遗产保护论坛"（与中国农业历史学会联合主办，2011 年 10 月 23—25 日）等。

这期间，有关专家还为云南红河哈尼稻作梯田系统和江西万年稻作文化系统（2010 年 6 月正式授牌）、贵州从江侗乡稻鱼鸭系统（2011 年 6 月正式授牌）、内蒙古敖汉旱作农业系统、云南普洱古茶园与茶文化系统（2012 年 9 月正式授牌）、河北宣化城市传统葡萄园和浙江绍兴会稽山古香榧群（2013 年 6 月正式授牌）等成功申报全球重要农业文化遗产项目，以及为中国重要农业文化遗产发掘（2012 年 3 月正式启动，2013 年 5 月发布第一批项目）等工作提供了技术支持；参与了联合国粮食及农业组织（FAO，简称联合国粮农组织）全球重要农业文化遗产（GIAHS）项目执行，发起成立了东亚地区农业文化遗产研究会（ERAHS）

合作机制；成功申请了一系列研究项目，特别是李文华院士牵头的中国工程院重大咨询项目"中国重要农业文化遗产保护与发展战略研究"于 2013 年 1 月正式立项，于 2016 年 5 月由科学出版社出版了《中国重要农业文化遗产保护与发展战略研究》（李文华为主编，朱有勇、尹伟伦、任继周、唐启升、闵庆文为副主编）一书。

分会成立的过程并不顺利，这主要是因为系统性农业文化遗产工作虽然已经开展（FAO 于 2002 年发起了 GIAHS 倡议并于 2005 年确定了首批保护试点，原农业部于 2012 年启动了中国重要农业文化遗产发掘与保护工作），但学术界、社会上对于这一方向并没有给予很多关注，而且简单从中文字面上很容易与已经有很好发展的农业历史或乡村文化混淆，其实这种情况直到今天依然存在。

但不可否认的是，分会成立之后一直保持着良好的发展势头。自 2014 年起举办了 7 次全国性学术研讨会（只有 2020—2022 年因为疫情而不得不中断，但其间依然组织了多次线上研讨活动），并连续两次被中国科协列入"重要学术会议指南"；承办或联合承办了 7 次东亚地区农业文化遗产大会，使之成为"最成功的区域性农业文化遗产学术交流和经验分享平台"；有关专家多次参与农业农村部重要农业文化遗产政策制定、监督检查等工作，应邀到重要农业文化遗产地或潜在地开展保护与发展技术指导，推动了农业文化遗产保护与发展工作的健康发展；在 *Journal of Resources and Ecology*、《资源科学》《中国生态农业学报（中英文）》

《中国农史》《中国农业大学学报（社会科学版）》《生态与农村环境学报》《农业资源与环境》《自然与文化遗产研究》《古今农业》等有关学术期刊，组织专辑、专栏；在有关高校举办专题讲座，参与中央电视台《农业遗产的启示》《农耕探文明》等专题片策划，在《开讲啦》《大地讲堂》等节目进行讲座和访谈；组织出版《中国重要农业文化遗产系列丛书》《中国重要农业文化遗产之旅丛书》《全球重要农业文化遗产故事绘本》等科普读物；在《中国国家地理》《中华遗产》《世界遗产》《人民日报》《光明日报》《农民日报》等媒体组织专版或专栏……分会也因此在中国农学会组织的年度考核中，连续多次荣获"优秀"等级。

为了更好检阅过去 10 年分会在推进学科发展、推动学术交流方面的工作，我们以摘要方式辑录了 7 次全国性学术大会上的特邀报告、分会场报告，并列出了其他相关学术活动。客观地讲，农业文化遗产及其保护的学术研究水平还不高，甚至可以说落后于快速发展的农业文化遗产发掘与保护工作，这既有发展时间较短、专业涉及面广的原因，也存在项目支持少、研究人员持续性差等问题。但尽管如此，相信读者还是可以从中看出这一涉及农业生态与环境、农业历史与文化、农业经济与管理、遗产保护与利用等多个领域的新的学科方向的进步，或许也能够感受到所有"农业文化遗产保护者"在科研和保护实践中的思考与努力。

经过 20 多年的努力，农业文化遗产发掘与保护已经进入到一个新的发展阶段。从国际上看，联合国粮农组织已于

2015年6月正式将全球重要农业文化遗产（GIAHS）列为业务化工作，并于2016年起，在原来的项目科学委员会和指导委员会的基础上，正式成立了科学咨询小组（SAG）。截至目前，已有26个国家和地区的86项传统农业系统被列入GIAHS名录。我国农业农村部与联合国粮农组织组织的"南南合作"框架下GIAHS高级别培训班连续举办，成为国际农业文化遗产保护的"黄埔军校"；以东亚地区农业文化遗产研究会（ERAHS）为代表的区域性合作机制正在形成，关于农业文化遗产的双边与多边合作也有了很好的发展。

国内的农业文化遗产发掘与保护工作更是迅猛发展，我们不仅以22项全球重要农业文化遗产数量位居各国之首，而且在管理制度、保护实践、科学研究等各个方面处于国际领先地位。2012年开始，农业农村部已先后发布7批188项中国重要农业文化遗产，覆盖了31个省（自治区、直辖市）；2015年8月，《重要农业文化遗产管理办法》颁布；2016年起，每年的中央一号文件均将农业文化遗产保护工作列入其中，建立了中国全球重要农业文化遗产预备名单制度；2021年6月1日正式实施的《中华人民共和国乡村振兴促进法》明确列出了农业文化遗产保护内容；特别是习近平主席于2022年7月18日向由农业农村部、浙江省人民政府主办，在浙江青田召开的全球重要农业文化遗产大会致贺信，为农业文化遗产发掘与保护指明了方向、提供了遵循。所有这一切，均昭示着农业文化遗产的美好前景。

"农耕文化是我国农业的宝贵财富，是中华文化的重要组成部分，不仅不能丢，而且要不断发扬光大。""人类在历史长河中创造了璀璨的农耕文明，保护农业文化遗产是人类共同的责任。中国积极响应联合国粮农组织全球重要农业文化遗产倡议，坚持在发掘中保护、在利用中传承，不断推进农业文化遗产保护实践。中方愿同国际社会一道，共同加强农业文化遗产保护，进一步挖掘其经济、社会、文化、生态、科技等方面价值，助力落实联合国 2030 年可持续发展议程，推动构建人类命运共同体。"

使命在肩，唯有勇毅前行。让我们更好地把握良好机遇，牢记历史使命，加强团结协作，跟踪国际前沿，瞄准国家需求，深入乡村一线，为农业文化遗产保护和发展做出无愧于时代的贡献。

中国科学院地理科学与资源研究所 研究员

中国农学会农业文化遗产分会 主任委员

2024 年 8 月

目 录

代序

中国农学会农业文化遗产分会第一、二届委员会工作总结

全国农业文化遗产学术研讨会学术交流成果

中国农学会农业文化遗产分会 第一、二届委员会工作总结

中国农学会农业文化遗产分会第一届委员会工作总结

2014年，中国农学会农业文化遗产分会成立并选举产生了第一届委员会，任期5年。在过去的5年里，在农业农村部和中国农学会的指导和中国科学院地理科学与资源研究所广大遗产地的支持下，在各学科专家的精诚合作下，分会在学术交流、组织建设、科学普及、国际交流和编辑出版等方面开展了多项工作。这些工作在一定程度上推动了我国农业文化遗产的学科建设，促进了遗产地的经济发展、生态保护和文化传承，提高了农业文化遗产的知名度和影响力，增强了我国在世界农业可持续发展方面的话语权。

一、学术交流

1. 主办了五届"全国农业文化遗产学术研讨会"

2014年11月在云南昆明举办了"第一届全国农业文化遗产学术研讨会"，第二到第五届研讨会分别于2015年10月在浙江省青田县、2016年10月在河北省涉县、2017年11月在重庆市石柱县、2018年7月在内蒙古自治区阿鲁科尔沁旗召开。

分会委员会主任委员李文华院士、副主任委员骆世明教授、曹幸穗研究员、闵庆文研究员以及孙庆忠教授、李先德研究员、苑利研究员等受邀为学术研讨会作特邀报告，为我国农业文化遗产的学术交流和遗产地后期保护管理实践提供了支持与指导。

2. 参与主办了六届东亚地区农业文化遗产学术研讨会

东亚地区农业文化遗产研究会于2013年10月22日在北京正式成立。"首届东亚地区农业文化遗产学术研讨会"于2014年4月在江苏省兴化市召开。2015年6月、2016年6月、2017年7月、2018年8月和2019年5月分别在日本佐渡岛、韩国锦山郡、我国浙江省湖州市、日本和歌山和韩国河东郡举行。

会议得到了联合国粮农组织、农业农村部国际合作司（2018年4月，农业部更名为农业农村部）、农业部农产品加工局（2018年更名为农业农村部乡村产业发展司）、农业农村部社会事业促进司和中国农学会农业文化遗产分会的支持。分会主任委员李文华院士和副主任委员骆世明研究员、曹幸穗研究员、闵庆文研究员以及刘红婴教授等多次受邀作学术报告。

3.在重大学术会议上积极承办农业文化遗产分会场

"第十二届国际生态学大会暨第十六届中国生态学大会"于2017年8月21—25日在北京国家会议中心召开,其中分会承办的"农业文化遗产的生态系统服务与管理"分会场于8月22日举行。

"第二届全国民族生态学大会"于2017年7月8—10日在贵州省凯里市召开,其中分会承办了"民族地区农业文化遗产保护"分会场。

"丝绸之路与中外农业交流学术研讨会——2017PNJCCS论坛"于2017年10月21日在南京农业大学召开,其中分会承办了"国际化视野下的农业文化遗产保护"分会场。

二、技术咨询

1. 为农业农村部全球重要农业文化遗产的推荐提供技术支持

主任委员李文华院士、副主任委员曹幸穗研究员、副主任委员兼秘书长闵庆文研究员以及常务委员吴文良教授、胡瑞法教授、苑利研究员、廖小军教授等先后参加了农业农村部国际合作司于2014年3月3日组织召开的全球重要农业文化遗产专家论证会和4月8日在江苏兴化召开的全球重要农业文化遗产申报专家咨询会。会议为完善申报材料等准备工作、确保成功申报奠定了基础。

2. 为农业农村部中国重要农业文化遗产认定提供技术支持

自2012年始农业农村部开展中国重要农业文化遗产发掘工作以来,各地积极开展相关的申报准备工作。农业农村部于2014年、2015年、2017年和2019年分别举行了第二批、第三批、第四批和第五批中国重要农业文化遗产评审会。李文华主任委员、闵庆文副主任委员分别主持,骆世明、曹幸穗等副主任委员及部分委员参加了评审,对各农业文化遗产候选地的申报书及保护规划给予了中肯的指导,特别是在系统定名、系统特征提炼、地区发展思路以及文本写作规范等方面提出了意见。

3. 为遗产候选地的申报工作提供技术咨询

自2014年以来,北京、安徽、云南、新疆、宁夏、海南等地积极开展中国重要农业文化遗产挖掘工作。分会主任委员李文华院士、副主任委员曹幸穗研究员、副主任委员兼秘书长闵庆文研究员等分别受邀参加了安徽寿县芍陂(安丰塘)及灌区农业系统、云南双江勐库古茶园与茶文化系统、新疆奇台旱作农业系统、宁夏中宁枸杞种植系统、安徽休宁山泉流水养鱼系统等申报中国重要农业文化遗产的咨询会，就各地申报中国重要农业文化遗产的具体情况进行了专题探讨，对中国重要农业文化遗产申报书和保护规划编写进行了科学指导。

2015年1月16日，"中国南方山地稻作梯田系统联合申报全球重要农业文化遗产研讨会"上，在分会的指导下，编写小组围绕梯田的历史起源与演变、农业生物多样性、传统耕作知识与技术、传统文化、生态系统服务、社会经济现状与威胁、农业生态保护、农业文化保护、农业产业发展、农业文化产业发展10个专题进行了前期研究，为全球重要农业文化遗产申报书以及保护规划的编制打下了坚实的基础。

2015年3月30日，"全球重要农业文化遗产专家咨询研讨会"在福建省尤溪县召开。副主任委员兼秘书长闵庆文及委员王思明教授和孙庆忠教授等就"山东夏津黄河故道古桑树群"和"中国南方山地稻作梯田系统"GIAHS申报准备情况进行了研讨与交流。目前，两个项目均已成功申报为全球重要农业文化遗产。

"河北涉县旱作梯田保护与发展暨全球重要农业文化遗产申报专家咨询会"于2016年10月19日在河北省涉县召开。副主任委员曹幸穗研究员、闵庆文研究员，委员樊志民研究员、徐旺生研究员、孙庆忠教授、赵志军研究员、卢琦研究员、薛达元研究员等在实地考察涉县旱作梯田后，围绕如何调整旱作梯田种植结构、提升农产品品质、打造高端品牌、深入挖掘梯田文化、石头文化内涵、做好与梯田共生共存的石头村落保护与开发、改善村庄环境、提高村民收入以及GIAHS申报书与保护发展规划编写等提出意见和建议。

4. 为各遗产地的保护与发展提供技术咨询

2014年7月22日，"山东夏津黄河故道古桑树群农业文化遗产保护与发展研讨会"在山东省夏津县召开，分会主任委员李文华院士和西南大学向仲怀院士、山东农业大学束怀瑞院士，以及来自联合国粮农组织驻北京代表处和有关高校、科研单位、企业的专家代表和新闻记者等近100人参加了会议。

此外，主任委员李文华院士等于2017年9月21日出席在浙江省德清县举行的"浙江德清淡水珍珠传统养殖与利用系统保护暨申请全球重要农业文化遗产启动仪式"。李文华院士在致辞中指出,浙江德清淡水珍珠传统养殖与利用系统是一个非常典型的农业文化遗产,在原有基础上把过去一些好的传统发扬光大,是一种可持续发展的模式,并强调,"农业文化遗产在今天更加宝贵,农业文化遗产是我们发展的根与魂。我们对过去农业文化遗产的保护,是对我们祖先成就的认可,农业文化遗产是现代发展的宝贵资源,同时是未来的希望。"

三、建言献策

1.参加全国政协文史和学习委员会调研,调研报告获国家领导人批示

为加强对我国农业文化遗产的挖掘、保护、传承和利用,2014年4月全国政协文史和学习委员会组成调研组赴云南、广西两省份就农业文化遗产保护和利用情况进行了专题调研,与两省份各级有关部门进行座谈,考察了部分有代表性的农业文化遗产。分会副主任曹幸穗研究员、副主任委员兼秘书长闵庆文研究员、委员孙好勤研究员等应邀参加了调研活动。作为这次活动的重要成果,政协全国委员会文史和学习委员会完成了《关于切实保护和利用好我国农业文化遗产的建议》,并得到了领导批示。

2.中国工程院重点咨询项目成果获国家领导人批示

由分会主任委员李文华院士领衔的中国工程院重点咨询项目"中国重要农业文化遗产保护与发展战略研究"于2013年启动。2014年12月,主任委员李文华院士、副主任委员兼秘书长闵庆文研究员、副秘书长刘某承副研究员等执笔完成的咨询报告《关于加强我国农业文化遗产研究与保护工作的建议》,得到了党和国家领导人的批示。

四、国际交流

1.参与全球重要农业文化遗产高级别培训班授课

2014年以来,联合国粮农组织与中国农业农村部共同举办了五届"南南合作"框架下"全球重要农业文化遗产高级别培训班",来自孟加拉国、不丹等近50个亚太、中东、欧洲、美洲等地区和国家的100多名农业农村部门管理人员参加了培训。分会主任委员李文华院士、副主任委员闵庆文研究员、骆世明教授,常务委员李先德研究员、田志宏教授,委员刘某承副研究员、焦雯珺副研究员、孙业红教授等为学员授课。

2. 副主任委员兼秘书长闵庆文研究员当选 FAO GIAHS 科学咨询小组主席

2016年2月22—23日召开的FAO GIAHS科学咨询小组（SAG）上，经科学咨询小组成员磋商，副主任委员兼秘书长闵庆文研究员担任小组主席，并与意大利佛罗伦萨大学Mauro Agnoletti教授实行年度轮值。

3. 陪同FAO总干事赴浙江省考察"青田稻鱼共生系统"

副主任委员兼秘书长闵庆文受邀陪同FAO总干事何塞·格拉齐亚诺·达席尔瓦先生于2016年6月5日赴浙江省青田县考察中国第一个GIAHS项目——浙江青田稻鱼共生系统。中国常驻FAO代表处大使牛盾，浙江省人民政府副省长黄旭明，农业部国际合作司副司长唐盛尧，FAO驻华代表处Percy Misika及丽水市副市长任淑女和青田县主要领导等同行。

格拉齐亚诺先生高度评价了中国传统农耕文明的悠久历史和科学价值，认为传统农耕系统对农业可持续发展、乡村振兴和农民增收均做出了突出贡献，他称赞中国是农业文化遗产保护与发展的领军者，为世界其他国家做了很好的示范。

4. 积极主办或承办各类国际学术交流会议

由中国农学会农业文化遗产分会、海南省农业厅、农业部国际交流服务中心、东亚地区农业文化遗产研究会联合主办，海南省农业对外交流合作中心承办的"农业文化遗产保护国际研讨会"于2017年2月24—25日在海南省海口市召开。会议围绕如何促进农业文化遗产保护与管理的经验交流以及如何进一步推动东亚地区农业文化遗产的保护与发展进行了讨论。专家委员会副主任委员闵庆文研究员参会并介绍了中国在农业文化遗产保护与管理方面的经验与成效。

由联合国粮农组织主办，中国农学会农业文化遗产分会、中国科学院地理科学与资源研究所、农业部国际交流服务中心联合承办的"全球重要农业文化遗产（GIAHS）与地理标志产品研讨会"于2017年6月27日在北京召开。

由商务部对外援助司、农业部国际合作司主办，农业部国际交流服务中心承办的"2017年'一带一路'国家农业文化遗产管理与保护研修班"于2017年6月12日在北京开班。分会副主任委员闵庆文研究员作主旨报告，介绍了我国农业文化遗产保护的现状和农业文化遗产保护过程中应该注意的问题。

"2017中日韩地方政府'三农'论坛暨全球重要农业文化遗产保护传承与发展分论坛"于2017年9月16—18日在贵州省贵阳市举办。分会副主任委员闵庆文研究员主持会议，会议以"山地农业·绿色共享"为主题，分享了山地农业发展新农村建设、提升农民生活水平的新理念新思想。

五、编辑出版

1.支持《中国重要农业文化遗产系列丛书》编写出版

为推动我国重要农业文化遗产的系统宣传，在分会有关专家指导下，支持中国农业出版社出版了《中国重要农业文化遗产系列丛书》（第一、第二辑），丛书共有22册，分别介绍了中国的22个中国重要农业文化遗产，其中包括11个全球重要农业文化遗产。丛书以图文并茂的形式，力求科学性与通俗性相统一，系统阐述了农业文化遗产的起源与演变、生态与文化特征，分析其历史与现实价值和保护与利用现状，提出可持续保护与管理对策，以进一步提升遗产地人民的文化自觉性与自豪感，提高全社会保护农业文化遗产的意识。

2.支持《世界遗产》编辑出版农业文化遗产专刊

在分会的技术支持下，《世界遗产》2014年第9期刊发了特别策划"高山上的诗行——后申遗时代哈尼梯田的保护与发展"专题，全面介绍了哈尼梯田结构、文化和景观特点，国外水稻梯田保护经验和申遗后哈尼梯田存在的危机和保护对策等；第10期刊发特别策划"天香九窨——福州茉莉花与茶文化系统解读"专题，全面解读了福州的人文特征、农业历史地位、茶与花结合的历史渊源、茉莉花与茶的种植技术、茉莉花茶的窨制工艺、茉莉花茶的相关民俗文化和文学艺术等，全面展示了"福州茉莉花与茶文化系统"的文化魅力和智慧创造。

3.支持意大利国家广播电视台来华拍摄

意大利国家广播电视台来华录制介绍农业与美食的纪录片。受联合国粮农组织和我国农业部委托，分会副主任委员兼秘书长闵庆文研究员赴云南省红河州接受采访，并实地向摄制组详细介绍了"云南红河哈尼稻作梯田系统"的科技奥秘。该纪录片于2015年在米兰世博会上播放，向世界展示了我国农业文化遗产的丰硕保护成果。

4.参加"走进中国科学院——记者行"探访全球重要农业文化遗产地活动

2015年9月18—21日，由中国科学院科学传播局组织的"走进中国科学院·记者行"活动，探访全球重要农业文化遗产地，围绕农业文化遗产的发掘、保护、利用、传承工作进行采访。副主任委员兼秘书长闵庆文研究员及其科研团队，FAO驻华代表处、人民日报、新华社、光明日报、中央人民广播电台、科技日报、农民日报、中国新闻社、中国网、《中华儿女》及《中国科学报》等多家媒体共20余人参加了活动。记者团先后赴我国全球重要农业文化遗产——浙江青田稻鱼共生系统和贵州从江侗乡稻鱼鸭系统进行考察，并在媒体中刊发文章介绍了农业文化遗产保护为当地农耕文明的传承、生态环境的保护和农户经济收入带来的实际效果。

5.支持《世界遗产》推出2015年10月特别策划"梦牵田园——GIAHS中国十周年"

在我国GIAHS事业发展十周年之际，在农业部国际合作司、联合国粮农组织驻华代表处、中国科学院地理科学与资源研究所、中国农学会农业文化遗产分会、浙江省青田县人民政府等的支持下，《世界遗产》特别策划了"梦牵田园——GIAHS中国十周年"专辑，总结了GIAHS中国十年来取得的成就，展望农业文化遗产的未来。专辑以浙江青田稻鱼共生系统、贵州从江侗乡稻鱼鸭系统等全球重要农业文化遗产为例，总结我国十年农业文化遗产挖掘和保护所取得的成就。专辑发表了主任委员李文华院士等农业文化遗产专家的观点和来自农业文化遗产保护一线的企业家、农民的感受与期许。

6.支持CCTV 7《农业遗产的启示》拍摄

《农业遗产的启示》是CCTV 7《科技苑》栏目精心打造的大型系列纪录片。它聚焦GIAHS，用记录的手法真实表现了农业文化遗产的历史、文化和传承，让观众从系列节目中感受鲜活的历史，感触奇迹，感叹先人的智慧，感知天人合一、自然与人的和谐。

在副主任委员兼秘书长闵庆文研究员等的大力支持和江苏兴化、山东夏津、湖南新化、福建尤溪、广西龙胜和江西崇义等地方政府的积极配合下，《农业遗产的启示》摄制组赴江苏兴化、山东夏津、湖南新化、福建尤溪、广西龙胜和江西崇义进行了纪录片的拍摄，系统解读了江苏兴化垛田传统农业系统、山东夏津黄河故道古桑树群和中国南方山地稻作梯田系统的科技秘密。

中国农学会农业文化遗产分会第一届委员会委员名单

分会职务	姓名	单位	职称
主任委员	李文华	中国科学院地理科学与资源研究所	院士
顾问	任继周	兰州大学	院士
副主任委员	朱有勇	云南农业大学	院士
	骆世明	华南农业大学	教授
	曹幸穗	中国农业博物馆	研究员
	闵庆文	中国科学院地理科学与资源研究所	研究员
	宛晓春	安徽农业大学	教授
秘书长	闵庆文	中国科学院地理科学与资源研究所	研究员
常务委员 （按拼音排序）	成升魁	中国科学院地理科学与资源研究所	研究员
	樊志民	西北农林科技大学	教授
	胡瑞法	北京理工大学	教授
	李先德	中国农业科学院农业经济与发展研究所	研究员
	廖小军	中国农业大学	教授
	刘红婴	中国政法大学	教授
	刘金龙	中国人民大学	教授
	刘明国	农业部农产品加工局	副局长
	卢 琦	中国林科院荒漠化研究所	研究员
	屈四喜	农业部国际合作司	巡视员
	孙好勤	中国热带农业科学院	研究员
	孙庆忠	中国农业大学	教授
	田志宏	中国农业大学	教授
	王东阳	中国农业科学院	研究员
	王克林	中国科学院亚热带农业生态研究所	研究员
	王思明	南京农业大学	教授
	吴文良	中国农业大学	教授
	徐旺生	中国农业博物馆	研究员
	薛达元	中央民族大学	教授
	苑 利	中国艺术研究院	研究员
	张林波	中国环境科学院生态所	研究员
	赵志军	中国社会科学院考古研究所	研究员
委员 （按拼音排序）	白会武	陕西省佳县人民政府	副县长
	陈 斌	云南农业大学	教授
	陈锦宇	浙江省绍兴市经济特产站	副站长
	陈文辉	福建省福州市农业局	副局长

（续）

分会职务	姓名	单位	职称
委员 （按拼音排序）	陈章鑫	江西省万年县农业局	局长
	戴卫东	FAO驻华代表处	项目官员
	邓 斌	普洱市农业局	高级农艺师
	邓 蓉	北京农学院	教授
	丁向方	江苏省兴化市农业局	副书记
	董 军	北京农学院	副教授
	傅天龙	海峡茶业交流协会	副会长
	韩建民	甘肃农业大学	教授
	何红中	南京农业大学	副研究员
	胡 伟	浙江省农业科学院农村发展研究所	研究员
	胡屹屹	江苏省农业科学院兽医研究所	副研究员
	胡泽学	中国农业博物馆	研究员
	黄 璜	湖南农业大学	教授
	黄国勤	江西农业大学	教授
	黄绍文	云南省红河学院	教授
	惠富平	南京农业大学	教授
	吉天鹏	中共兴化市委	副书记
	江德明	江西省万年县人民政府	副县长
	江长胜	西南大学	教授
	蒋正才	贵州省从江县人民政府	副县长
	角媛梅	云南师范大学	教授
	李 明	南京农业大学	副教授
	李成云	云南农业大学	教授
	梁 勇	宁夏医科大学	教授
	梁丽钧	贵州省从江县斗里乡人民政府	乡长
	刘红梅	中国水产科学研究院	研究员
	刘华钧	贵州省从江县农业局	副局长
	刘金铜	中国科学院遗传发育所农业资源中心	研究员
	刘某承	中国科学院地理科学与资源研究所	副研究员
	龙荣华	云南省农业科学院园艺作物研究所	研究员
	卢 勇	南京农业大学	副教授
	罗 鸣	农业部国际合作司	处长

（续）

分会职务	姓名	单位	职称
委员 （按拼音排序）	马　玄	新疆农业规划研究院	研究员
	马国庆	云南省红河州农业局	局长
	邵建成	农业部农产品加工局	处长
	石　敏	贵州省凯里学院	教授
	孙辉亮	河北省张家口市宣化区人民政府	副区长
	孙业红	北京联合大学	副教授
	索良喜	内蒙古赤峰市敖汉旗农业局	助理农艺师
	谭　萍	云南省红河哈尼族彝族自治州人民政府	副州长
	童玉娥	农业部国际交流服务中心	主任
	汪　玺	甘肃农业大学草业学院	教授
	王　斌	中国林科院亚热带林业研究所	副研究员
	王耀华	山东省德州市夏津县人民政府	副县长
	王志斌	陕西省佳县农业局	局长
	吴　斌	江西省万年县农业局	高级农艺师
	吴存发	江苏省兴化市农业局	局长
	吴敏芳	浙江省青田县稻鱼共生产业发展中心	站长
	武忠伟	陕西省佳县科技局	副局长
	谢高地	中国科学院地理科学与资源研究所	研究员
	辛　华	内蒙古赤峰市敖汉旗新惠镇农业局	局长
	徐　峰	内蒙古赤峰市敖汉旗新惠镇农业局	高级农艺师
	徐　明	农业部国际交流服务中心	处长
	徐福荣	云南中医学院中药学院	研究员
	徐向春	浙江省青田县农业局	局长
	许中旗	河北农业大学	教授
	续勇波	云南农业大学	副教授
	严　辉	南京中医药大学	副教授
	严火其	南京农业大学	教授
	岩　甾	云南省普洱市农业局	局长
	杨丽韫	北京科技大学	副教授
	杨卫东	云南省普洱市人民政府	副市长
	杨子江	中国水产科学研究院	研究员
	叶明儿	浙江大学	副教授

（续）

分会职务	姓名	单位	职称
委员 （按拼音排序）	叶乃兴	福建农林大学	教授
	叶群力	浙江省青田县人民政府	副县长
	张博	农业部农产品加工局	副处长
	张谨	中国文化遗产研究院	副研究员
	张武	张家口市宣化葡萄研究所	所长
	张红臻	云南省红河州世界遗产管理局	局长
	张校军	浙江省绍兴市人民政府	副秘书长
	张祖群	首都经济贸易大学	副教授
	章传政	安徽农业大学中华茶文化研究所	副研究员
	章家恩	华南农业大学	教授
	赵立军	农业部国际合作司	副处长
	赵喜河	河北省张家口市宣化区农业委员会	主任
	甄霖	中国科学院地理科学与资源研究所	研究员
	郑江闽	福建省福州市农业局	办公室主任
	周仕信	浙江省绍兴市林业局	副局长
	朱朝枝	福建农林大学	教授

中国农学会农业文化遗产分会第二届委员会工作总结

中国农学会农业文化遗产分会第二届委员会成立于2019年10月，并将于2024年10月届满。尽管历经三年疫情，第二届委员会携手分会会员紧紧围绕中心工作，夯实分会组织体系建设、搭建学术交流平台、积极发展和服务会员，为国家农业文化遗产决策和地方农业文化遗产保护与发展提供智力支持，利用多个渠道多种方式开展科普宣传，顺利完成了各项工作任务，取得了较好的社会反响。

过去五年，第二届委员会坚持处理好三个关系：一是农业文化遗产的学术研究与国家"三农"工作的关系，重视学术成果对"三农"工作的资政借鉴作用，从农业文化遗产的角度为中央和主管部门提供决策咨询建议；二是农业文化遗产研究与农业农村部中心工作的关系，紧紧围绕部里的农业文化遗产保护部署开展工作；三是发挥专家智力专长与带动基层遗产地保护实践的关系，克服上面热火朝天、下面冷冷清清的"两张皮""两股道"的问题。在农业农村部相关业务司局的指导下，在中国农学会的直接领导下，第二届委员会全面贯彻落实习近平总书记关于农业文化遗产保护的重要论述和指示精神，服务中央、服务农业农村部、服务广大遗产保护地，服务广大会员，把农遗分会的工作推上了一个新台阶，打开了新局面。现将五年来的工作简要总结如下。

一、组织建设

过去五年，组织建设工作主要抓好以下三个方面：

一是按时召开常务委员（扩大）工作会议，总结上一年度各项工作并讨论下一年度工作计划。二届委员会分别于2020年10月18日在江西万年、2021年7月17日在线上、2022年8月18日在线上、2023年12月1日在云南元阳召开了四次常务委员（扩大）工作会议，审议了分会的工作进展，并讨论了各项议题。

二是抓好分会内部机构建设，特别是分会秘书处和办公室建设，通畅与上级领导机关以及与基层遗产地之间的联系渠道。2020年，二届委员会一次常务会议（扩大）表决通过杨伦、张永勋、朱冠楠为分会副秘书长；增选了叶明儿、孙金荣、柏芸3位同志为分会常务委员。2022年，分会副主任委员王思明同志因病辞世，报中国农学会同意，三次常务会议表决通过增选刘天金同志为分会副主任委员。

三是根据农学会的要求，积极推荐会员并做好会员服务。分会坚持按时、按质、按量完成《农业文化遗产简报》的组稿和编辑工作，并免费发放给会员及有关管理部门和遗产地；同时，创造条件为分会青年会员提供进修、深造机会，加快青年人才的成长。

二、学术交流

学术交流是学术团体的主体功能，农遗分会通过各种渠道和平台，常年组织会员参加各种学术活动，并取得良好效果，产生良好影响。

主办"全国农业文化遗产大会"。于2019年10月在四川省成都市郫都区、2023年12月在云南省元阳县分别召开了第六届和第七届全国农业文化遗产大会。曹幸穗、闵庆文、孙庆忠、李先德、苑利等出席并作大会报告，为我国农业文化遗产的学术交流和遗产地后期保护管理实践提供了科技支持与技术指导。为了加快青年人才的培养，在第六届和第七届全国农业文化遗产大会均设置了研究生论坛；同时，在农学会的指导下，第七届全国农业文化遗产大会研究生论坛设置了"高水平报告奖"，共有3位博士研究生、6位硕士研究生获此荣誉。

联合承办"第七届东亚地区农业文化遗产学术研讨会"。2023年6月4至8日，由东亚地区农业文化遗产研究会等主办，中国农学会农业文化遗产分会等承办的"第七届东亚地区农业文化遗产大会暨中国·丽水农业文化遗产保护日"在浙江省庆元县召开。来自FAO-GIAHS秘书处、科学咨询小组，农业农村部国际交流服务中心、中国农学会以及日本、韩国和中国的农业文化遗产研究人员、管理人员、企业和农民代表、媒体记者等160余人参加了会议。

此外，据不完全统计，分会主办、承办、协办或提供技术支持的学术交流活动还有23次。包括：

2020年10月19日江西万年召开了"首届万年稻作论坛"，农业文化遗产分会主办了"稻作农业文化遗产保护与利用分论坛"；

2020年11月27日，农业文化遗产分会在山东省乐陵市主办"黄河流域农业文化遗产动态保护与国际发展交流论坛"；

2021年6月6日，农业文化遗产分会联合中国丝绸桑蚕品牌集群和中国优质农产品开发服务协会，在山东夏津主办了"全球重要农业文化遗产与'农·文·旅'融合发展研讨会暨第二届德州市旅游发展大会"，会议主题为"让农业文化遗产'响'起来、'活'起来"。会上发布了"农业文化遗产地旅游发展夏津共识"；

2021—2022年，农业文化遗产分会、中国科学院地理资源所自然与文化遗产研究中心以及中国自然资源学会国家公园与自然保护地体系研究分会联合在线主办了六次"自然与文化遗产保护论坛"；

2022年4月，农业文化遗产分会主办、中国科学院地理资源所自然与文化遗产研究中心和《自然资源学报》编辑部承办的"农业文化遗产及其保护的理论与实践专题论坛"在线召开；

2022年8月10日，农业文化遗产分会参与主办的"福建福州茉莉花与茶文化系统保护与发展论坛"在福州市和线上同步举行；

2022年12月4日，中国国外农业经济研究会、中国社会科学院农村发展研究所主办，农业文化遗产分会协办的"中国国外农业经济研究会2022年会"在线上召开；

2023年4月15至16日，农业文化遗产分会作为技术支持单位，由安徽省农业农村厅、黄山市人民政府主办的"安徽休宁山泉流水养鱼系统保护与发展大会"在休宁县召开。

以上会议均获得良好的社会评价，产生了积极的学术影响。

三、国际交流

在农业农村部国际合作司和国际交流服务中心的领导下，农业文化遗产分会各位委员积极参与国际学术交流与合作，为提高我国全球重要农业文化遗产的国际话语权和影响力，尽责尽力。

闵庆文、李先德、焦雯珺先后当选联合国粮农组织全球重要农业文化遗产科学咨询小组成员。其间，闵庆文、李先德先后担任科学咨询小组轮值主席、副主席。

积极参与商务部主办、农业农村部国际交流服务中心承办的"一带一路"国家农业文化遗产管理与保护研修班、发展中国家绿色低碳农业官员研修班、"一带一路"国家农民教育研修班、泰国重要农业遗产系统管理保护能力建设研修班、西语国家智慧农业发展研修班、助力泰国建立全球重要农业文化遗产研修班等国际培训班，骆世明、闵庆文、李先德、刘某承、张卫建、孙业红、焦雯珺等为学员授课。

积极参与联合国粮农组织、日本、韩国、俄罗斯、阿塞拜疆、泰国等线上或线下召开的农业文化遗产研讨会、咨询会。例如联合国粮农组织召开的 GIAHS 20th Anniversary，GIAHS Online Workshop on Ecosystem Restoration，International Conference on GIAHS 2021，RICE-FISH INNOVATIONS: Good practices for small agricultural producers 等，联合国粮农组织区域办事处组织召开的"1st Regional workshop for GIAHS in Azerbaijan，GIAHS in Russia and rural tourism: initial contact 等。

此外，分会委员通过各种渠道积极开展我国的全球重要农业文化遗产与国际同行的交流合作，积极推动国内外遗产地的"结对子"活动，在农业文化遗产领域讲好中国故事。

四、编辑出版

分会积极联系中央级报纸和核心期刊，相继组织农遗专版、专栏或专刊共40余次，发表了数百篇农业文化遗产相关研究成果。报纸有《人民日报》《光明日报》《农民日报》《人民政协报》等。期刊有：*Journal of Resources and Ecology*，《中国生态农业学报（中英文）》《农业资源与环境学报》《旅游学刊》《中国农业大学学报（社会科学版）》《原生态民族文化学刊》《浙江农业科学》《环境生态学》《自然与文化遗产研究》《农产品市场》等10余种。

此外，为推动我国全球重要农业文化遗产的系统宣传，组织有关专家撰写、由中国农业出版社出版发行了《中国重要农业文化遗产系列读本》11册，分别介绍了我国11个重要农业文化遗产系统。此外，贺献林主编的《全球/中国重要农业文化遗产：河北涉县旱作梯田系统丛书》获得2023年河北省优秀科普图书作品优秀奖；唐志强参与主编的《五千年农耕的智慧——中国古代农业科技知识》（中文版、俄文版、越南文版）等获得2020年度全国优秀科普作品、2022—2023年度神农中华农业科技奖和2023年度输出版优秀图书；闵庆文主编的《人地和谐——农业湿地》作为《湿地中国科普丛书》中的一册先后获得自然资源部、国家林草局、中国科学院、科技部等2023年度优秀科普图书。

五、教育培训

为壮大农业文化遗产领域的人才队伍，提升遗产地管理人员对农业文化遗产的认知度，分会组织会员利用多种平台组织开展农业文化遗产教育培训活动。

农业文化遗产分会参与主办省级农业文化遗产培训班。2023年5月19日，农业文化遗产分会、德州市农业农村局、夏津县人民政府主办了"山东省中国重要农业文化遗产座谈会"。来自济南市、潍坊市、泰安市、烟台市、枣庄市、聊城市、临沂市、滨州市、德州市的山东省中国重要农业文化遗产地和候选地代表等100余人参加了会议。分会主任委员闵庆文受邀出席并授课。2024年6月3—4日，由西藏自治区农业农村厅、中国农学会农业文化遗产分会主办的"西藏自治区农业文化遗产管理业务培训暨西藏重要农业文化遗产挖掘保护与传承利用研讨班"在拉萨市召开。西藏自治区农业农村厅党组成员、副厅长刘志国主持会议，来自拉萨市、日喀则市、山南市、林芝市、昌都市、那曲市和阿里地区的农业农村局管理人员共计50余人参加会议。刘某承、孙业红、杨伦等受邀出席并授课。

农业文化遗产分会开展"深入学习习近平主席贺信精神，推进农业文化遗产保护与发展"宣讲活动。2022年，习近平主席向全球重要农业文化遗产大会致贺信。为认真学习、深刻领会、准确把握习近平主席贺信精神，更好地挖掘农业文化遗产的价值，助推农业文化遗产地全面乡村振兴和可持续发展，分会在福建省安溪县、福建省福州市和浙江省庆元县组织了三场"深入学习习近平主席贺信精神，推进农业文化遗产保护与发展"宣讲活动，骆世明、曹幸穗、闵庆文、李先德、刘某承先后出席宣讲活动并做大会报告。

分会委员参与各种农业文化遗产培训活动。近五年，骆世明、曹幸穗、闵庆文、李先德、倪根金、刘某承、孙业红、孙金荣、赵飞等多次应邀出席北京、广东、山东、浙江、湖北、江苏等省份举办的面向遗产地管理人员的培训活动，就农业文化遗产保护与可持续发展相关内容开展讲座。

此外，2021年5月，王思明、卢勇、朱冠楠等协助南京农业大学新增文化遗产专业通过教育部批准，着力培养从事农业文化遗产保护的复合应用型人才。孙庆忠在中国农业大学先后组织了"农业文化遗产研习营""农业文化遗产研究青年学者共学计划"等活动，搭建以年轻学者为主体的学术研究平台。

六、研究咨询

面向社会提供农业遗产发掘、保护、传承和开发利用的专业咨询服务，是分会义不容辞的职责所在。多年来，分会积极组织动员各专业的专家会员，依托国家和省市基金项目、国家部委及地方政府委托项目等多种资助类型的项目，先后到浙江青田、广西龙胜、浙江庆元、福建安溪、河北涉县、河北宽城、内蒙古阿鲁科尔沁、安徽铜陵、浙江湖州、浙江德清、甘肃皋兰等重要农业文化遗产地，以及西藏自治区拉萨、林芝、山南等市（县）开展农业文化遗产专题考察和调研活动，并撰写一系列专题研究报告。

部分分会会员陪同农业农村部领导到浙江青田、陕西佳县、云南红河、贵州从江、河北宣化等首批中国重要农业文化遗产地开展评估工作，为部委提供专业咨询，为地方的遗产保护提供专业指导。

部分分会会员还先后到云南红河、广东南粤、浙江德清、河北宽城、广东潮州、安徽铜陵、浙江仙居、安徽休宁、山西浑源、河北泊头、北京门头沟、福建福鼎、广东东莞等遗产地作专题考察，并为当地的农业文化遗产保护与发展提供咨询。

总体而言，分会咨询服务包括四个方面：一是为农业农村部相关业务单位提供农业文化遗产保护的政策咨询；二是为地方各级政府提供农业文化遗产保护的对策举措，帮助地方制定农业文化遗产保护发展规划方案；三是为会员研究项目选题提供学术建议和方向指引；四是为遗产地的农业遗产产业开发提供文化创意和新品设计，做好遗产地个性化的遗产保护技术的专项指导。

七、科学普及

分会开展了系列农业文化遗产科普宣传活动。

一是通过CCTV-1《开讲啦》、CCTV-10《考古公开课》、CCTV农业农村频道《大地讲堂》节目、中央人民广播电台《中国乡村之声》、东方卫视等电视媒体，以及中国科学院开放日和中国农业科学院开放日等活动，开展农业文化遗产的概念、内涵、价值、保护与开发利用等方面的科普宣传。闵庆文、李先德、赵志军、苑利、柏芸、卢勇、张永勋等先后做客各类节目向观众科普农业文化遗产，并分享农业文化遗产这一连接过去与未来"桥梁"的奥秘与魅力。

二是通过各类展览、展示进行科普宣传。2023年分会参与主办的北京国际摄影周主题展"生生不息——全球农遗·中国稻作文化遗产影像展"在中华世纪坛开幕，集中呈现了浙江青田稻鱼共生系统等中国稻作全球重要农业文化遗产地的多彩景观。此外，孙庆忠带领中国农业大学农业文化遗产研究中心，推出中国重要农业文化遗产系列摄影展之"种子"，邀请多位专家开展农业文化遗产系列讲座解读中华农耕文明。为传承和弘扬中华优秀传统文化，推动重要农业文化遗产"活"起来，让农耕智慧绽放时代光芒，中国农业博物馆与中国农业大学园艺学院、涉县人民政府联合推出"河北涉县旱作石堰梯田系统文化展"。

三是通过纪录片拍摄积极宣传农业文化遗产。分会与央视合作的《农耕探文明》节目共22集，每集时长30分钟。2023年12月25日起，该节目在中央电视台综合频道(CCTV-1)18:30档首播。节目开播收视率即达0.79%，前两集节目电视端观众规模即达5485.4万人。截至2024年5月30日，新浪微博《农耕探文明》阅读量2.3亿，讨论量5.1万，互动量13.3万，发布媒体涵盖314家。此外，分会与我国重要农业文化遗产地人民政府、欧洲华文电视台联合策划《中国农业文化遗产》系列专题片，现已完成河北宽城、内蒙古阿旗、浙江湖州和青田、江苏兴化的拍摄和制作工作。

四是通过各类讲座或报告，向特定人群进行科普。闵庆文受邀作客"中科院格致论道讲坛"，作《农业文化遗产不是关于过去的，而是关乎人类未来的遗产》的主题演讲；广东省政协"政协悦读"平台举行了关于"新时代中华优秀传统文化的传承和弘扬"讨论会，倪根金解读农业文化遗产传承与保护；张永勋在中国农业科学院开放日，开展以"重要农业文化遗产——寻找农业未来的智慧宝库"为主题的科普宣传，结合二十四节气对农业文化遗产进行介绍等。

五是在有关报刊开辟农业文化遗产专版或专栏。2024年6月5日起，分会协办的《农民日报》"农业文化遗产"版（双周）正式出版，通过设置"政策解码""保护典范""专家视点""农遗故事""创新实践""农遗知识"等栏目，力求打造一个专业权威、影响广泛的交流平台和科普阵地；《人民政协报》"国是·乡村振兴"自2024年5月14日起，开辟"农遗之光"专栏，由闵庆文撰稿，系统介绍我国的农业文化遗产特点、价值与现实意义。

中国农学会农业文化遗产分会第二届委员会委员名单

分会职务	姓名	单位	职称
顾问	李文华	中国工程院	院士
	刘　旭	中国工程院	院士
	朱有勇	中国工程院	院士
	骆世明	华南农业大学	教授
	曹幸穗	中国农业博物馆	研究员
	谭徐明	中国水利水电科学研究院	研究员
	樊志民	西北农林科技大学	教授
主任委员	闵庆文	中国科学院地理科学与资源研究所	研究员
副主任委员①	王思明	南京农业大学	教授
	倪根金	华南农业大学	教授
	赵志军	中国社会科学院考古研究所	研究员
	吴文良	中国农业大学	教授
	卢　琦	中国林业科学研究院荒漠化研究所	研究员
	李先德	中国农业科学院农业经济与发展研究所	研究员
	苑　利	中国艺术研究院	研究员
	孙庆忠	中国农业大学	教授
	王克林	中国科学院亚热带农业生态研究所	研究员
	刘天金	中国农业出版社有限公司	社长
秘书长	刘某承	中国科学院地理科学与资源研究所	副研究员
常务委员②	才让太	中央民族大学藏学研究院	教授
	蔡庆华	中国科学院水生生物研究所	研究员
	曾少聪	中国社会科学院民族学与人类学研究所	研究员
	曾雄生	中国科学院自然科学史研究所	研究员
	陈　欣	浙江大学	教授
	陈少峰	北京大学	教授
	郭兰萍	中国中医研究院	研究员
	侯向阳	中国农业科学院草原研究所	研究员
	胡瑞法	北京理工大学	教授

①　2022年1月5日，王思明同志因病辞世。

2022年8月18日，经报中国农学会同意，分会二届三次常务委员会会议决定增选刘天金同志为分会副主任委员。

②　2020年10月18日，分会二届一次常务委员会会议决定增选叶明儿、孙金荣、柏云3位同志为分会常务委员。

（续）

分会职务	姓名	单位	职称
常务委员	胡泽学	中国农业博物馆	研究员
	黄国勤	江西农业大学	教授
	李成云	云南农业大学	教授
	李晓斌	云南大学	教授
	廖小军	中国农业大学	教授
	刘红婴	中国政法大学	教授
	龙春林	中央民族大学	教授
	龙文军	农业农村部农村经济研究中心	研究员
	卢 勇	南京农业大学	教授
	罗 鸣	农业农村部国际交流服务中心	副主任
	孙业红	北京联合大学	教授
	田 阡	西南大学	教授
	田志宏	中国农业大学	教授
	王 静	中国农科院农业质量标准与检测技术研究所	研究员
	王景新	浙江大学	教授
	王秀东	中国农业科学院农业经济与发展研究所	研究员
	徐旺生	中国农业博物馆	研究员
	许中旗	河北农业大学	教授
	张林波	山东大学	研究员
	张卫建	中国农业科学院作物科学研究所	教授
	章家恩	华南农业大学	教授
	朱宏斌	西北农林科技大学	教授
	叶明儿	浙江大学	副教授
	孙金荣	山东农业大学	教授
	柏 芸	中国农业博物馆	研究员
委员①	安 岩	中国农科院农业经济与发展研究所	副研究员
	曹 茂	云南农业大学	副教授
	曹林奎	上海交通大学	教授
	曹文侠	甘肃农大	教授
	车会莲	中国农业大学	副教授

① 2023年12月1日，分会二届四次常务委员会会议决定增选徐忠亮同志为分会委员。

（续）

分会职务	姓名	单位	职称
委员	陈琴苓	广东省农业科学院科研管理部	研究员
	成仿云	北京林业大学	教授
	但文红	贵州师范大学	教授
	邓 蓉	北京农学院	教授
	丁晓蕾	南京农业大学	教授
	方国武	安徽农业大学	教授
	顾兴国	浙江省农科院	助理研究员
	何红中	南京农业大学	副研究员
	洪传春	东北大学	副教授
	胡 最	衡阳师范学院	副教授
	黄菊莹	宁夏大学	研究员
	黄绍文	红河学院	教授
	黄文斌	海南省休闲农业协会	秘书长
	焦雯珺	中国科学院地理科学与资源研究所	副研究员
	角媛梅	云南师范大学	教授
	赖格英	江西师范大学	教授
	李 飞	北京林业大学	副教授
	李 莉	北京林业大学	副教授
	李 华	北京农学院	教授
	李发耀	贵州省社会科学院	研究员
	李性苑	凯里学院	教授
	李云鹏	中国水利水电科学研究院	高级工程师
	梁 勇	仲恺农业工程学院	教授
	林瑞余	福建农林大学	教授
	刘 洋	中国科学院地理科学与资源研究所	副研究员
	刘弘涛	西南交大世界遗产研究中心	副教授
	刘金龙	中国人民大学	教授
	龙 文	知识产权出版社	副编审
	路 璐	南京农业大学	教授
	罗康隆	吉首大学	教授
	骆耀峰	西北农林科技大学	副教授
	莫 力	云南农业大学	讲师

（续）

分会职务	姓名	单位	职称
委员	庞乾林	中国水稻研究所	副研究员
	沈 琳	安徽农业大学人文社会科学学院	教授
	苏明明	中国人民大学	副教授
	孙 建	中国科学院地理科学与资源研究所	副研究员
	谭凯炎	中国气象科学研究院	研究员
	唐晓云	中国旅游研究院	研究员
	万金红	中国水利水电科学研究院	高级工程师
	王 斌	中国林科院亚热带林业研究所	副研究员
	王维奇	福建师范大学	副教授
	王正兴	中国科学院地理科学与资源研究所	副研究员
	谢立勇	沈阳农业大学	教授
	谢新梅	长沙理工大学	讲师
	胥 刚	兰州大学	讲师
	徐 明	农业农村部国际交流中心	处长
	薛达元	中央民族大学	教授
	杨 波	北京社会科学院	助理研究员
	杨丽韫	北京科技大学	教授
	杨乙丹	西北农林科技大学	教授
	杨子江	中国水产研究院	研究员
	姚予龙	中国科学院地理科学与资源研究所	副研究员
	余继平	长江师范学院	教授
	袁 正	北京科普发展中心	助理研究员
	张 锋	江苏省农业科学院	副研究员
	张 扬	安徽省农业科学院农业经济与信息研究所	助理研究员
	张灿强	农业农村部农村经济研究中心	副研究员
	张红榛	红河学院	教授
	张永勋	中国农业科学院农业经济与发展研究所	助理研究员
	张祖群	北京理工大学	副教授
	赵 飞	华南农业大学	副教授
	赵 云	中国文化遗产研究院	研究员
	钟林生	中国科学院地理科学与资源研究所	研究员
	周智修	中国农业科学院茶叶研究所	研究员

（续）

分会职务	姓名	单位	职称
委员	朱朝枝	福建农林大学	教授
	朱冠楠	南京农业大学	副教授
	朱世桂	南京农业大学	研究员
	吴敏芳	青田县农业农村局	站长
	杨婧	红河州哈尼梯田管理局	科长
	吴斌	万年县农业农村局	农艺师
	韦建灵	从江县农业农村局	局长
	徐峰	敖汉旗农牧局	高级农艺师
	邓传春	云南省普洱市农业农村局	副局长
	孙辉亮	宣化区人民政府	党委副书记
	吕联江	绍兴市自然资源和规划局	工程师
	杨文文	福州市农业农村局	农艺师
	高峰	佳县农业农村局	农艺师
	吴存发	兴化市农业农村局	农经师
	楼黎静	湖州市经济作物推广总站	研究员
	邱璐	湖州市南浔区桑基鱼塘系统开发保护中心	副主任
	姚利华	浙江省德清县农业农村局	党委委员
	任宏	甘肃省迭部县农业农村局	副局长
	孙国强	紫鹊界梯田-梅山龙宫风景名胜区管理处	主任
	陈扬帆	尤溪县联合镇人民政府	镇长
	石腾龙	龙胜各族县农业农村局	局长
	王利伟	山西省稷山县农业农村局	农艺师
	贺献林	河北省涉县农业农村局	高级农艺师
	王宝	内蒙古赤峰市阿鲁科尔沁旗游牧办	主任
	李长江	河北省宽城满族自治县农业农村局	党组书记
	杨泰平	双江自治县人民政府	副县长
	李燕明	石柱土家族自治县人大常委会	主任
	叶晓星	庆元县食用菌管理局	高级农艺师
	陈志明	安溪县农业农村局	农艺师
	郑惊鸿	农民日报	高级记者
	沈志荣	浙江欧诗漫集团有限公司	董事长
	陶清泉	承德神栗食品股份有限公司	董事长

（续）

分会职务	姓名	单位	职称
委员	徐敏利	浙江湖州荻港渔庄	董事长
	徐冠洪	浙江青田县方山乡	农民
	郭武六	云南省红河县	农民
	刘海庆	敖汉旗兴隆洼小米生态种植农民专业合作社	理事长
	徐忠亮	云南省元阳县哈尼梯田管理委员会	副主任

全国农业文化遗产学术研讨会

学术交流成果

中国农学会农业文化遗产分会成立暨学术研讨会

一、会议概况

2014年11月15—16日，中国农学会农业文化遗产分会成立暨学术研讨会在云南省昆明市召开。中国农学会副会长、农业部科技教育司司长唐珂代表中国农学会致辞，中国农学会副秘书长邹瑞苍宣读了中国农学会关于成立农业文化遗产分会的批复，中科院地理科学与资源研究所副所长高星代表挂靠单位致辞。来自中科院地理科学与资源研究所、中国艺术研究院、中国林业科学研究院、中国水产科学研究院、农业部农村经济研究中心、北京社会科学院、浙江省农业科学院、云南省农业科学院、新疆农业规划研究院、中国农业大学、北京理工大学、北京林业大学、北京科技大学、首都经贸大学、浙江大学、兰州大学、南京农业大学、华南农业大学、云南农业大学、江西农业大学、湖南农业大学、甘肃农业大学、宁夏医科大学、云南中医学院、福建师范大学、凯里学院等高等院校和科研单位人员，以及浙江省青田县、江西省万年县、内蒙古敖汉旗、浙江省绍兴市、江苏省兴化市、山东省夏津县、安徽省休宁县等农业文化遗产地代表近100人参加了会议。

在学术交流阶段，李文华院士作题为《农业文化遗产的研究与保护》主旨

报告，分会副主任委员兼秘书长闵庆文研究员和常务理事王思明教授、苑利研究员及理事李成云教授、杨子江研究员、汪玺教授分别围绕《农业文化遗产保护的几个问题》《农业文化遗产：保护什么与如何保护？》《正确处理好农业文化遗产保护中的五大关系》《哈尼梯田科学价值的再认识》《渔文化遗产价值评估研究》《藏族传统草原游牧文化对青藏高原生态保护的意义》作了主旨报告。分会常务理事卢琦研究员、吴文良教授、孙庆忠教授等先后主持了学术交流活动。

二、领导致辞

（一）中国农学会副会长唐珂致辞

尊敬的李文华院士，各位代表，下午好！

经过两年多的认真准备，今年1月17日召开的中国农学会十届三次常务理事会批准了成立"农业文化遗产分会"的申请。经过10个月的积极筹备，农业文化遗产分会成立大会今天顺利召开了，并选举产生了以李文华院士为主任委员的第一届理事会。请允许我代表中国农学会，向农业文化遗产分会的成立，向本次代表大会的成功召开，向当选的第一届理事会成员，表示热烈的祝贺！

农业文化遗产是人类在历史上创造并传承、保存至今的农业生产系统，有着丰富的内涵，既包括独特而灿烂的传统农业文化与技术知识体系，也包括独特而具有重要价值的农业生物多样性、独特而具有美学价值的农业景观。农业文化遗产不仅是我国优秀传统文化的基础，也是世界农业文明的重要组成部分。农业文化遗产的保护对于弘扬传统农业文化、促进现代农业发展与农村生态文明建设和美丽乡村建设都具有十分重要的意义。

党的十八大报告提出了"建设优秀传统文化传承体系，弘扬中华优秀传统文化"的重大任务。习近平总书记在2013年底召开的中央农村工作会议上强调，"乡土文化的根不能断""农耕文化是我国农业的宝贵财富，是中华文化的重要组成部分，不仅不能丢，而且要不断发扬光大"。这既是对保护、传承和弘扬我国农业文化遗产意义的高度概括，也是我国农业文化遗产保护工作的指导方针。

我国对农业文化遗产的发掘、保护与利用工作有着很好的基础，这有赖于农业历史、农业生态、农业民俗等相关学科的研究成果。特别是2002年联合国粮农组织发起全球重要农业文化遗产保护工作以来，在李文华院士等科学家的带领下，来自有关科研单位和高等学校的科研人员，与农业管理部门和有关地方政府密切合作，围绕试点申报与保护实践探索、生态与文化多样性评估、保护与管理机制研究等开展了大量工作，并取得了显著成果，在国内外产生了良好影响。

目前，农业文化遗产工作已经成为我国农业国际合作的特色领域之一，也是发展休闲农业、促进美丽乡村建设和农业可持续发展的重要抓手。截至目前，在全世界31个全球重要农业文化遗产中，我国有11个，居世界各国之首；农业部2012年开始"中国重要农业文化遗产"发掘工作，已经命名了两批共39个中国重要农业文化遗产，使我国成为世界上第一个开展国家级农业文化遗产保护的国家；今年1月和3月，为提高农业文化遗产工作的科学化和规范化，农业部分别成立了"全球重要农业文化遗产专家委员会"和"中国重要农业文化遗产专家委员会"。

我们注意到，中国科学院地理科学与资源研究所、中国农业博物馆、中国农业历史学会、南京农业大学等先后组织了一系列农业文化遗产学术研讨活动和科普宣传活动；一支包括农业生态、农业历史、农业民俗、农业经济、农业政策、休闲农业等领域在内的研究队伍初步形成。可以说，农业文化遗产分会是应运而生，也是学科发展的必然。

农业文化遗产分会的成立，标志着我国农业文化遗产工作步入了一个新阶段。我们必须看到，农业文化遗产作为一门独立的学科分支，还不是很成熟；以系统、活态、动态为主要特征的农业文化遗产及其保护研究，需要多学科、多部门的合作。希望大家在以李文华院士为主任委员的理事会的领导下，精诚合作，共同努力，为进一步提高我国农业文化遗产及其保护的研究水平，为进一步提升我国在该领域国际上的地位，为我国农业文化遗产保护事业的健康发展，做出应有的贡献。

谢谢大家！

（二）中国科学院地理科学与资源研究所副所长高星致辞

尊敬的李文华院士，尊敬的唐珂副会长，各位代表，下午好！

首先，请允许我代表中国科学院地理科学与资源研究所，向农业文化遗产分会的成立和本次大会的召开，向李文华院士和其他当选的第一届理事会成员，表示热烈的祝贺！也借此机会，向中国农学会的各位领导表示衷心的感谢！

正如刚才唐珂副会长所讲的，农业文化遗产保护对于弘扬传统农业文化、促进现代农业发展与农村生态文明建设和美丽乡村建设都具有十分重要的意义。在当前党中央大力提倡"建设优秀传统文化传承体系，弘扬中华优秀传统文化"的时候，保护农业文化遗产的工作更加显得重要。

作为我国地理与资源生态研究的重要机构，中国科学院地理科学与资源研究所在农业地理、农业生态、农业环境、农业资源、农业经济、休闲农业与乡村旅游等领域有着较强的研究基础，近年来我们积极支持农业文化遗产及其保护的研究工作，于2006年成立了"自然与文化遗产研究中心"，并确立了"以农业文化遗产为突破口"的发展思路。著名生态学家李文华院士任中心主任。

经过近十年的工作，我们所的农业文化遗产研究队伍，在李文华院士的带领下，与农业部有关部门和有关地方政府合作，并联合国内有关领域的专家，在农业文化遗产及其保护的科学研究、示范推广、科学普及、国际交流等方面开展了大量工作，在国内外产生了良好的反响。他们多次参与粮农组织有关文件、指南的编写和修改讨论，在推进粮农组织农业文化遗产工作、促进农业文化遗产管理科学化与规范化指导等方面，发挥了重要作用。推动并指导了中国农业文化遗产的挖掘与保护工作，成功完成了中国全部11项全球重要农业文化遗产申报及保护与发展规划编制工作，为中国农业文化遗产走向世界做出了重要贡献。他们主持完成了《中国重要农业文化遗产遴选标准与程序》《中国重要农业文化遗产申报书编写导则》《农业文化遗产保护与发展规划编写导则》等文件的起草工作，为中国重要农业文化遗产挖掘与保护利用和规范化管理奠定了基础。他们重视农业文化遗产及其保护的科普宣传与技术服务，探索出了"所地合作"的新思路。李文华院士连续当选联合国粮农组织全球重要农业文化遗产指导委员会主席，闵庆文研究员获得了"全球重要农业文化遗产特别贡献奖"。可以说，农业文化遗产已经成为一个颇具活力的学科生长点，也是我所国际合作和服务国家与地方发展的特色工作之一。

我们积极支持李文华院士牵头申请成立中国农学会农业文化遗产分会。在今天分会成立的大会上，我代表地理科学与资源研究所郑重承诺，将为分会的工作和农业文化遗产的研究提供必要的支持。同时希望各位理事和专家紧紧把握好目前农业文化遗产工作的良好机遇，注意发现有关的科学问题，充分认识农业文化遗产及其保护的综合性与特殊性，在以李文华院士为主任委员的理事会的领导下，齐心协力，将我国农业文化遗产及其保护研究与实践提高到一个新的水平。

谢谢大家！

（三）中国农学会农业文化遗产分会主任委员李文华院士致辞

大家好！

很高兴参加"中国农学会农业文化遗产分会成立暨学术研讨会"并荣幸受聘为分会的主任委员！经过差不多10年左右的准备，今天农业文化遗产分会终于成立了。我觉得成立这个分会的意义是很大的，因为这在农学会的平台上充分体现了农业文化遗产保护在农业可持续发展中的学术地位，它确定了农业文化遗产在整个农学中的重要地位，反映了时代的思潮、国家的需要和科研人员认识上的进展。这个时候我除了要感谢各位领导在各个方面给予我们的大力支持以外，我特别想提到过去和我们一起合作的老同志们，像洪绂曾老部长，还有今天由于年龄的关系未能参会的任继周先生，过去他们几乎参加了我们的每次会议。再有刘旭院士，在上午的大会报告中还作了涉及农业文化遗产和多功能性的深入报告，还有朱有勇院士的精彩报告，他们都是我们原来一起推动农业文化遗产保护工作、一起筹备农业文化遗产分会的同志。在此向他们对这项工作的支持和努力表示感谢，也向他们致敬。

当前，我国正处于大力推动现代农业发展和社会主义新农村建设的关键时期，党的十八大提出要"建设优秀传统文化传承体系，弘扬中华优秀传统文化"。习近平总书记在中央农村工作会议上也指出，"农耕文化是我国农业的宝贵财富，是中华文化的重要组成部分，不仅不能丢，而且要不断发扬光大。"可见，进行农业文化遗产的研究和保护工作，深入挖掘农业文化遗产中的内涵，保护农村生态环境与农业生物多样性，发掘其多功能价值，是推动农村生态文明建设，实现国民经济协调持续发展和美丽中国建设的重要途径之一。

今年年初，农业部成立了中国全球重要农业文化遗产专家委员会和中国重要农业文化遗产委员会，中国农学会正式同意组建农业文化遗产分会。今天，我们来自农业、生态、环境、经济、历史、文化、社会等领域的28位专家受到大家的推选，组成农业文化遗产分会的第一届常务理事会。作为主任委员，我既感到光荣，又觉得责任重大。这是因为，农业文化遗产的研究与保护还是一个新生的事物，与联合国教科文组织世界遗产的40年发展不同，农业文化遗产的概念和保护理念还没有像世界自然遗产和文化遗产那样为人所熟知，农业文化遗产所蕴含的丰富而巨大的生态、经济、文化价值也没有得到充分挖掘；国家对农业文化遗产发掘保护的投入还不够；农业文化遗产保护如何与新型城镇化、农业现代化、工业化和信息化以及生态文明与美丽中国建设相融合，还有很多问题需要我们在农业文化遗产的战略安排、指标体系、评价方法、宣传展示、示范推广以及政策导向等方面开展深入的科学研究，特别是开展农业文化遗产的多功能评估与生态补偿、适应与减缓气候变化能力、农业生物文化多样性保护与资源可持续管理等方面的研究和宣传普及工作，以推动农业文化遗产工作的健康、持续发展。

我觉得今天选出来的理事、常务理事，还有副主任委员等，这些同志都对农业文化遗产的发展非常重视，我相信这些同志一定会继续努力。我个人一方面非常感激选我担任主任委员，另一方面我也对自己有自知之明，毕竟年纪大了，我也曾经多次推辞过这个事情，但是我觉得为了这个工作，大家会一起努力，齐心协力地把这个工作做好。同时我想尽量创造条件，让我们的新生力量、在第一线工作的同志，能够尽快地成长起来，以后把这个重担挑过去，我相信他们一定会做得更好。

我相信，在科学发展观和生态文明的指导下，在农业部、地方政府、企业和民众的多方参与下，在各位专家的通力合作下，我国的农业文化遗产保护与发展工作将为实现中国梦，"让农业成为有奔头的产业，让农民成为体面的职业，让农村成为安居乐业的美丽家园"做出新的贡献！

谢谢大家！

三、大会主旨报告

1.李文华（中国科学院地理科学与资源研究所，研究员），《农业文化遗产的研究与保护》

作为前人智慧的结晶，农业文化遗产保护是当今关注的热点，其充分展示了人类文明进步的程度和科技文化的发展水平。李文华院士介绍了农业文化遗产保护的重要性、农业文化遗产面临的威胁与挑战、农业文化遗产的概念与内涵之后，阐述了农业文化遗产的价值和保护现实意义，并对今后的研究和保护工作提出了建议。他指出，在未来的农业文化遗产研究与保护工作中，应进一步扩大政府和国家的参与、拓宽融资渠道、加强科学研究、加强国际交流与合作，明确农业文化遗产保护的目的，宣传、推广农业文化遗产的核心价值理念，不断探索农业文化遗产的保护途径，确立我国在农业文化遗产保护研究与实践的国际领先地位。

2.闵庆文（中国科学院地理科学与资源研究所，研究员），《农业文化遗产保护的几个问题》

农业文化遗产的传承与可持续发展建立在科学保护的基础上。闵庆文研究员总结了农业文化遗产保护的指导思想，提出了"政府引导、科学论证、分级管理、分类指导"的管理体制，建议根据保护优先、适度利用，整体保护、协调发展，动态保护、适应管理，活态保护、功能拓展，现地保护、示范推广和多方参与、惠益共享的六大原则进行整体、活化、动态地保护，从而建立法律保障基础上的激励机制、多学科协作的科技支撑机制、政府投入为主的多元融资机制、农业功能拓展的动态保护机制和"五位一体"的多方参与机制，使得农民积极经营农业，并通过多种经营模式实现传统农业的传承与发展，使农民从过去的自卑，逐渐自觉、自信、自珍，最终自豪于从事农业生产。

3.王思明（南京农业大学，教授），《农业文化遗产：保护什么与如何保护》

传统农业包含众多中国传统文化的基因，它是解读传统中国的钥匙，是保持中国文化魅力的关键和创新特色文化的重要资源。农业文化遗产是与人类农事活动密切相关，是经过长期历史积淀传承的物质、非物质及物质与非物质融合的综合体系。当前，传统农村生产方式和生活方

式正在发生巨大变化，针对农业文化遗产保护面临的严峻挑战，王思明教授提出了加强政策导向与制度建设，开展全国农业文化遗产普查工作，建立农业文化遗产退出机制、着眼长远建设，建立保护主体与多方协调机制，加强遗产地居民物质与精神保护动力，加强学术支撑体系建设，培育社会公众关爱农业文化遗产的意识和觉悟等七大措施，呼吁公众共同保护农业文化遗产，守护精神家园。

4.苑利（中国艺术研究院，研究员），《正确处理好农业文化遗产保护中的五大关系》

农业文化遗产是物质文化遗产和非物质文化遗产的合体，是自然遗产与文

化遗产的合体。要综合整体保护农业文化遗产，必须处理好五大关系，即正确处理好"物质文化遗产"与"非物质文化遗产"间的关系，不仅要保护农业遗产系统的自然特性，也要重视其传统农耕技术与经验的保护；处理好"政府"与"种田人"间的关系，既要尊重当地农民的利益，也要发挥政府的管理统筹职能；要处理好"长期利益"与"短期利益"间的关系，通过政府的经济补贴调动种田人保护农业文化遗产的积极性；要处理好"人"与"物"间的关系，以动态保护的方式和活态继承的形式将农业文化遗产代代传承下去；要处理好"保护"与"发展"间的关系，使得旅游等开发也因遗产地农业文化遗产的出色与别致而水到渠成。

5.李成云（云南农业大学，教授），《哈尼梯田科学价值的再认识》

从哈尼梯田的资源利用、环境保护、食品安全和持续发展4个方面揭示了云南红河哈尼稻作梯田系统的科学内涵。哈尼梯田森林、水系、梯田和村寨"四素同构"使得哈尼梯田成为一个自给自足的综合系统。农户通过对系统土地、水源、森林、动植物及微生物的保护，确保了农业、农村、农民、生态与城镇的可持续发展；通过选育高产、优质的品种，改进栽培措施，提高加工能力等手段，提高水稻产值的技术开发；通过对旅游资源的延伸和拓展，发展了当地的旅游经济；通过对文献收集、整理，旅游网页与民族网页的建立，开拓多语言媒体宣传，建设了数字梯田；另外，围绕梯田科学内涵、历史文化、民风民俗和农产品开发等方面进行研究，在哈尼梯田农耕文化展示的同时，挖掘了其深厚的科学价值。

6.杨子江（中国水产科学研究院，研究员），《渔文化遗产价值评估研究》

渔业文化遗产也是农业文化遗产的重要组成部分，在工业化、城市化、全球化进程中，渔业文化遗产的发展正在遭遇多重挑战。杨子江教授以安徽休宁山泉流水养鱼为例，分析了渔业文化遗产的使用价值和非使用价值，证明了渔文化遗产价值评估研究作为中国重要农业文化遗产保护与发展战略研究的重要工作之一，不仅为认识渔文化遗产的重要性提供准确的价值判断，为农业文化遗产的评选提供科学依据，同时也为渔文化遗产保护和利用政策的精细化提供了强有力的支撑，对促进我国渔业可持续发展有着极其重要的现实意义和深远的历史意义。

7. 汪玺（甘肃农业大学，教授），《藏族传统草原游牧文化对青藏高原生态保护的意义》

青藏高原以高峻的地势，寒冷的气候被称为地球第三极，因众水之源、广袤的草原、生态屏障具有重要的生态价值。生活在青藏高原的藏族牧民在这严酷的自然条件下从事畜牧业生产活动，培育出了适应高原环境的藏系家畜，如牦牛、藏马、藏羊和藏獒等。"高寒草原＋

藏系家畜"形成了世界上独一无二的高寒草原畜牧业区域。在数千年的生产、生活中形成了一系列有效的生态保护理念和措施，产生了适应高原环境的传统生态伦理，如一切生物都是平等的，家畜与野生动物共生存等，维护了高原生物的多样性。对自然资源的利用有许多禁忌，如对山的保护禁忌、对水体和土地的保护禁忌、对动物保护的禁忌等，这些藏族传统草原文化有效地保护了青藏高原的生态环境。

8. 王斌（中国林科院亚热带林业研究所，副研究员），《林果型农业文化遗产价值分析与评价》

梳理目前所认定的全球重要农业文化遗产和中国重要农业文化遗产资料，

发现林果型农业文化遗产具有遗产数量多、类型丰富、栽培历史悠久、古树名木众多和农作方式独特等特点，是可持续的生态农业生产模式。报告以浙江绍兴会稽山古香榧群为例，通过生态与环境价值、经济与生计价值、社会与文化价值、科研与教育价值、示范与推广价值5个方面进行了全面的分析。

9.刘某承（中国科学院地理科学与资源研究所，副研究员），《农业文化遗产的生态补偿机制》

农业文化遗产系统产生的生态功能具有明显的外部性，应尽快建立科学的农业文化遗产生态补偿机制，运用财政、税费、市场等经济手段激励农民传承农业文化遗产、保育生态系统服务功能，调节农业文化遗产保护者、受益者和破坏者之间的利益关系，以内化农业生产活动产生的外部性。并在综述生态补偿特别是农业生态补偿研究的基础上，明晰了农业文化遗产生态补偿的概念及其必要性，构建了农业文化遗产生态补偿的机制框架，提出了补偿标准的制定办法以及多元化的补偿途径。

10.何红中（南京农业大学，副教授），《历史视角下"刀耕火种"农作技术与遗产评价及保护》

刀耕火种的历史可追溯到新石器时代，其体系是包括农作技术与采集、狩猎及各种农业礼仪、民俗和宗教文化的综合体，表现出明显的原始性、朴素性、民族性和独特性。作为一种技术类农业文化遗产，刀耕火种在兼具复合型、活态性和战略性的同

时，还拥有残存性、历史性、区域民族性、生态性和社会组织性等特点。目前，有必要从农学、历史学、民族学、生态学、人类学、文化学、社会学等不同学科角度，充分挖掘刀耕火种所蕴含的朴素而深刻的智慧，并从改变传统认知、加强科学研究、申报中国重要农业文化遗产、建立补偿机制、探索示范模式等方面，推进对这一技术类农业文化遗产的保护和利用工作。

四、其他报告

1. 张祖群（首都经济贸易大学），《试论香格里拉的品牌认知路径与遗产保护》

以皮尔斯与索绪尔的符号体系理论为基础，分析香格里拉品牌的形成，认为香格里拉的品牌形成是从东方到西方，再从西方到东方，最后形成东西方双向促进的过程。中国、印度、尼泊尔、马来西亚等（国家）都声称找到了"香格里拉"，中国川、滇、藏等省份争夺"香格里拉"品牌，形成国内外两个层次的复杂博弈。香格里拉在能指上有3个地理空间层次，同时也是一个无法找到地理实体和文化终点的"所指"，是人们想象的宗教极乐世界在现实生活中的虚幻投影，是东西方文化碰撞时期的遥远想象。川、滇、藏等地自然遗产、非物质文化遗产及物质文化遗产应该得到保护，以维护和提升香格里拉品牌。

2. 郑华斌、黄璜、陈灿（湖南农业大学农学院），《稻田生态种养融入现代高效生态农业的思考》

稻田生态种养是中国农耕文化重要的组成部分，随着农业现代化的推进，如何继承、传播和创新稻田生态种养成为首要的问题。本文以稻鸭模式、稻蛙模式和稻泥鳅模式为例，系统分析了上述模式融入现代高效生态农业所存在的问题，并提出了解决上述问题的技术方案。最后，本文还指出引入生态种养将对长江流域中低产稻田改良、家庭农场发展、中国经典农耕文化的传承、传播起到重要的助推作用。

3. 洪传春、刘某承、李文华（中国科学院地理科学与资源研究所），《农林复合经营：中国生态农业发展的有效模式》

农林复合经营表现为复合型的农业生产系统，其实质是对土地单元综合和可持续的利用，其目的是实现经济效益与生态效益的统一。在人口、资源、环境与经济发展之间的矛盾越来越尖锐的背景下，中国生态农业建设显得愈加重要和紧迫。农林复合经营以其有效地契合了中国人多地少和小农经济生产模式的国情，很好地体现了中国生态农业"现代、高效、循环"的特点，而成为中国生态农业发展的有效模式。为促进农林复合经营的可持续发展，需要加强现代科技在农林复合经营中的应用，同时注意加强农林复合经营技术应用效果的评估和相关财政与金融政策支持的力度。

4.林惠凤、李文华（中国科学院地理科学与资源研究所），《生态农业：现代农业可持续发展的重要途径》

现代农业在通过科学技术进步和土地集约化利用取得巨大成绩的同时，也导致了生态与环境问题的日益加剧。我国农业人口多、耕地资源少、水资源紧缺、工业化城镇化水平不高的国情，决定了必须探索一条具有中国特色的现代农业可持续发展之路。中国的生态农业，将传统农业的优势与现代科学技术结合，经过近30年的发展取得了显著的成就，并逐渐被证明是实现我国现代农业可持续发展的重要途径。它的内涵涵盖了可持续发展所倡导的循环、低碳、绿色、高效等几个方面。现阶段，为了充分发挥其在推动我国农业可持续发展中的作用，本文从标准体系构建、产业化和品牌化、多功能挖掘、能力和机构建设以及政策激励方面对生态农业的发展进行了初步的探讨。

5.谭业平、陆昌华等（江苏省农业科学院兽医研究所），《基于Web的猪繁殖与呼吸综合征（PRRS）风险评估系统设计与实现》

为建立规模猪场PRRS风险数据采集与评估系统，本文在PRRS风险因素分析和评估模型构建的基础上，应用ASP.NET动态网页开发技术，C#编程语言、ADO.NET技术及MYSQL数据库管理系统，设计开发了具有前台信息采集评估和后台数据库管理两大主功能模块和8个子模块组成的基于Web的规模猪场PRRS风险评估系统。通过该系统可对个体规模化猪场PRRS风险相关数据进行在线采集，并针对各级风险指标提供风险评估报告和管理措施改进建议，有助于猪场疫病风险管理和预防。本文从系统设计、功能结构、模块设计开发、技术特点等方面进行了阐述。

6.李明、王思明（南京农业大学），《多维度视角下的农业文化遗产价值构成研究》

农业文化遗产价值是一种综合价值，是由一系列分类明确、彼此关联的价值构成的遗产价值系统。不同的价值主体，从不同的维度，在不同的环境条件下，会有不同的认知和理解。本文分别从共时性维度和历时性维度来探讨农业文化遗产价值的静态构成和动态构成，深化对农业文化遗产价值的认识，这些认知和理解对农业文化遗产价值的理论研究和实践工作将提供有益的启示。

7.卢勇、阚云（南京农业大学），《兴化垛田的文化内涵探析》

垛田是江苏中部里下河水网地区独有的一种土地利用方式与农业景观。明代中期后，当地民众在湖荡沼泽地带将开挖深沟或小河的泥土堆积成垛，并在垛上耕作种植，逐渐形成垛田。垛田地貌特殊，景色秀丽，不仅出产丰饶，而且呈现出鲜明丰富的地域特色文化。主要包括永不屈服的治水精神、天人合一的农业文化、兼容并包的地域文化和清淡自然的饮食文化等多个方面。挖掘和整理这些遗产，有利于更好地保护传承特色地域文化，丰富民众精神生活，提升生活品位，并对申报全球重要农业文化遗产等有所裨益。

8.陈锦宇、张校军、梁秀华（浙江省绍兴市经济特产站），《香榧采摘工具"蜈蚣梯"的科学文化价值》

绍兴会稽山古香榧群是全球重要农业文化遗产保护试点。"蜈蚣梯"是绍兴会稽山区榧农日常使用的、用于登高采摘香榧的独特梯子，设计科学、结构简单，包含"三角结构"最稳定原理和极致利用材料的原则，因形似蜈蚣而得名，具有就地取材、制作简便、适合登高、不拘地形、携带方便、经久耐用、价廉物美、符合环保理念等优点，能满足榧农安全采摘香榧、保护幼果的需要，是最能反映当地民众智慧、体现文化特色的事物之一，也是"铸剑为犁"的鲜活范例。

9.严火其（南京农业大学），《中国传统农业的特点及其现代价值》

中国传统农业的特色和突出特点：以尊重自然、顺应自然为出发点的农学指导思想；以种植业为主，种植业和养殖业相互依存相互促进；"宁可少好，不可多恶"的农业经营策略和精耕细作的技术特点；地可使肥，又可使棘，地力常新的土壤耕作理论；轮作复种，兼作套种和多熟种植；北方旱地保墒栽培和南方合理管水用水等。由于我们与祖先耕种着同样一片土地，与祖先面临着同样的以较少的耕地养活众多人口的艰巨任务，决定了传统的农业知识对未来的农业发展仍有重要的借鉴作用。中国传统农业知识的价值在于：有利于农业的可持续发展，有利于中国的粮食安全，有利于建设有中国特色的现代农业科技体系等。

10.张灿强（农业部农村经济研究中心），《农业文化遗产保护与发展的困境与摆脱》

在农业文化遗产的保护与发展中，农民是核心，农业生产功能是关键，农村生态系统是基础。农业文化遗产可持续发展面临双重困境，既有农业农村发展的普遍性问题，又有自身发展的特殊困难。农业文化遗产地生态系统退化与破坏现象普遍存在，传统技术和农业景观面临遗失和废弃的风险，现代农业经营体系发展滞后，农户的参与程度和利益保护不充分。摆脱农业文化遗产保护与发展的困境，要加强政府的管理和扶持，探索面向市场的多元保护与发展途径，完善多方参与和惠益分享机制，加强相关科学研究工作。

11.朱世桂（南京农业大学），《农业文化遗产中手工技艺的传承与保护发展的探讨：以古代武夷分茶技艺——茶百戏为例》

本文以农业文化遗产中手工技艺类项目古代武夷分茶技艺——茶百戏为例，通过梳理其技艺概况、挖掘其具有的历史文化、艺术审美价值和经济开发等价值，分析其传承与市场开发中所面临的问题，从而提出以古代武夷分茶技艺——茶百戏为代表的农业文化遗产中手工技艺类项目保护与产业化发展的相应对策建议，以期促进农业文化遗产中手工技艺实现其价值、拓展其传承空间，并取得良好的市场开发前景。

12.叶明儿（浙江大学），《湖州桑基鱼塘系统形成及其保护与发展现实意义》

据历史文献记载，湖州桑基鱼塘系统的形成始于春秋战国时期太湖流域开展的"塘浦（溇港）圩田系统"水利工程建设，距今约有2500年历史。其经过桑基圩田形成与鱼塘养鱼出现期、桑基圩田快速发展期与桑基鱼塘出现期、桑基鱼塘快速发展期、桑基鱼塘主导期4个阶段逐渐发展演变而成。它是一种具有独特创造性的洼地土地利用方式和生态环经济模式，是我国乃至世界史上人们认识自然、利用自然、改造自然的一个伟大创举，是"天人合一"儒家生态伦理哲学思想的样板，是世界传统循环生态业农业的典范，是一项重要、宝贵的农业文化遗产。保护与发展湖州桑基鱼塘系统，对传承和发扬我国"天人合一"儒家生态伦理哲学思想、推进生态文明建设和保持经济可持续发展，减少农业面源污染、保护太湖生态环境，传承我国历史悠久的蚕桑文化、丰富文化生活、保持社会和谐稳定都具有重要的现实意义。

13.吴敏芳（浙江省青田县农业局），《加强稻鱼共生技术推广，促进农业文化遗产保护》

通过介绍GIAHS"浙江青田稻鱼共生系统"所开展的保护工作，例如加强稻鱼共生技术推广，开展稻鱼共生技术创新研究、新品种新技术推广、标准化技术推广、有机稻鱼技术推广、再生稻鱼共生技术推广，加强农业科技培训，建立示范基地，拓展农业功能和稻鱼共生品牌建设，进一步揭示了农业文化遗产的保护需要动态发展的理念。

14.刘伟玮（中国科学院地理科学与资源研究所），《不同稻田生态种养模式控制面源污染的效果研究》

农业不仅是重要的生产部门，而且农田生态系统具有重要的生态系统功能。但在追求粮食产量和经济利润的刺激下，化肥、农药的滥用不但严重破坏了其生态调控功能，还产生了各种环境污染问题。发展稻田生态种养模式，不仅能够提高经济效益和社会效益，更重要的是能够获得良好的生态效益。通过对大量相关文献的阅读，本文筛选了我国稻田生态种养的主要模式，并对其在土壤肥力和病虫草害的防治方面进行了综述；然后根据收集的相关试验数据，将不同模式控制面源污染的效果转化为相对于常规稻田的化肥农药减少量，再进行定量评估。评估发现：不同稻田生态种养模式在控制面源污染方面均有显著的作用，相比常规稻田，其可以减少化肥用量5.03%～20.09%，减少农药用量54.94%～87.83%。因此，继续加强稻田生态种养模式的研究和推广是从源头控制农业面源污染的重要举措。

15.龙荣华（云南省农业科学院园艺作物研究所），《云南高原特色农业中的传统农业》

农业的可持续发展最终就是要通过对土地的集约化、精耕细作，突出因地制宜、生物多样性以及多种经营等主要特征的充分合理利用，从而达到人与自然和谐共处发展，也就是如何将现代科学技术融入传统农业发展中去，达到人类社会的可持续发展，本文旨在供政府部门或学者参考。

16.马玄（新疆农业规划研究院），《新疆农业文化遗产保护大有可为》

新疆是我国重要的农牧业资源大区，其特殊的地域资源环境蕴含着丰富的农业文化遗产，是研究我国农耕文明不可或缺的重要组成部分。随着工业化、城镇化以及现代农业的快速发展，传统农业文化正面临着被破坏、被遗忘、被摒弃的危机，亟须进一步发掘整理和保护。加强新疆农业文化遗产的传承与保护，在维护民族团结与社会稳定、促进农业可持续发展及农民增收等方面具有重要意义。新疆众多独具特色的重要农业文化遗产具有较高的历史传承价值和较强的示范带动效用，需通过加大宣传力度、加强调研普查、创新体制机制等多项政策措施对新疆农业文化遗产加以有效挖掘和保护。

17.徐峰（敖汉旗农业文化遗产保护与开发管理局），《敖汉旱作农业系统保护与发展的思考》

敖汉旱作农业系统被联合国粮农组织列为全球重要农业文化遗产，如何保护和发展好农业文化遗产，已成为敖汉旗经济社会发展中的主要任务。正确认识农业文化遗产保护和发展的迫切性和重要性，平衡现代农业技术的引进与经济的快速发展对旱作农业保护与发展带来的弊端，规避敖汉旱作农业系统的传承与发展面临危险，促进传统农业和现代农业并行发展，在保护中实现发展，在发展中更好地保护迫在眉睫。本文旨在针对敖汉旱作农业系统在保护与发展过程中存在的问题和困难，提出相应的解决策略，以此加强GIAHS敖汉旱作农业系统保护与发展工作，为农业可持续发展、构建粮食安全屏障、助力当地经济腾飞发挥作用。

18.翟精武（安顺学院农学院），《安顺市郊玉米化肥施肥量及肥料偏生产力分析》

肥料偏生产力（PFP）是指施用某一特定肥料下的作物产量与施肥量的比值。它是反映当地土壤基础养分水平和化肥施用量综合效应的重要指标。本研究于2012年9月通过调查问卷的方式对安顺市郊4个地点（旧州、宋旗、幺铺、轿子山）农户玉米种植中的化肥施用量及产量情况展开调查。结果表明：玉米生产中施用化肥氮（N）、磷（P_2O_5）、钾（K_2O）均值分别为47.37千克/亩（20.70～98.20千克/亩）、7.43千克/亩（1.50～15.00千克/亩）、7.04千克/亩（2.50～20.00千克/亩），玉米N、P_2O_5、K_2O的PFP均值分别为11.25千克/千克（0.80～26.10千克/千克）、97.85千克/千克（7.60～333.33千克/千克）、95.48千克/千克（8.90～294.1千克/千克）。表明了安顺市郊区玉米施氮量偏高，磷肥偏低，钾肥适宜；玉米氮肥PFP偏低，而磷肥和钾肥的PFP适中。

19.张龙（中国林业科学研究院亚热带林业研究所），《农业文化遗产在开发利用中的保护策略探讨》

农业文化遗产是农业文化中重要的组成部分，是几千年农耕历史文明留给子孙后代的珍贵财富，对人们反思当前环境、社会、人文等各种问题，探索未来社会经济可持续发展的途径有着重要的借鉴作用。目前，世界各地旅游热正蓬勃发展，各地以文化资源为特色的旅游开发正如火如荼地进行，伴随着城镇化、新农村建设、生态农业发展、生态旅游开发的步伐，农业文化遗产作为特殊的文化资源也越来越受到更多的关注，开发利用强度日益加大，如何解决农业文化遗产在社会发展中的保护问题已经刻不容缓。本文从农业文化遗产的属性和特点出发，针对农业文化遗产开发中的农业文化资源的利用，探讨区域性的农业文化遗产总体保护及开发管理的思想和办法。

20.郑斌（湖北省荆门市屈家岭管理区管委会），《农业文化遗产保护与现代农业的发展——屈家岭遗址在农业文化遗产保护中的价值评估》

屈家岭作为中国农谷核心区，肩负着国家现代农业示范区的使命。我们既要用现代科学技术改造农业，也要用现代产业体系提升农业，用现代发展理念引领农业；同时，我们也要通过农业文化遗产的保护，将传统农业知识与经验系统地整理出来，并为今后的农业文明提供一份有益的参考。

21.韩建民（甘肃农业大学），《中国农耕区牧业文化价值研究》

从农耕区牧业文化的概念出发，通过对农耕区牧业的生态价值、社会经济价值、文化传承价值等进行分析后得出，有着悠久历史的各种优良牧业文化遗产，必须在保护的同时进行合理的利用与挖掘，才能为农业文化遗产的直接参与者——农民带来根本的经济利益，进而保障牧业文化遗产可持续、稳定地发展与传承。

第二届全国农业文化遗产学术研讨会

一、会议概况

由联合国粮农组织、农业部国际合作司和中国科学院地理科学与资源研究所共同支持，中国农学会农业文化遗产分会和中国工程院农业学部联合主办，中国科学院地理科学与资源研究所自然与文化遗产研究中心、农业部国际交流服务中心和浙江省青田县农业局联合承办的第二届全国农业文化遗产学术研讨会于2015年10月11日在浙江省青田县召开。FAO驻中国、蒙古国、朝鲜代表处代表Percy W. Misika，中国工程院院士、中科院地理科学与资源研究所研究员李文华，农业部国际合作司处长罗鸣，农业部国际交流与服务中心副主任王凯园，中科院地理科学与资源研究所副所长高星，以及来自联合国大学、中科院地理科学与资源研究所和亚热带农业生态研究所、中国农业科学院农业经济与发展研究所、中国农业大学、华南农业大学、北京理工大学、浙江大学、江西农业大学、福建农林大学、红河学院、凯里学院等高等院校和科研单位的科研人员，以及北京、河北、内蒙古、江苏、安徽、福建、江西、河南、贵州、云南和浙江等地农业部门管理人员和农业文化遗产地代表，以及《光明日报》《农民日报》《科技日报》《中国科学报》《世界遗产》杂志，中国农业出版社等新闻出版单位代表150余人参加了此次活动。

开幕式由闵庆文研究员主持。青田县农业局徐向春局长致欢迎辞，中国农学会农业文化遗产分会主任委员李文华院士、农业部国际交流服务中心王凯园副主任、中国工程院农业学部王庆先生分别致辞，李文华院士以《农业文化遗

产的国内外进展及趋势》为题作大会主旨报告。

学术报告部分分为4个板块：本土知识发掘与农业文化遗产保护，农业文化遗产的动态保护途径，农业文化遗产保护的实践与经验，农业文化遗产保护与多功能产业发展。

在中国农业大学孙庆忠教授、中国科学院亚热带农业生态研究所王克林研究员、北京理工大学胡瑞法教授、中国农业科学院农业经济与发展研究所李先德研究员的主持下，8位科研人员、8位农业文化遗产地的代表、1位企业家代表、1位媒体代表，分享了他们关于农业文化遗产保护的研究成果和实践经验。

二、领导致辞

（一）浙江省青田县农业局局长徐向春致辞

尊敬的各位领导、各位嘉宾，同志们：

大家上午好！今天，我们在这里举行第二届全国农业文化遗产学术研讨会，之后大家还将参加青田稻鱼共生系统授牌十周年纪念会等相关活动。在此，我谨代表青田县农业局对各位领导、各位嘉宾的光临表示热烈的欢迎，向多年来一直关心青田农业发展的各级领导、各界朋友表示衷心的感谢！在座的许多朋友没来过青田，借此机会，我向各位简单介绍一下青田县的基本情况。

青田县地处浙江南部山区，建县于公元711年，因县城城北盛产青芝而得名，故又名芝田。全县总面积2493平方公里，总人口48万人，山多地少，素有"九山半水半分田"之称。青田有"石雕之乡、名人之乡、华侨之乡、田鱼之乡、杨梅之乡"的美誉。青田石雕列入首批国家级非物质文化遗产保护名录，与福州寿山石、昌化鸡血石、内蒙古巴林石并称为"中国四大名石"，青田又被授予"中国石文化之都"的称号。青田又是华侨之乡，现有华侨27.96万人，分布在世界120多个国家和地区。青田历代人才辈出，著名的有宋代三朝宰相汤思退，明代开国元勋刘伯温，近现代有"七君子"之一的章乃器、全国人大常委会副委员长陈慕华、国民党"副总裁"陈诚等。青田稻鱼共生系统被联合国粮农组织列入首批全球重要农业文化遗产保护项目之一，"青田田鱼"成功注册地理标志证明商标并入选"国家生态原产地保护产品"名录。青田还有"中国杨梅之乡""全国杨梅标准化生产示范县"等称号，是浙江农业吉尼斯杨梅擂台赛甜度纪录的保持者，有着"最甜杨梅"的美誉。

我坚信，通过这次研讨会，一定会进一步弘扬青田传统农业文化，促进稻鱼共生系统项目的执行，使之成为了解青田灿烂稻鱼文化的窗口。

各位领导、各位嘉宾，眼下正是丹桂飘香的美好时节，许多专家不远千里来到青田，希望大家在会议期间能够多走走、多看看，感受一下青田人的热情与豪迈，助力青田农业文化遗产事业的发展。

最后，预祝本次研讨会取得圆满成功！祝愿大家在青田度过一段愉快的时光！谢谢！

（二）中国工程院院士、中国农学会农业文化遗产分会主任委员李文华致辞

尊敬的各位专家、领导：

大家好！很高兴参加今天的第二届全国农业文化遗产学术研讨会！作为中国农学会农业文化遗产分会的主任委员，我对参会的各位专家、领导表示热烈的欢迎，并祝本次会议圆满成功！

当前全球农业的发展面临着资源约束趋紧、生态系统退化、投入品过度消耗、环境污染加剧等严峻挑战，农业资源利用强度高、转化效率低的矛盾日益

加剧，城乡的差异不断加大，加快转变农业发展方式、促进农业可持续发展面临着严峻的考验。造成这些问题的原因是多样的，其中农业的发展方向与发展道路成为人们反思的焦点。人们越来越深刻地认识到，现代农业的发展，不仅要重视新技术的研发与现有技术的推广，也要重视传统农业技术的挖掘和提升。因为重要的农业文化遗产植根于悠久的文化传统和长期的实践经验，传承了固有的整体、协调、循环、再生的思想，因地制宜地发展了许多宝贵的模式和技术，至今依然发挥着重要作用，不仅保障了百姓生计，也促进了社会和谐、生态保护和文化传承。

最近大家很受鼓舞的青蒿素问题，就是一个很好的例子。既是传统的技术，同时也注意了与先进技术的融合，在传统技术中间，很突出地表现了天人合一的整体性和完整性思想。我们所谓一个系统的整体、协调、循环、再生的思想，创造了很多宝贵的模式和技术，这些模式和技术在不同的地方，根据当地具体的自然社会经济条件有所发展。其中，我们的传统技术直到现在还发挥着很重要的作用，特别是在一些边缘的贫困地区。

2014年，联合国粮农组织（FAO）将小型农业的发展作为工作重点。据统计，现在小型农业占整个农业的60%左右，一些传统技术随当地的环境和条件而产生，当地人也很容易接受并加以应用，这显得尤其重要。这和我们所提倡的可持续农业、可持续发展可以说是一脉相承的。在农业发展面临这些问题的背景下，FAO提出了"全球重要农业文化遗产"项目（Globally Important Agricultural Heritage Systems，GIAHS）。GIAHS作为一个名词，听起来好像比较新颖，实际上这些工作中国很多的科学家早已开始在做。在过去的几年，大家进行生态农业、农林复合经营等方面的研究，实际上与农业文化遗产有共同点，都是怎样充分利用自然条件，利用生物之间的相互关系，尽量减少外力的投入，保持永续的生态系统发展。

自2005年6月浙江青田稻鱼共生系统被列为世界首批全球重要农业文化遗产保护试点以来，在农业部的指导下，在地方政府和民众的热情参与下，在不同学科专家的通力合作下，我国11项遗产入选全球重要农业文化遗产名单，约占世界总数的1/3，居各国之首；我国已批准2批共39个中国重要农业文化遗产（第三批23个中国重要农业文化遗产已上网公示）；从现在的发展趋势来看，GIAHS保护工作的推广与进展是相当快的，从全世界来讲，由一个国家政府直接进行管理和推广，中国恐怕还是第一个。同时，我国开展了一系列科学研究，举办农业文化遗产系列学术论坛，出版了农业文化遗产系列丛书；通过理论研究和实践探索，逐步形成了"政府主导、多方参与、分级管理"的农业文化遗产动态保护体系，遗产地的生物多样性、自然景观及传统文化等得到了有效保护，传统农业方式重现活力，农业生态环境改善，农业可持续发展能力增强，农民生活水平明显提高。此外，我们还积极参与国际交流，在推动全球农业文化遗产工作中提高中国的话语权和主动权，扩大了国际影响，FAO也在不同场合下多次对我国的工作以及我国科学家提出表彰。

2014年，中国农学会成立了农业文化遗产分会，这个分会是由农业、生态、环境、经济、历史、文化、社会等多个学科的科学家组成的，搭建了农业文化遗产研究的学术平台。现在看起来，这项工作十分必要和及时。毕竟，与联合国教科文组织世界遗产的40年发展相比，农业文化遗产还是一个新生事物，产生得比较晚，但是发展得很快，还存在许多问题需要进行深入研究。例如，如何科学评估农业文化遗产的功能与价值，如何将农业文化遗产保护融入新型城镇化、农业现代化、工业化、信息化、绿色化以及生态文明与美丽中国建设的发展战略中，如何开展农业文化遗产保护的监测评估、示范推广，以及如何建立农业文化遗产保护的机制与政策等，还有大量的工作等待我们去研究。

当前，我国正处于大力推动现代农业发展和社会主义新农村建设的关键时期。今年，农业部正式发布实施了《中国重要农业文化遗产管理办法试行》；国务院办公厅发布《关于加快转变农业发展方式的意见》，也强调了要"保持传统乡村风貌，传承农耕文化，加强重要农业文化遗产发掘和保护"。进行农业文化遗产的跨学科综合研究，深入挖掘农业文化遗产中的科学内涵，保护农村生态环境与农业生物多样性，发展其多功能价值，必将为推动农村生态文明建设，实现国民经济协调持续发展和美丽中国建设做出应有的贡献！

今天，我们在这里召开第二届全国农业文化遗产学术研讨会，来自不同学科的专家学者以及各个农业文化遗产地的领导同志汇聚一堂，就农业文化遗产保护和可持续发展进行交流和讨论。希望大家能牢牢把握目前农业文化遗产工作的良好机遇，注意发现有关科学问题，将我国农业文化遗产及其保护研究与实践提高到一个新的水平。

谢谢大家！

（三）农业部国际交流服务中心副主任王凯园致辞

尊敬的李文华院士、各位领导、各位专家、各位来宾：

大家好！受农业部国际合作司委托，农业部国际交流服务中心负责一些组织性的具体服务工作。我个人从2015年年初才开始参与这项工作，我想谈一下自己的感受。

第一，虽然我接触农业文化遗产时间不长，但我有幸已经考察了6个传统农业系统。这6个系统形式各异，内容独特，让我对农业文化遗产有了一个比较深刻的认识。我想说，这是一个值得付出的领域。为什么这么讲呢？从农业文化遗产涵盖的范围来看，不仅是农业生产本身，也包括了生态、环境以及文化，甚至是社会性的一些功能，从这点来讲，农业文化遗产是一个值得为它付出的工作领域，它具有很大的挖掘潜力和光明的发展前景。

第二，我国的11个全球重要农业文化遗产，它们的独特性、多样性以及多功能性也逐渐得以体现，具体遗产地的相关工作人员应该对这点有更深刻的感受。

第三，越来越多的人开始关注农业文化遗产，不仅包括科研单位和高校的专家教授，还有媒体和企业家。例如，一个正在进行农业文化遗产产业开拓的公司，他们从文化开发和房地产的角度，对农业文化遗产做了非常好的阐释。从这点来看，我们的队伍在不断地扩大，我们的发展前景也会越来越光明。

另外，我想谈一下我的几点收获。

首先，农业文化遗产地领导的高度重视给我留下了深刻印象。我考察过的农业文化遗产地，不论是掌管方向的书记，还是主管业务的市长、县长，甚至相关部门的领导都对当地GIAHS的发展情况、工作内容了如指掌，可以说地方领导对GIAHS工作的重视，对GIAHS的快速发展起到了积极的推动作用。

其次，各级农业部门，不论是省厅还是地区，都对GIAHS保护与发展工作付出了长期艰巨的努力。以浙江省青田县为例，自2005年浙江青田稻鱼共生系统被FAO批准为GIAHS已有10年，是当地工作人员默默无闻地奉献和努力，才使青田县获得了如今辉煌的成绩。

最后，农业文化遗产推动了当地经济发展和农民收入提高。例如江西的万年贡米，一斤①大米可以卖到130多元，对当地的经济发展和农民收入的提高都起到了很好的推动作用。其中，我们也发现了一些问题，例如如何让更多的当地农民受益，如何让农业文化遗产迸发出更大的活力，这些都是今后值得探讨的内容。

对于未来，我也有几点希望。一是制度支持方面。农业部2015年正式发布了《中国重要农业文化遗产管理办法（试行）》，对我国今后GIAHS申报、审核、保护、管理，以及后期的监测评估都做了规范性的规定和指导，这是世界上第一个国家级农业文化遗产保护的规范性文件。二是资金支持方面。目前农业部对我国GIAHS有少部分专项资金的支持，目前我们正在努力，希望在部各司局和遗产地的共同努力下，资金的支持越来越多。三是让农业文化遗产保护成为好的政策工具。农业文化遗产、休闲农业以及生态保护，这些功能正在被逐渐融合。目前，农业部多个部门正在酝酿，希望出台一些新的农业发展纲领性文件。这些文件、精神会让今后农业文化遗产保护和发展事业攀上又一个高峰，也希望农业文化遗产事业能够取得更大的成绩。

最后，预祝第二届农业文化遗产学术研讨会取得成功，谢谢大家！

（四）中国工程院农业学部王庆致辞

尊敬的李文华院士、各位领导、各位专家、各位来宾：

大家好！首先请允许我代表中国工程院二局和工程院农业学部办公室向第

---

① 斤为非法定单位，1斤＝500克。——编者注

二届全国农业文化遗产学术研讨会的胜利召开表示热烈的祝贺！

近年来，在李文华院士和有关专家团队的努力下，我国农业文化遗产研究工作取得了巨大成绩，国际影响力不断提升，农业文化遗产的保护工作得到了中央领导的高度重视和大力支持。截至2015年，我国已有11个农业文化遗产列入全球重要农业文化遗产名录，数量位居全球第一。

中国工程院农业学部对李文华院士的工作非常支持，我们于2013年立项"中国重要农业文化遗产保护与发展战略研究"重点咨询项目，并连续多次支持包括第一届东亚地区农业文化遗产保护研讨会等有关学术会议的召开，今后我们会继续在战略咨询、学术引领、科技合作、人才培养等方面，对李院士及其团队进行支持，大力开展农业文化遗产保护等方面的研究工作。

预祝本次大会圆满成功，谢谢大家！

三、大会主旨报告

李文华（中国工程院院士，中国科学院地理科学与资源研究所研究员），《农业文化遗产的国内外进展及趋势》

从原始的刀耕火种、自给自足的个体农业到常规的现代农业，人们通过先进的科学技术和土地集约化利用取得了巨大成就，但也给现代农业也带来了严重的弊端，例如生物多样性减少和丧失、自然资源消耗、生态退化、环境污染、食物安全等。新形势下，人们开始反思农业发展的政策、技术与模式，并提出了农业发展的新思路，例如有机农业、生物农业、自然农业、生态农业、复合农业、循环农业、可持续农业等，反映了人类适应时代变革和探索农业可持续发展的强烈愿望。与现代农业相比，传统农业文化既保障了食物与生计安全，保育了农业生物多样性，同时也维持了可恢复的生态系统，传承了丰富的自然资源管理经验，保留了优美的农业生产景观和独特的传统文化遗产。

2002年8月，FAO提出全球重要农业文化遗产（GIAHS）的理念。2005年6月，"浙江青田稻鱼共生系统"正式授牌，成为我国第一个、世界第一批GIAHS保护试点。截至目前，我国GIAHS项目工作取得了巨大的成就：一是规

范了重要农业文化遗产的管理工作，先后颁布政策文件，并成立了农业部全球/中国重要农业文化遗产专家委员会；二是在全国范围内开展了中国重要农业文化遗产（China-NIAHS）的发掘与保护工作，截至2015年，已遴选出62个保护项目；三是建立了学术交流平台，成立了中国农学会农业文化遗产分会；四是开展了跨学科综合科学研究。

我国农业文化遗产工作尚存在诸多问题：一是底数不清，缺乏对农业文化遗产系统性普查和科学性评估。二是对其精髓挖掘不够，没有系统地发掘重要农业文化遗产的历史、文化、经济、生态和社会价值，传统理念与现代技术的创新结合不够。三是保护与可持续利用机制有待健全，部分地区仍存在重眼前、轻长远，重生产、轻生态的做法，忽视遗产地农民的利益和农业的可持续发展。四是国际竞争日趋激烈。我国应当完善农业文化遗产管理体制和管理制度，结合国家战略和政策措施，加大对农业文化遗产的政策扶持和项目投入，强化基础研究和科技支撑。同时，开展跨学科综合研究，建立重要农业文化遗产多方参与和长效投入机制及农业文化遗产国际协调机构，积极开展国际交流。

四、其他报告

1.梁洛辉（联合国大学，项目官员），《传统知识与农业文化遗产保护：源自GIAHS的经验》

地球陆地地表根据其干湿度可以分为干旱、半干旱、湿润和半湿润四大类，其中干旱度指数小于0.65的地区占陆地表面的43%，养活了全球1/3的人口，这里拥有珍贵的农业生物多样性资源，分布了全球50%的畜牧业和全球46%的碳储存。然而，这些极限地区也面临着如农业生产达到临界值、不可持续生产导致荒漠化等挑战，利用传统知识发展可持续农业成为改变这种状况的重要方法之一。

传统知识是一个长期积累形成的知识体系，是在人与自然相互作用的过程中逐渐积累和创造的，它包括理论知识、技术、实践和文化表现，是多样、因地制宜的，具有广泛的适应性和代际传承效果、易于被人们获取和掌握，是当

地农民对环境长期管理的经验总结。传统知识对科学研究、农民生产、应对土壤退化、政策制定和实施等方面具有重要价值。2002年FAO发起了保护GIAHS的倡议，在全球层面、国家层面和地方层面对传统农业系统进行保护。面对水资源的缺乏，干旱地区的传统知识在生态、技术和制度等方面蕴含着丰富的政策经验，对当今干旱地区农业可持续发展具有重要指导和借鉴作用。

2.叶明儿（浙江大学，副教授），《湖州桑基鱼塘生态系统与儒家生态伦理思想》

据史料分析，桑基鱼塘系统是儒学集大成者朱熹及后人生息繁衍的地方。桑基鱼塘系统中儒家生态伦理思想主要体现在四个方面："顺应天常"的生态发展观，"仁民爱物"的生态道德观，"取之有度"的生态保护观，"天人合一"的生态和谐观。"湖州桑基鱼塘生态系统"的形成过程，强调了系统最突出的特点是系统内多余营养物质和废弃物的循环利用，实现了"零"污染。

桑基鱼塘系统的保护与生态文明建设有密切的关系，大力推进湖州南浔桑基鱼塘系统的保护与发展，对传承和发扬我国"天人合一"儒学生态伦理文化思想，推进生态文明建设和保持经济可持续发展具有重要的现实意义和战略意义。

3.龙荣华（云南省农业科学院园艺作物研究所，研究员），《刀耕火种对云南生态环境的影响研究》

云南省为高原地貌类型，主要受到东南季风和西南季风的控制，同时受到青藏高原的影响，形成了复杂多样的地理环境及气候类型。在云南省，少数民族人口占到全省总人口数的1/3左右，使其成为我国少数民族主要的聚居省份之一。其中，部分生活在高山地区的少数民族将刀耕火种作为其生计中的传统耕作方式，良性的刀耕火种在保护生态与保

障产品质量方面发挥着重要的积极作用，在高原特色农业中也具有较为重要的地位和价值。但随着人口的快速增长，且由于长期不合理的农业用地，导致从事刀耕火种的土地未能被可持续地利用，并诱发泥石流、旱灾、风灾等自然灾害频繁发生。

因此，为了实现刀耕火种耕作技术的科学利用与传承，在今后应用刀耕火种耕作技术的同时，应加强森林资源的监管、提升刀耕火种区域利用的可持续性管理能力，培养当地农民对刀耕火种农业文化遗产保护的自觉性，发展混林经济，进而促进生态恢复。

4.黄绍文（红河学院，教授），《云南哈尼梯田稻禽鱼共生系统》

通过对哈尼梯田地区30多个村寨的调查，目前已经采集到的传统品种共计93种，箐口村10个品种与其他村的品种有重复，与之前研究中提到的哈尼梯田100多个传统品种有一定差异。哈尼梯田这些原始品种的多样性有效地抑制了病虫害，重金属的含量也比杂交稻低，但是存在高秆易倒伏的问题，增加了农业劳动力的投入。

研究发现，目前现代品种得到了大规模的推广，经过实践，海拔在1300米以下的梯田都适宜种植杂交稻。此外，由于农学专家很少与当地哈尼梯田文化专家合作，没有对当地民族如何保护品种等相关传统知识做深入的调查研究，导致品种数量上重复计算和无法准确记录品种的名称。

5.黄国勤（江西农业大学，教授），《江西农业文化遗产的研究与发展》

江西是我国南方地区重要的农业大省，地处长江中下游南岸，自然条件优越、农业历史悠久，农业文化遗产资源十分丰富。江西农业文化遗产具有种类多样性、历史悠久性、分布广泛性、价值珍贵性和开发高效性五大特征，并拥有遗址类、工程类、景观类等九大类遗产类型。

近年来，江西省探索了多种途径推动农业文化遗产保护：一是通过举办赣南国际脐橙节、南丰蜜橘节、婺源油菜节等节会，推出了摘蔬菜瓜果、尝农家美食、看民俗表演、品农耕文化、观节庆赛事等特色休闲农业系列活动，进一步提升了江西休闲农业的吸引力和影响力；二是与"名人、名镇、名村、民俗文化"相结合，休闲农业更有内涵；三是与特色农业产业相结合，大力发展特色农产品，如南丰蜜橘、赣南脐橙、军山湖大闸蟹、广昌白莲、崇仁麻鸡、靖安白菜、万载百合等，休闲农业更有活力。通过多途径探索，江西农业文化遗产保护与发展取得了良好的经济效益和社会效益。

6. 孙业红（北京联合大学，副教授），《青田农业文化遗产旅游发展的现状与问题》

青田县的旅游在10年中有了较大发展，农业文化遗产保护核心区龙现村的基础设施、卫生条件、标识系统等都有了较大发展，农家乐接待由原来的1家发展到5家，其主要特点为客源范围窄、接待模式粗放、餐饮菜品缺乏设计等。

目前，青田农业文化遗产旅游发展的主要问题包括以下几个方面：传统农业旅游资源挖掘与保护不够，经营接待模式有待升级，社区年轻劳动力不足，外流人员多、社区参与度不够高，农户受益不均衡，旅游部门及旅游企业对于农业文化遗产保护认知度不高，基于农业文化遗产保护的旅游发展模式尚未建立等。今后发展的重点主要是建立基于社区的、充分利用传统农业资源、保护农业生物多样性与文化多样性的农业文化遗产可持续旅游发展模式。

7. 张灿强（农业部农村经济研究中心，助理研究员），《农业文化遗产的多功能价值及其产业融合发展途径》

农业文化遗产具有生产功能、生态功能、社会功能和文化功能等多功能价值。其中，生态功能是基础，农业文化遗产整体功能的发挥以生态系统的稳定和健康为前提；生产功能是本质，生产功能是农业文化遗产区别于其他遗产类型的关键，失去生产功能就不能称之为农业文化遗产；社会文化功能是灵魂，是遗产地劳动人民长期的实践积累和智慧结晶，对维系遗产地可持续发展具有重要作用。

农业文化遗产的多功能价值为农村一二三产业发展和融合提供了良好条件。当前，遗产地在产业发展和融合过程中面临着农业生态系统的脆弱性、农业产业规模的弱小性、农户参与保护的不足性、相关扶持政策的薄弱性等问题。农业文化遗产地产业融合发展，要以"保护优先、合理利用，政府引导、政策扶持，企业主导、市场运作，多方参与、惠益分享"为基本原则，强化产业融合发展的资源生态基础，提高产业融合发展的层次与水平，加大产业融合发展的政策扶持力度，建立产业融合发展的多方参与机制。

8.焦雯珺（中科院地理资源所，助理研究员），《青田稻鱼共生系统的社会－生态适应性》

自2002年联合国粮农组织发起"全球重要农业文化遗产（GIAHS）"保护行动、2012年中国农业部启动"中国重要农业文化遗产（China-NIAHS）"发掘工作以来，重要农业文化遗产的价值以及保护的重要性和紧迫性已经得到国内外的普遍共识。这些重要农业文化遗产经过干旱、洪涝、饥荒、瘟疫和战争，是具有可恢复力和可持续性的传统农业生产系统。然而，这些古老的农业生产系统是否能够经受住现代化的冲击，它们将如何应对现代化的挑战，全球和中国重要农业文化遗产的认定将起到怎样的干预作用等问题需要深入研究。

利用"复杂适应系统（CAS）"的框架，以浙江省青田县三个村子为对象，对稻鱼共生系统这一重要农业文化遗产的社会－生态适应性的研究结果显示，面对现代化的挑战，特别是劳动力流失和土地抛荒，青田县不同地区在稻鱼共生系统的维持上表现出不同的适应性。龙现村主要通过利用外部资金维持系统来进行自我调整。而小舟山村，旅游成为适应劳动力流失和比较收益低的主要方式。仁庄村，当地的稻鱼共生系统得到现代农业技术和科学研究的支撑。在面对现代化的同质化要求，重要农业文化遗产表现出地方适应性、持续的独特性以及来自地方政府的创造性支持。

9.孙辉亮（河北省张家口市宣化区，副区长），《河北宣化城市传统葡萄园保护与发展》

宣化传统葡萄园的特点主要包括以下几个方面：一是"古"，源自唐代，大部分葡萄园均有百年以上的历史，天下第一老藤有近700岁；二是"唯"，即唯一位于城市中的全球重要农业文化遗产；三是"特"，漏斗架式葡萄园和牛奶葡萄品种都极富特点；四是"多"，即葡萄园有丰富的生物多样性；五是"优"，传统葡萄园的牛奶葡萄品质优秀；六是"融"，葡萄园最早种在寺庙中，与佛教文化相融合；七是"赏"，即葡萄园的观赏性很强；八是"合"，即传统葡萄园体现了天人合一的思想；九是"保"，传统葡萄园的保水保土等保护生态环境的功能很强。

在上述特点的基础上，宣化传统葡萄园的保护，应当以优先保护为原则，因地制宜地做大葡萄文化，加强葡萄的文化影响力，联合保护开发。

10.杨社军（河南省灵宝市人民政府，副市长），《灵宝古枣林及古枣树群落》

河南灵宝川塬古枣林是中国重要农业文化遗产，也是目前世界上现存最大的古枣林，具有悠久的历史起源。早在5000年前的新石器时代，灵宝已有枣树种植，在枣树栽培过程中形成一套先进的园艺栽培管理技术。

枣富含蛋白质、脂肪、糖类、胡萝卜素、黄酮类等重要的营养成分与药用成分，是历代农民重要的食物来源以及调气血、润心肺、补肾胃的有效物质，也是农民的主要生计方式，并在历史演化过程中，形成了中华民族独特的枣文化，包括传统的诗词文化、饮食文

化、节庆习俗等。此外，枣树发达的根系，使其具有重要的水土保持功能以及抗旱、抗涝和耐贫瘠等特性。

但受枣树种植比较效益低、劳动力老龄化以及自然灾害等影响，使得该遗产面对不同程度的威胁。基于此，当地政府成立了农业文化遗产保护委员会，颁布了保护与发展行动方案，编制了保护与发展规划，以促进河南灵宝川塬古枣林的可持续利用。

11. 陈章鑫（江西省万年县农业局，局长），《稻作因万年而美丽、万年因稻作而精彩》

自 1993 年以来，美国考古学家马尼士博士连续 3 次考古发掘，确立万年为世界稻作文化起源地。万年稻作文化悠久、内容广泛，在漫长的生产过程中，形成的梯田开垦、稻田养鱼等相关生产经验及生产习俗，现在仍种植着接近野生稻形态特征的"万年贡谷"，仍然保存的传统农耕器具、古老的生产方式及民俗文化，展示了"野生稻利用—野生稻驯化成栽培稻—生产栽培稻"的人类稻作文明全过程，这些元素共同构成了"万年稻作文化系统"。

为了保护万年稻作文化，万年县委、县政府近年来做了大量的工作：专门成立了县稻作办，每年安排专项经费保证贡谷的保护价收购，制定了《加强仙人洞风景区遗址生态保护的规划》，建立了稻作文化博物馆，对农民进行技术培训，申请非物质文化遗产等。在发掘稻作文化的价值、用好重要农业文化遗产品牌方面，万年县政府通过"确立目标、以稻定位，广泛宣传、借稻扬名，深入研究、掘稻内涵，著书立传、传稻文化，加快开发，做大产业"，以农业文化遗产品牌带动地方经济的发展，促进稻作文化的保护。

12. 徐峰（敖汉旗农业文化遗产保护与开发管理局，局长、总农艺师），《保护全球旱作之源、打造世界黍粟之乡》

敖汉旗以"龙祖、玉源、谷乡"著称，即 8000 年"龙"文化的发祥地、中国"玉"文化的源头、世界旱作农业的发源地。拥有全球环境五百佳、全球重要农业文化遗产地两个世界级品牌。

敖汉旱作农业系统是中国北方旱作农业的发源地，世界第一个旱作农业文化遗产。为了保护敖汉旱作农业系统，敖汉旗政府和人民采取了一系列措施：召开世界小米起源与发展国际会议认证敖汉旗小米起源，开展农家传统品种种质资源搜集与整理工作，建立杂粮传统品种试验基地，进行传统农耕器具征集与保护，搜集育种、耕种、管理、收藏等技术与经验，开展农业与农村知识问卷调查，发展博物馆事业，加强非物质文化遗产保护。

未来，敖汉旗将从以下几个方面继续开展保护与发展工作：召开第二次世界小米大会；建立"公司＋合作社＋基地"的产业发展模式，发展有机循环农业，培育家庭农场，实现一二三产业融合；实施"品牌托市、商标保护"的发展战略；积极参加各类会议，加大宣传，提高知名度；组建敖汉小米产业协会；规范地理标志产品管理。

13.张文林（宽城满族自治县农牧局，高级农艺师），《河北宽城传统板栗栽培系统保护与发展》

宽城县板栗达3000余万株，其中百年以上的板栗树多达10万余株，在国内外享有"中国板栗在河北，河北板栗在宽城，宽城板栗中国神栗"的美誉。现存最老的板栗树树龄达700余年，被誉为"中国板栗之王"。

目前，宽城传统板栗栽培系统的保护与发展工作主要实行了"四动、构建五大体系"。"四动"：一是行政推动，包括健全组织、制定保护扶持政策、抓好宣传等方面；二是政策调动；三是典型带动；四是机制促动。"构建五大体系"：具体指建立技术支撑体系、良种繁育体系、农产品质量安全体系、农业信息服务体系、农业保险体系。在此基础上，建立有效的考核机制，打造龙头企业，保证果农利益。

面对当前存在的主要问题与挑战，宽城县将从以下几方面开展具体工作：抓好百亩以上板栗标准化生产示范基地30个，抓好神栗公司板栗系列产品深加工，抓好板栗饮料、板栗酒等生产建设，抓好全县板栗良种繁育场建设，规范良种、种苗生产和供应，建立营销队伍、保证板栗销售，建立风险基金制度，建立品种试验示范基地，建立培训机制，尽快建立宽城板栗博物馆，进一步挖掘整理和板栗相关的具有地方特色的传统文化，编辑出版《中国重要农业文化遗产——宽城传统板栗栽培系统》，推进宽城传统板栗栽培系统积极申报全球重要农业文化遗产。

14.贺献林（涉县农牧局，副局长），《探析河北涉县旱作梯田农业系统的保护与发展》

河北涉县旱作梯田系统始建于元代，持续建设延续至20世纪70年代，总面积21万亩，石堰长度近万里，被誉为"中国第二个万里长城"。2014年，涉县旱作梯田被农业部列为第二批中国重要农业文化遗产。

该农业文化遗产对当地资源进行了充分利用与环境的协调发展，使农民既能满足自身的生存发展需要，又不对当地的自然资源造成破坏；通过多种栽培模式，逐步提高了土地收益率，成为当地农民的主要收入来源；减少了化肥农药的使用量，减少了有害化学物质在人体内的积淀，保证了人们的食物安全，确保人体健康；衍生出与系统密切相关的乡村礼仪、风俗习惯、民间文艺及饮食文化等，成为北方旱作农耕文明的生态博物馆。因此，该农业文化遗产具有生态、经济、社会和文化功能。

由于受到劳动力减少等影响，涉县旱作梯田正面临逐渐萎缩的局面，保护并保持其可持续发展刻不容缓。河北涉县旱作梯田系统未来保护的重点应集中于梯田景观、作物栽培、土壤改良、梯田及无梁石屋建造、水土资源管理、石灰岩山区植树造林等技术和旱作农业生物多样性保护，梯田文化、石头文化、建筑文化、花椒文化等文化保护方面。未来，涉县应通过发展特色产品、休闲农业、农耕体验等途径，来保护和发展河北涉县旱作梯田农业系统。

15.刘华钧（贵州省从江县农业与扶贫开发局，局长），《利用农业文化遗产品牌推动特色产业发展》

从江县委、县政府通过以下一系列措施促进"贵州从江侗乡稻鱼鸭复合系统"农业文化遗产的保护和发展：一是进一步完善农业文化遗产保护工作制度，如制定了《从江农业文化遗产保护与发展规划》《从江农业文化遗产保护管理办法》《从江县中国GIAHS保护试点标志使用管理规则》等保护规划和管理办法；二是将从江稻鱼鸭产业发展列入国民经济"十三五"发展规划；三是抓好稻鱼鸭复合系统示范点建设，打造生态农业品牌；四是注重传统文化传承工作，如在高增乡小黄村合建"小黄侗族大歌博物馆暨从江侗乡稻鱼鸭复合系统展示厅"；五是加强农业文化遗产宣传、交流工作，如连续举办"原生态侗族大歌节"、开发"从江旅游资讯微信公众账号"、制作《从空中看神秘从江》专题片等；六是通过推介会提高从江农产品在市场中的知名度和竞争力，如在贵阳、广州、上海、珠海、福州等地成功举办从江香猪产品推介宣传；七是突出打造农业文化遗产旅游地，如利用农耕文化、梯田文化、禾晾文化、传统村落和民族民俗文化发展休闲观光农业。

通过上述一系列措施，取得了一些成效：一是农民经济收入稳定增长，如斗里乡潘里村示范户石西江，实施稻鱼鸭高产种植养殖示范，稻田面积2.3亩，发展种稻、养鱼、养鸭，实现产值15640元，亩产值达6800元，比实施示范前每亩净增4500元；二是旅游收入稳步增长，如小黄侗族大歌、岜沙苗寨的"全国农业旅游示范点"和从江加榜梯田3个景区，仅2015年上半年共接待海内外游客60.17万人次，同比2014年增长25.68%，实现旅游综合收入3.97亿元，同比2014年增长26.53%；三是生态环境保护得到进一步完善。

16.金岳品（浙江方源生态农业有限公司，董事长），《一个农民的梦想》

我自16岁到法国谋生，在外生活了20多年，在得知家乡的稻田养鱼被联合国粮农组织列为首批全球重要农业文化遗产后，毅然决定回家创业。

2007年底，我投资200多万元转包了467亩抛荒土地，建成4亩田鱼种保护基地、7亩田鱼苗繁育基地和278亩稻鱼共生示范基地。一方面向老农学习水稻栽培、田鱼苗培育的技术，收集田鱼的传统品种；另一方面自费到上海水产大学学习鱼苗孵化技术。

2009年，我组建了田鱼专业合作社，注册了公司及"稻鱼共生"的商标，方山大米也获得国家绿色食品认证。探索的"公司＋合作社＋基地＋农户"模式，带动了周边90多户农民，人均纯收入超过15000元。因为在稻鱼共生技术传承、田鱼原种生产以及遗产保护等方面取得的成绩，2014年我被联合国粮农组织授予"世界模范农民"的称号。

17.李飞（北京齐羽兴飞科技有限公司，总经理），《重要农业文化遗产地市场化运作探讨》

中国是农耕民族，农耕文明的传统深入我们的骨髓，农业隐藏着非常丰富的"文化基因"，这些基因沉浸在我们的身体里，需要被触动。乡村生活的魅力在于：人与自然的融合，生产和生活的融合，休闲和劳作的融合，艺术和实用的融合。

当前，中国总体上呈现农产品供大于求的格局，一部分农产品将脱离实用价值层面，产生更大的附加值。市场对于这种附加值的需求也在逐渐增加。然而，现实中还存在一些问题，如农业景区被当作旅游景区来消费，"农家乐"成为乡村居住的代名词，乡村生活的诗意与美并没有被认知。

我们的目标是：打消去乡村旅游的顾虑，打通城乡交流的一条路。操作模式是线上线下同时进行，线上筹建"乡里个香"网站，线下需要配合以农业为核心的特色产品，如农业文化产品、旅游产品、科普产品，同时深入挖掘当地的能工巧匠，以及建立舒适的配套设施。以艺术和创意手法改善农业，从而实现盈利。

18.李大庆（科技日报，记者），《农业文化遗产：伴你成长，助我升华》

农业文化遗产是一个新兴的遗产类型，在其逐渐发展的过程中，增强了人们对其内涵的理解与自觉保护意识的不断提高，我就是其中一个。

记得2006年在参加中科院地理科学与资源研究所举行的农业文化遗产保护论坛时，听了闵庆文研究员的报告，结合自己儿时居住的北京胡同的变化，很好地理解了农业文化遗产的价值及保护的意义。在不断参与对农业文化遗产的报道工作中，这种认识不断深化。我有机会随项目组考察了中国几乎所有的全球重要农业文化遗产，并与我国农业文化遗产重要推动者之一的闵庆文先生结下了深厚的友谊，同时被闵庆文先生在保护农业文化遗产过程中的持之以恒、深情热爱与无私投入和忘我的精神所感动，逐渐地在思想上得到进一步升华，并积极地投入到农业文化遗产的保护工作中。

第三届全国农业文化遗产学术研讨会

一、会议概况

由中国农学会农业文化遗产分会、中科院地理科学与资源研究所、河北省涉县人民政府联合主办的第三届全国农业文化遗产学术研讨会于2016年10月19—21日在河北省涉县召开，会议总结了2015年我国重要农业文化遗产保护与发展工作取得的经验，通过研讨农业文化遗产保护工作未来的重点与途径，以求促进农业文化遗产保护的健康发展。110多位国内农业方面的专家、学者和主管部门负责人、企业代表围绕全国农业文化遗产普查、全球重要农业文化遗产申报与评选、农业文化遗产保护与农村建设等议题展开研讨。

李文华院士发表贺信，农业部中国重要农业文化遗产专家委员会副主任委员骆世明教授、曹幸穗研究员、闵庆文研究员分别以《农业传统的东西方差异及其对未来农业的影响》《农业文化遗产普查相关问题辨析》以及《农业文化遗产保护的近期进展与展望》为主题作大会报告，樊志民研究员、孙庆忠教授分别围绕《农业历史随想录：中国的传统与现代农业》和《农业文化遗产保护与乡村建设》等进行专题学术报告。来自中国林科院荒漠化研究所、中央民族大

学、中国农业科学院、北京理工大学、农业部农村经济研究中心、中国林科院亚热带林业研究所、安徽农业大学、北京联合大学、福建农林大学、福建师范大学、河北农业大学、凯里学院及各遗产地代表分别围绕农业文化遗产与生态文明建设、农业文化遗产保护与绿色发展、农业文化遗产"三产融合"发展、农业文化遗产可持续旅游开发及农业文化遗产地典型成功案例与经验交流等议题进行了研讨。

二、领导致辞

（一）中国工程院院士、中国农学会农业文化遗产分会主任委员李文华致贺信

尊敬的各位专家、领导：

大家好！得知"第三届全国农业文化遗产学术研讨会"今天在河北涉县成功召开，作为中国农学会农业文化遗产分会第一届理事会的主任委员，我对参会的各位专家、领导表示热烈的欢迎，并祝本次会议圆满成功！

自联合国粮农组织于2002年提出全球重要农业文化遗产保护的工作以来，已有15个国家的36个传统农业系统被列入遗产名录。我国于2012年开始了中国重要农业文化遗产的挖掘和保护工作，截至目前，农业部已批准了3批共62个国家级的农业文化遗产，其中11个被列入FAO全球重要农业文化遗产。

农业文化是中华文明立足传承之根基，农业文化遗产的保护和传承具有十分重要的意义。这主要表现在以下四个方面。

挖掘和整理农业文化遗产是传承弘扬中华文化的重要内容。党的十八大提出，要"建设优秀传统文化传承体系，弘扬中华优秀传统文化"。习近平总书记在中央农村工作会议上指出，"农耕文化是我国农业的宝贵财富，是中华文化的重要组成部分，不仅不能丢，而且要不断发扬光大。"挖掘整理农业文化遗产，能够带动全社会对民族文化的关注和认知，促进中华文化的传承和弘扬。

保护和传承农业文化遗产是推动我国农业可持续发展的基本要求。农业文化遗产具有悠久的历史渊源、深厚的文化积淀、独特的农业产品、丰富的生物资源、完善的技术体系、较高的美学价值，对其保护和传承是推动传统文化与现代技术结合、探寻农业可持续发展道路的重要手段。

利用和发展农业文化遗产是促进贫困地区农民就业增收的有效途径。农业文化遗产既是重要的农业生产系统，又是重要的文化和景观资源。在保护的基础上，与生态农业、有机农业、休闲农业发展结合，既能促进农业的多功能化，又能带动当地农民的就业增收，推动经济社会可持续发展。

宣传和推广农业文化遗产是增强我国农业软实力的重要途径。我国是最早响应GIAHS的国家之一，在推动全球农业遗产工作中增加了中国的话语权和主动权，扩大了国际影响力与中华传统文化的影响力。FAO也在不同场合多次对我国的工作以及我国科学家提出表彰。

与此同时，在经济快速发展、城镇化加快推进和现代技术应用的过程中，我们也应清晰地认识到农业文化遗产的保护还面临着多重挑战。如：

对农业文化遗产的精髓挖掘不够。没有系统地发掘农业文化遗产的历史、文化、经济、生态和社会价值，传统理念与现代技术的创新结合不够。

保护与可持续利用机制有待健全。虽然各地探索了一些农业文化遗产保护与传承的途径，但仍存在"重眼前、轻长远，重生产、轻生态"的做法，对遗产地农民的利益保障不够。

国际竞争日趋激烈。近年来，一些国家如日本等国逐渐认识到农业文化遗产保护与发展在保障本国食物安全、影响全球食品贸易等方面的前景，纷纷与我国在FAO内争夺农业文化遗产的话语权和领导权。

2014年，中国农学会成立了农业文化遗产分会，通过学术研讨会、专家咨询会、实地考察调研等多种形式团结了来自农业、生态、环境、经济、历史、文化、社会等领域的各位专家和遗产地的基层管理人员，搭建了农业文化遗产研究和实践经验交流总结的平台。

今年，中央一号文件明确提出，要"开展农业文化遗产的普查和保护工作"。可见，进行农业文化遗产的跨学科综合研究和经验交流，深入挖掘农业文化遗产中的科学内涵，保护农村生态环境与农业生物多样性，发展其多功能价值，必将为推动农村生态文明建设，实现国民经济协调持续发展和美丽中国建设做出应有的贡献！

今天，我们在这里召开第三届全国农业文化遗产学术研讨会，来自不同学科的专家学者以及各个农业文化遗产地的领导同志汇聚一堂，就农业文化遗产保护和可持续发展进行交流和讨论。希望大家能牢牢把握目前农业文化遗产工作的良好机遇，将我国农业文化遗产及其保护研究与实践提高到一个新的水平。

最后，请允许我代表中国农学会农业文化遗产分会第一届理事会向会议的支持单位、主办单位和承办单位表示衷心的感谢！向各位远道而来的专家学者以及遗产地领导同志表示衷心的感谢！

谢谢大家！

（二）河北省涉县县长汪涛致辞

尊敬的各位领导、各位专家，与会的同志们：

今天各位领导，各位专家齐聚涉县共同研究旱作梯田系统的保护与发展，以及申报全球重要农业文化遗产等工作，为涉县的发展把脉号症建言献策，指导我们工作，我们非常高兴，也非常欢迎。在这里我首先向大家介绍一下涉县的基本情况。

涉县是位于河北省最西南角的一个门户县，西侧是山西长治，南侧是河南林州，地处晋、冀、豫三省交界处。涉县共有1509平方公里，辖1个街道办事处、17个乡镇、308个行政村，总人口有42万人。2015年涉县的生产总值为220.3亿元，固定资产投资为238.6亿元，全部财政收入为16.8亿元，公共财政收入为9.5亿元，涉县的综合实力在河北省处于上等水平。涉县的基本情况概括起来有"五大文化"和"三大优势"。

第一个方面是"五大文化"。

一是红色文化。抗日战争时期，刘邓大军的129师和八路军总部在涉县生活战斗，其中129师在涉县生活战斗了6年之久。刘伯承元帅、邓小平政委、八路军总部在涉县生活战斗了3年多。涉县的山山水水、村村庄庄无不是中国共产党领导战斗过的地方，所以当年的涉县是晋冀鲁豫边区首府所在地，当年的晋冀鲁豫边区管着196个县1.1亿口人，是中国共产党领导下的最巩固、最完善的边区。当年的一些老领导对赤岸村与延安的评价是一样的，延安是中国共产党中央所在地，赤岸村是我们最大的边区政府所在地，相当于现在的北京和上海，地位相当重要。红色文化也促进了涉县的社会经济发展，所以涉县也被称为第二代中国领导人的摇篮，又被称为改革开放思想的发源地。

二是根祖文化。传说三皇五帝中的人皇女娲在涉县的中皇山上炼石补天，抟土造人，所以涉县也被称为人类的发祥地、人类的发源地。

三是绿水青山文化。太行山从燕山开始一直到黄河之滨，在这1000多里连绵的太行山上，涉县是太行山上最绿的地方。涉县的森林覆盖率达到56%以上，涉县县城的绿地率是57.34%，形成了独特的太行山水风光。涉县有24万亩梯田，并形成了独特的梯田文化，构成了一幅生态美丽的大画卷。涉县先后荣获"全国绿化模范县""国家级生态示范区""中国绿色名县"等称号。涉县去年被评为河北省生态模范县，是河北省北京以南唯一的一个生态模范县。今年7月，涉县的生态环境质量又在全省位列前十，其他九个地区全部是北京以北，北京以南只有涉县，所以涉县的生态是非常好的。

四是中医药文化。涉县遍地是药材，满山是药材，药材面积200多万亩，药材品种2000多种，其中道地品种有200多种。涉县被国家中医药管理局誉为"太行药谷"。作为国家中医药管理系统的一个单独中草药专门区域，涉县的中医药文化非常发达。自古以来李时珍、孙思邈、扁鹊等先后到涉县进行中医药的研究。现在还经常用的柴胡注射液的第一支就是在涉县用涉县柴胡制造出来的。截至目前，中国药典上柴胡标准还是依据涉县的柴胡制定的。近年来，涉县县委县政府又把中医药文化的发展和研究作为重要工作，大力发展中草药的种植和研究、中草药加工，新成立了4家中草药加工企业。

五是佛文化。涉县境内庙宇众多，是北方地区除山西五台县之外庙宇最多的县，在中国北方涉县排第二位。在庙宇文化当中最重要的就是佛文化，涉县的昭福寺是中国研究佛文化最早的寺庙之一，所以在涉县佛文化的发展也非常悠久，老百姓对佛文化的研究也非常到位，佛文化也推动了涉县的经济发展。

我汇报的第二个方面是涉县的经济状况和"三大优势"。

涉县在经济社会发展方面的优势。

第一，经济和社会发展的基础优势。基础优势可概括为"七个双、一个多"。先说说"七个双"。一是双机场，涉县东边有邯郸机场，西边有长治机场，都是登机的最佳半径，40分钟可到达。二是双国道，有234国道和309国道在涉县交会，拉动了涉县的社会经济发展。三是双高速，正在使用的青兰高速和正在建设的太行山高速也在涉县交会。四是双铁路，邯长铁路和阳涉铁路，这两条铁路的运能在2亿多吨，确保了涉县的各种资源、各种产品以及人流、物流的流动。现在涉县是中国唯一从一个县城通向一个直辖市有专门列车的地方，这就是涉县到天津的列车。五是双气源，经济社会的发展和人民群众的生活离不开气，涉县有两种气源，一个是本地气源，有4家煤气生产企业，年产煤气7亿多立方米，所以涉县人民很早就用上了焦炉煤气；另一个是外来气，有煤层气、天然气，这两种气路经涉县，每年给涉县留气量在10亿立方米以上，保障了涉县工农业生产和人民群众生产生活的需要。六是双水源，涉县有两大水源，一个是地表水，另一个是地下水。地表水有清漳河、浊漳河、漳河；地下水在我们脚下有一个巨大的熔岩水库，我们俗称东风湖，储量在8000多万立方米以上。七是在电力发展上涉县是"双电"5种形式。"双电"是指一个是传统的、一个是新型能源的。具体形式上包括火力发电，也就是国电龙山电厂，在涉县境内利用山西的煤炭进行火力发电，每年的发电量在60多亿度；水电，清漳河是涉县人民的母亲河，在这条母亲河上有48家小型水电站直接发电上网；新能源光伏发电，涉县去年光伏发电占全省审批量的60%，今年已立项审批回来的光伏发电企业有22家，已有6家光伏发电企业并网发电；余热发电，我们境内的工业企业利用余热来发电；风力发电，现在涉县有3家风力企业。涉县是能源输出大县，是电力大县。再说说"一个多"，就是涉县境内矿产资源非常丰富、储量大，包括钙矿、硅矿、钾矿、镁矿在涉县境内储量丰富，仅硅矿和钾矿储量都在2亿多吨以上，并且都高品位矿。用现在目光来看，涉县是资源非常丰富的。

第二，产业上的优势。涉县在过去形成了四大产业，一是钢铁产业，二是电力产业，三是建材产业，四是农产品加工。近几年，县委县政府把"工业立县，旅游兴县"作为一个重要的指导思想和基本原则，在工作当中狠抓产业项目发展，成功打造了冀津循环经济产业示范区。在产业示范区当中，我们在原来四大产业的基础上，又重点发展了6个新的产业，特别是重点发展了绿色建筑住宅产业。绿色建筑住宅产业已成为涉县的一个领军产业。在第三产业服务业上我们重点发展旅游业。在原有的几个景点的基础上，加大投入力度，加快发展速度，将几个景点都打造成景区，特别是娲皇宫景区在去年荣获国家5A级景区称号。我们要按景区的观点来打造涉县梯田文化，让梯田成为涉县旅游发展、农民生活生产的一个最重要组成部分。去年涉县荣获"2015美丽中国十佳旅游县"称号，并且在十佳县当中排位第三。涉县还荣获国家全域旅游示范县称号。涉县的旅游业这几年不断发展，去年来涉县旅游的总人数达到450万人次，旅游产业已成为涉县经济社会当中的一个重要产业，在河北省位居前列。在农业文化遗产上，涉县独特的地质地貌条件构建了独特的农业产业结构，涉县成为全国有机农业生产基地。涉县在种植业上有核桃、花椒、柿子、种植的冰葡萄、红薯都成为全国优质农产品。在养殖方面，涉县有冷泉水资源，因此成为鲟鳇鱼、虹鳟鱼等育种和养殖大县。涉县冷泉鱼养殖有3000亩，奥运会时涉县的鲟鳇鱼和鲟鳇鱼子都是奥运会的特供产品。涉县还是全国最大的、最先进的蛋鸡养殖基地，有专供北京的"韩家山"牌柴鸡蛋等。涉县的农业在过去的基地上，又大力发展了农产品加工业，核桃系列、花椒系列、中医药系列等农产品深加工企业有20多家，形成了涉县的食品加工业发展格局。

第三，城镇化发展上的优势。涉县山清水秀，城乡协调发展，涉县县城在去年全省综合考评当中排名第二。省委省政府连续三年推广涉县经验，县城建设包括乡村建设都是比较快的。今年我们又着力美丽乡村打造，涉县在中国太行红河谷片区是河北省省级美丽乡村建设片区。7月在全省美丽乡村片区检查排位中，全省12个片区，涉县排名第一。县委县政府把打造美丽的涉县当作经济社会发展的第一要务来抓。涉县的各项工作走在了全省前列。另外，前不久涉县还创造了2204人的葫芦丝吉尼斯世界纪录，并取得了良好效果。

涉县当前的发展形势非常好，虽然困难比较多，但是县委县政府的决心非常大、措施非常硬。在梯田建设方面，上周五，县委县政府专门安排我带领有关同志到龙脊，参观学习龙脊的梯田建设，从而着力打造涉县的梯田文化，将北方的旱作梯田打造成不仅是农民群众赖以生存的土地基础资源条件，而且还是整个涉县经济社会发展和旅游发展的一个重要的支撑点。

下面我介绍一下涉县的旱作梯田，也是咱们今天探讨的重点。

涉县旱作梯田农业系统历史久远，始于春秋时期，晋国赵简子在涉县屯兵，有据可证元初已开始立村修建梯田，而兴于明清，盛于当今。这里属北温带半干旱大陆季风气候区，年降雨540毫米，山高坡陡、石厚土薄，人们"惜土如金、视水如油"。但就是在这样一个资源极度匮乏的石灰岩山区，勤劳的老区人民用自己的双手，在蜿蜒陡峭的石灰岩山上创造了举世瞩目、规模宏大的"河北涉县旱作梯田农业系统"。今天上午各位专家和领导已经亲眼目睹了涉县旱作梯田的宏伟景观，相信大家已被旱作梯田的规模所震撼。

涉县旱作梯田系统总面积达21万亩，核心区位于井店镇王金庄，涉及33个行政村1.5万多人，核心区面积68.9平方公里，核心区人均梯田0.6亩。其中，最小的梯田不足1平方米，土层薄得不足20厘米，石堰长度加起来近万里，高低落差近500米。"河北涉县旱作梯田系统"地处太行山东麓，是太行山人民适应自然、顽强奋斗的历史见证，也是发展山区可持续农业和多功能农业的重要基础。

据考证，王金庄梯田从元代初期开始修建，由于当时人口少，进展缓慢，未成规模。随着人口的不断增加，梯田修建速度也在不断加快。尤其到清代康熙、乾隆年间，因较长时间无战乱，人民生活相对安定，人口增长相对较快，村民一门心思修田造地，以扩展繁衍生息之基。

涉县旱作梯田系统还具有"四大"独特性。

一是独特的生态景观。规模宏大的旱作梯田，展现了人工与自然的巧妙结合，用石头垒起的梯田，犹如一条巨龙蜿蜒起伏在座座山谷，并随着季节的变化呈现出各种姿态，迸发出人与自然的和谐之美。

二是独特的生存技巧。当地群众通过"藏粮于地"的耕作技术、"存粮于仓"的贮存技术、节粮于口的生存技巧，传承800年，使得"十年九旱"的山区，即使在严重自然灾害的大灾之年，人口不减反增，创造了人间奇迹。

三是独特的生产系统。在石厚土薄、降雨极少的石灰岩山区，人们依靠精湛的农耕技术和传统工艺建造了举世无双的旱作梯田，创造了灿烂的农耕文明，使山区坡地农业生产达到"田尽而地，地尽而山"。这种独特的生产系统，对我国乃至世界的坡地改造、水土保持、土壤改良等生态修复和抗灾减灾等方面起着重要的指导作用。

四是独特的文化融合。自元代以来，涉县人民将源远流长的粟作文化、保持水土的梯田工程、精益求精的石雕技术巧妙结合，创造了独具特色的农耕技术和相应的习俗文化。这是用愚公移山精神完成的奇迹，是从愚公移山的寓言故事到太行精神、民族精神铸就的"神话"见证。

长期以来，涉县人民巧妙使用土地资源，除种植玉米、谷子、豆类作物外，还种植花椒、柿子、核桃等经济树种，增加了地区的生物多样性。

建设生态文明、建设美丽中国、实现中华民族永续发展，是党的十八大提出的宏伟目标。保护农业文化遗产，挖掘传统农业价值，促进现代生态农业发展，对于农村生态文明建设、农村生态环境改善、农村经济社会可持续发展和美丽乡村建设，无疑具有十分重要的意义。自2014年入选"中国重要农业文化遗产"，尤其是2016年入选"中国全球重要农业文化贵遗产预备名单"，涉县县委、县政府高度重视涉县旱作梯田系统这一优秀农业文化遗产的保护与发展，制定了《河北涉县旱作梯田系统保护与发展专项规划》，出台了《河北涉县旱作梯田系统保护管理办法》。通过生物多样性的恢复、传统旱作梯田系统的文化传承以及与休闲农业的结合，实现了农民增收、农业可持续发展和文化遗产保护的有机统一，使这一农业文化遗产绽放出新的光芒！

衷心希望各位领导、专家和朋友们对涉县旱作梯田系统的保护与发展多提宝贵意见，推动涉县旱作梯田系统保护与发展再上新水平！推动涉县旱作梯田系统早日成功申报全球重要农业文化遗产！

最后，祝大家身体健康、工作顺利、万事如意！预祝"河北涉县旱作梯田系统"保护与发展暨全球重要农业文化遗产申报专家咨询会圆满成功！预祝第三届全国农业文化遗产学术研讨会圆满成功！

谢谢大家！

三、大会主旨报告

1.骆世明（华南农业大学，教授），《农业传统的东西方差异及其对未来农业的影响》

报告从东西方农业传统差异的历史背景出发，指出由于中原农业文明的根深蒂固和自成体系，蒙古人统治的元朝尽管掺入了很多游牧民族的因素，特别是在北方，但是却并没有从根本上改变中华文明的进程，欧洲被南北强大的游牧民族多次反复占领，并居于统治地位，这不仅改变了区域民族构成，还改变了文化构成，为日后社会和科技重大变革创造了可能。报告基于差异性，分析了农业传统对社会文化的影响，揭示了东西方农业传统的差异造就的思维习惯、社会组织和人文传统的差异，分析产生的差异有利于认识我国农业传统的优势和劣势，并且在农业发展中相互借鉴、相互学习，兼容并蓄，促进农业健康发展。东方国家的传统文化引发了西方国家的震撼，同时西方的工业化进程同样吸引着东方国家。最后报告号召：一要深刻认识东西方国家农业发展轨迹及其对社会的影响，才能够更清晰地看到中国传统农业的特色，从而更加有目的地发掘中华传统文化的瑰宝，并在现代化进程中克服其原有的弱点；二要为了人类当前和未来的粮食和生计安全，应当

开展对农业文化遗产系统及其相关产品和服务的动态保护，建立有远见的农业传统文化价值评判标准和评价办法。

2.曹幸穗（中国农业博物馆，研究员），《农业文化遗产普查相关问题辨析》

2016年的中央一号文件提出在全国开展农业文化遗产普查的要求，同年3月，农业部办公厅发出《关于开展农业文化遗产普查工作》的通知。普查除了已认定的遗产外，应涵盖所有区域的包括种植业、林果业、畜牧业、渔业及其复合系统等农业生产系统的农业文化遗产类别。报告主要对农业文化遗产的内涵及其与有机农业、生态农业、传统畜禽资源保护、饮食非遗名录、地理标志产品、古代水利工程遗产、古村落保护、新农村建设等概念进行区别，并作具体而翔实的分析，指出农业文化遗产活态性、适应性、复合性、战略性、多功能性和濒危性六大特征，认为农业文化遗产植根于悠久的文化传统和长期的实践经验，传承了固有的系统、协调、循环、再生的思想，因地制宜地发展了许多宝贵的模式和好的经验，蕴含着丰富的天人合一的生态哲学思想，与现代社会倡导的可持续发展理念一脉相承。

四、其他报告

1.闵庆文（中科院地理资源所，研究员），《农业文化遗产保护的近期进展与展望》

报告重点介绍了日本与韩国在农业文化遗产保护的工作经验和中国的GIAHS/NIAHS工作回顾。日本8个GIAHS项目所在地政府组成自愿性网络，进行地方保护经验交流，主席每年选举，采用轮换制，突出协会推进、社会支持等工作特色。韩国成立了专门的农业文化遗产专家委员会，对KIAHS项目严格评选，每个KIAHS三年有150万美元的专项

保护资金，其中70%由中央政府支持，30%由地方政府支持，其保护经验的特点是政府重视、调研充分。我国自2004年开始参与GIAHS项目准备工作，2005年首个GIAHS项目"浙江青田稻鱼共生系统"被FAO认定，2012年开始启动China-NIAHS发掘与保护工作，2014—2015年进入业务化、规范化管理阶段。当前我国农业文化遗产保护研究与实践处于国际领先地位，其工作建议主要表现在加强制度建设、加强政策支持、完善管理机制、推进保护实践、开展科学研究、加强科普宣传、加强能力建设、加强产品推介8个方面。最后，报告还对重要农业文化遗产工作进行了展望，认为未来的申报将会越来越难，各遗产地要重视认定后保护与发展的技术指导与监督评估工作，及时总结和推广保护与发展的成功经验与典型案例，并着重加强科技支撑工作。

2. 樊志民（西北农林科技大学，教授），《农业历史随想录：中国的传统与现代农业》

中国的传统农业社会，在漫长的历史进程中已经发展成为非常精致的农业文明。美国东方学者劳费尔在《中国伊朗编》中曾高度称赞中国人向来乐于接受外人所能提供的美好事物。他说中国人善于"采纳许多有用的外国植物为己用，并把它们并入自己完整的农业系统中去"，有人把它称之为农业进程中的"拿来主义"。在现代化发展进程中，中国农业也并没有选择替代型路径，而实际上走了一条传统农业与现代农业相结合的道路。古代农业技术发明创造作为"活态"的农业文化遗产，在传统农业向现代农业的转化中仍然发挥着重要的作用，许多农业技术发明创造仍然被人所利用，发挥着重要的经济与生态效益。改革开放以来，中国的农业现代化进程明显加快，贡献率逐渐加大。现代农业给我们带来的高产、丰收与劳动力解放是毋庸置疑的，但是当我们在全力推进近现代农业的同时，西方发达国家已经开始重提家庭小农规模与遵从农业的自然再生产特点问题，反对把工业生产的方法套用到农业上。我们不可能重回以前，但也没有理由摒弃千百年来形成的优良农业传统。现代农业与传统农业之间的关系，应是承继关系而非替代关系。继承优良传统、发挥现代优势，这或是未来农业发展的基本走向。

3.孙庆忠（中国农业大学，教授），《农业文化遗产保护与乡村建设》

传统村落是农耕时代的物质见证，它所呈现的自然生态和人文景观，是在当地人生产和生活实践的基础上，经由他们共同的记忆而形成的文化、情感和意义体系，在当地人的集体记忆和身份认同中扮演着重要的角色。然而中国城市化的加速和自然村落的锐减相伴而行，依附于村落的多样化的乡村社会生态日趋瓦解。农业文化遗产与其他遗产类型相比，最显著的特点是它与人们的生产、生活融为一体。以村落为中心的社会生态系统便是遗产保护的重中之重，如果村落荒芜，农民告别土地，那么农业文化遗产保护也就失去了存在的价值。报告以陕西佳县泥河沟村为例开展农业文化遗产保护与乡村发展关系的研究。农业文化遗产保护的核心则包括与农业景观浑然一体的农民的生产与生活，它不只是对乡土文化的刻意存留，更是对农业特性、对乡村价值的再评估，其终极指向是现代化背景下的乡村建设。面对村落凋敝、农民贫困的处境，让村民生起对家乡文化的认同与自信，继而利用本土资源寻求自我发展之路，正是农业文化遗产保护的内在诉求。通过记忆的搜寻，使村民获得情感的归属，是行动的起点。通过搜集老照片与老物件、口述老一辈的家庭往事和村落故事、协助村民举办"佳县古枣园文化节"、编撰《村落文化与记忆丛书》等来凝聚村民，把曾经被遗忘的往事转化成把人、把情、把根留住的集体记忆，这种"社区感"的回归，正是村落凝聚和乡村发展的内生性动力。农业文化遗产保护融自然与人文为一体，传统知识均镶嵌于民众生活之中，因此整体保护传统农业的文化与社会系统，并非是浪漫的怀旧，而是恢复乡村活力、增进农民选择生活能力的重要策略，同时也是城市人安放"乡愁"的心灵之所。

4.王斌（中国林科院亚热带林业研究所，副研究员），《农业文化遗产保护的生态效益评估——以青田稻鱼共生系统为例》

为掌握和了解GIAHS项目实施10年来，浙江青田稻鱼共生系统农业文化遗产地生物多样性、生态系统结构与功能、生态环境等发展状况及其变化趋势，本研究通过历史资料收集、样地调查等方式，收集整理遗产地2005—2015年的相关数据，开展了农业文化遗产保护的生态效益评估。结果表明：①农业文化遗产保护以来，遗产地传统水稻品种基本保持稳定，其他农作物种类基本保持不变，果树和药用植物品种发展较快。随着遗产地生态环境日益改善，系统内的生物多样性种类和丰富程度都有所增加，最具代表性的就是白鹭和野猪不断增多。② 2005—2013年，青田县方山乡河流、森林、城镇和荒地生态系统面积增加，其中城镇生态系统增加面积最大，达到20.30公顷，森林生态系统面积增加了7.29公顷；湿地、水库、农田和草地生态系统面积减少，其中草地生态系统面积减少最多，达到28.87公顷。从不同生态系统类型服务功能价值变化来看，森林生态系统服务功能价值增加最多，达到9.20万元，河流和荒漠生态系统服务功能价值也有所增加。③遗产保护以来，稻田土壤养分、稻田水质没有明显变化，稻田病虫害没有明显增加，各项监测指标远远低于标准值。

5.刘某承（中科院地理资源所，副研究员），《农业文化遗产生态补偿的机理初探》

农业生态系统具备重要的生态功能，但人类超过承载力的使用方法导致农业不能很好地发挥其生态功能；农业生态补偿较森林等生态补偿不同，不是把外部经济内部化，而是一种激励性补偿，激励农业生产发挥更好的生态功能。报告从农业生态补偿的必要性出发，阐明了生态补偿的概念及内涵，又结合农业文化遗产，提出农业文化遗产生态补偿的概念和必要性。农业文化遗产系统的产品流动和生态服务流动隐藏了其水土资源的价值和生态功能的价值，造成其在现行财务核算框架下比较效益相对较低。农业生产无法采取原有可持续生产方式的激励，因此需要运用财政、税费、市场等经济手段激励农民传承农业文化遗产、保育生态系统功能，调节农业文

遗产传承者、保护者、受益者和破坏者之间的利益关系，以内化农业生产活动产生的外部性，保障农业文化遗产可持续发展。报告从产品流、功能流的角度对供给区、受益区和连接区的生态系统服务流动的空间状态进行分析，阐述补偿对象和补偿标准，从而揭示农业文化遗产生态补偿机理。

6.王维奇（福建师范大学地理研究所，副研究员），《有机种植对福州茉莉园土壤结构稳定性与碳截获的影响》

茉莉花种植在福建具有悠久的历史，2014年，"福建福州茉莉花与茶文化系统"被授予全球重要农业文化遗产，如何实现茉莉花与茶文化系统的保护与永续利用是其可持续发展的基础。有机种植是茉莉花种植系统保护的途径之一，但其影响如何，鲜见报道。基于此，本研究系统探讨了有机种植对福州茉莉花种植园土壤结构稳定性与碳截获的影响。研究结果表明：①有机种植增加了土壤大团聚组成，平均质量直径与平均几何直径，减小了分形维数，土壤团聚体稳定性增强；②有机种植降低了磷的矿化量，增大了植物C∶N、C∶P、C∶K和N∶P比值，并在一些土壤层次增加了氮和磷的含量，改变了磷素在植物－土壤体系的分配，提高了植物养分的利用效率；③有机种植增加了土壤与生态系统的CO_2排放通量，同时也增加了土壤的碳积聚，但其对植物体碳储量的影响不显著，总体来看，有机种植增加了茉莉花种植系统的碳截获，对减缓气候变化与增加土壤养分具有重要意义；④有机种植虽然一定程度上降低了茉莉花产量，但其品质较好、价格较高，总体上并未减少茉莉花种植的经济效益。因此，从短期效应来看，有机种植在福州茉莉花种植中的应用是一种有效的遗产系统保护途径。

7.张灿强（农业部农村经济研究中心，助理研究员），《农业文化遗产保护目标下农户生计状况分析——基于云南哈尼梯田的调查》

农业文化遗产是一个包含传统文化、生物多样性、农耕技术知识、生态与文化景观、资源利用体系等复合的生态农业生产体系，而农民作为农业文化遗产的创造者和主要使用者，更是农业文化遗产不可或缺的组成部分。同时，农业文化遗产的保护和发展也与农民的生计息息相关。在中国的62个国家级农业文化遗产中，其中22个位于少数民族聚居地区、17个遗产地为国家级贫困县。农业文化遗产保护的基础是让农民经营农业，同时通过农户在参与农业文化遗产保护的过程中获得生计保障，从而提高收入，改善生计条件。报告以云南红河哈尼梯田为例，分析农业文化遗产保护目标下当地农民的生计状况。依据可持续生计分析模型，本文认为农户的生计资本包括自然资本、人力资本、金融资本、社会资本、物质资本和文化资本。

这些因素共同影响农户的生计策略和生计后果。基于这6个资本，本文设立了一套指标体系以及计算方法，然后通过在红河县和元阳县进行了为期两个月的分层抽样调查以及入户访谈获取数据。分析结果显示，哈尼梯田地区农户生计资本总量不足，自然资本禀赋较差，物质资本匮乏，人力资本羸弱，金融资本短缺，社会资本脆弱，文化资本较丰富。六大生计资本得分由高到低分别为：文化资本>物质资本>社会资本>人力资本>自然资本>金融资本。而在农户家庭中，最多的升级组合类型为"农业＋打工"，打工兼业户占总调查农户的50%，纯农业户占15.3%。调查结果显示，纯农业户的生计资本、家庭年均收入最低，是最困难的农户。最后本文建议，应努力提高农户从农业经营产生的收入，例如特色、有机的产品种养和加工；同时，应通过培育农村金融市场，建立农业文化遗产地的农民创业基金，加大对农业文化遗产地的财政支持，以及加强技能培训等措施，扩展农户的生计途径，提高其生计资本。

8.张溯（中科院地理资源所，博士后），《GIAHS的恢复力及其评估框架与指标体系》

在过去的一个世纪中，尽管高速的发展给人类带来了社会、经济、医学和科技上的巨大收益，但是获得这些收益所需要付出的代价就是对自然生态系统的破坏和生物多样性的损失。伴随着气候变化、自然灾害以及城镇化发展所带来的生态压力，世界上的许多地区正面临着传统农业被现代农业取代的危险。然而许多现代的农业行为带给自然和生态系统很大的负面影响，严重破坏了生态

系统的可持续性。在此背景下，迫切需要人们能够正确认识农业文化遗产，理解当今自然资源管理和生态系统保护中农业文化遗产及其恢复力的重要价值。农业文化遗产作为人类与其所处环境长期和谐发展中创造并传承下来的独特的农业生产系统，能够化解当前农业发展所面临的多种风险。作为一种可持续的传统农业生产以及生态系统，农业文化遗产本身在面对外界带来的压力和打击时具有一定的"恢复力"，即在面对外界的干扰和压力时所表现的承载和自我恢复能力。这种恢复力有助于农业文化遗产在面对环境的变化和压力时能够获得永续的发展。本研究依据现在可持续发展研究中流行的PSR（压力－状态－响应）模型，创立了一套GIAHS恢复力的评估框架以及指标体系。本文认为可以从3方面对GIAHS的恢复力进行评估：①系统面临的威胁（自然环境和人类活动所带来的威胁和压力）；②系统自身的状态（从人类资本、社会资本、自然资本、物质资本和经济资本5个方面进行分析）；③系统做出的响应（通过政策、经济、行为和社会组织形态等方面做出的调整）。本研究希望通过对农业文化遗产的恢复力评估框架以及恢复力指标的学习和应用，加深人们对农业文化遗产的理解，加强保护意识，为维持物种多样性和农业生态系统服务的可持续性做出贡献。

9.任永权（凯里学院，主任），《传统杉木种植模式——贵州清水江流域杉木混农林系统》

报告主要介绍了贵州清水江流域杉木混农林系统，共分为四个部分：①系统概况。清水江流域气候温和，空气湿润，常年多雨、四季分明；地质较为肥沃，土层深厚，得天独厚的自然条件特别适宜杉树在此流域生长，是贵州省最大的杉树速生基地，有"杉木之乡"的美誉。②系统特征。贵州清水江流域地区至少有400余年的人工杉木营林历史，在育苗、定植、间伐等方面技术体系完备，具有独特的林粮、混交林种植模式。③系统价值。系统不仅具有较高的经济价值，而且还有涵养水源、保育土壤、固碳释氧、积累营养物质、净化大气环境、生物多样性保护、森林游憩等生态价值。④系统保护。年轻人倾向于外出打工，林粮间作的造林方式已经不再使用，杉木纯林营造与传统方法相背离，导致林地系统健康受损。在生态文

明建设背景下，应加强农林系统自身的合理性和可持续性，保护传统杉木种植模式。

10.徐峰（敖汉旗农业遗产保护中心，主任），《拯救濒危品种，传续千年米香——敖汉旗传统品种搜集与保护》

内蒙古敖汉地区特有的农作物品种是敖汉旱作农业系统之本源，只有它才能绵绵不断地传递旱作农业的基本元素。在优良品种普及的今天，有意识地保留一些当地的作物品种，留下更多的种源，对全球物种的多样性而言，意义深远。但近年来，杂交种的推广、化肥和农药的使用，现代农业技术替代了传统耕作方式，加之城市化与工业化的冲击，传统旱作农业技术与农耕文化面临消失的危险；引进品种替代本地传统品种，导致传统农业品种的丧失。为传承和保护农作物种质资源多样性，让濒临灭绝的种子焕发生机，传续千年米香。敖汉旗自2014年起，利用3年时间，建立了全球重要农业文化遗产——敖汉旱作农业系统品种保护基地。基地集品种保护、新品种引进于一体，采用现代科技手段，实时田间动态监测，有效避免试验误差，提高了试验数据的准确度。为了将农业文化遗产保护好并传承下去，敖汉旗开展了农家传统品种种质资源搜集与整理工作，建设敖汉旱作农业展馆。今后，敖汉旗将进一步加大旱作农业品种搜集与保护力度，依托中国农业科学院、中国农业大学等高等院校、研究机构，组建旱作种子遗传育种培育中心、良种繁育基地、优质生产基地，开发系列产品，培育适合敖汉旗气候条件的杂粮新品种。计划利用3～5年时间，培育出5～6个自主品牌品种，建设良种繁育基地5万亩，把敖汉旗建成世界旱作品种研发输出基地。

11.王长华（贵州省从江县农业局，副局长），《政府主导，多部门联动，促进农业文化遗产可持续发展》

贵州从江侗乡稻鱼鸭复合系统自2011年和2013年分别被列入"全球重要农业文化遗产"和"中国重要农业文化遗产"，从江县委、县政府十分珍惜这份荣誉，肩负全县农业文化遗产保护传承与发展的重任。在县委县政府的领导下，农业、扶贫、旅游、民宗等多部门联动，发展有特色的传统文化产业带动经济增长，共同促进农业文化遗产的可持续发展。主要做法有：①创建示范点。在划定保护区内的乡镇创办"稻鱼鸭系统保护与发展技术示范点"33个。②培育重点户。充分利用传统田鱼苗培育资源，引导农户完善传统田鱼苗培育设施，增加科技含量，提高鱼苗的成活率。③强化技术培训。利用"新型职业农民技能培训"和扶贫"雨露计划"等培训项目，举办稻田养鱼、养鸭、鱼种培育、水稻高产栽培技术等技术培训3000多人次，为项目推广提供了人才保障。④抓好产品认证。2011年以来，从江县紧紧围绕侗乡稻鱼鸭系统农产品"三品一标"认证，着力打造生态农业品牌，提升农产品附加值，提高农户收入。⑤抓好龙头企业引领。通过招商引资注册成立黔东南聚龙潭生态渔业有限公司，按照"公司＋合作社＋农户"生产模式，为广大养殖户提供鱼苗和生产、技术、管理以及产品回购等一系列服务，实现产供销一体化经营。⑥发展多渠道销售农产品。建立"稻－鱼－鸭主题餐厅"和"稻－鱼－鸭鲜活产品专卖店"，参加国内、国际农特产品交易会、发展电子商务平台等。⑦开展传统村落保护。2012年起，从江县积极开展从江传统村落的发掘和保护工作。经中国传统村落保护和发展专家委员会评审认定批准，从江县列入中国传统村落名录的共有32个村落，占贵州省传统村落的7.5%。⑧加强宣传和交流。自2011年6月"全球重要农业文化遗产"授牌以来，从江县积极参与国际、国内交流宣传。⑨开展各类宣传活动。从江县"两高"开通以来，各部门联动组织举办大型文化活动和峰会，参加国际、国内促贸会，并在北京、广州、深圳、贵阳等多个城市以从江的农耕文化、民族文化、生态环境为看点，开展旅游宣传暨招商推介活动。

第四届全国农业文化遗产学术研讨会

一、会议概况

由中国农学会农业文化遗产分会、重庆市石柱土家族自治县人民政府联合主办，中国科学院地理科学与资源研究所、石柱土家族自治县农业委员会和石柱土家族自治县农业特色产业发展中心联合承办的第四届全国农业文化遗产学术研讨会于2017年11月6—8日在重庆市石柱县召开。中科院地理科学与资源研究所高星副所长、张晓明副研究员，农业部国际交流服务中心徐明处长、熊哲副处长，分会副主任委员骆世明教授、曹幸穗研究员、闵庆文研究员等出席会议，国内相关学者、农业文化遗产地管理人员、企业代表及《光明日报》《农民日报》《科技日报》和《中国科学报》等媒体记者共170余人参加了会议。

闵庆文副主任委员兼秘书长主持了开幕式和主题报告环节，骆世明教授和曹幸穗研究员分别以《东西方农业发展的历史差异及其后续影响》和《农业文化遗产的传统技术保护》为题作大会主旨报告。来自中国农业科学院农业经济与发展研究所、中国人民大学、中国林科院亚热带林业研究所、中国水利水电科学研究院、湖南农业大学、南京农业大学、云南省农业科学院、甘肃农业大学、北京农学院、安徽农业大学等高校的学者及重庆石柱、贵州从江、浙江庆元、福建福州、内蒙古敖汉、四川阿坝、河北涉县及四川郫都等农业文化遗产地代表围绕农业文化遗产地产业融合发展、农业文化遗产保护与监测评估、农

业文化遗产传统知识与文化传承及遗产地成功保护经验等议题展开研讨。

会议期间，与会代表还参观了黄连良种选育基地、黄水镇黄连交易市场、重庆旺隆黄连科技有限公司、重庆泰尔森制药有限公司等，详细了解黄连的种植、仓储、销售等环节，为中国重要农业文化遗产"重庆石柱黄连生产系统"未来的保护与发展奠定了基础。

二、领导致辞

（一）重庆市石柱县县长左军致辞

尊敬的各位领导，各位专家：

大家上午好！正值全国认真学习、宣传、贯彻党的十九大会议精神之际，我们迎来了第四届全国农业文化遗产学术研讨会。借此机会，我谨代表中共石柱县委、县人大、县政府、县政协及全县55万各族人民，向出席会议、并一直以来支持石柱发展的各位领导、各位专家和各位嘉宾表示最热烈的欢迎和诚挚的感谢。

石柱建县于唐武德二年，也就是公元619年，辖区面积3014平方公里，总人口55万。以土家族为主的少数民族人口占79.3%，地处神秘的北纬30°，位于重庆东部，紧邻湖北省，基本形成了"四高一铁一港"综合交通体系，是通往中东部地区的重要交通门户，是重庆市唯一的极少数民族自治县，是集三峡库区移民县、革命老区县和国家扶贫开发工作重点县于一体的特殊县份。同时，石柱是中国黄连之乡、中国辣椒之乡和中国最大的莼菜基地，全县森林覆盖率达57.4%，是全国绿化模范县。大风堡原始森林和千野草场分别被评为重庆市最美森林和最美草地，是经典民歌《太阳出来喜洋洋》和首批国家非物质文化遗产土家罗儿调的发源地，也是中国政史的明末巾帼英雄秦良玉的故乡。

近年来，石柱县深入学习习近平总书记系列重要讲话精神和治国理政新理念、新思想、新战略以及视察重庆的重要讲话精神，认真落实重庆市委、市政府的决策部署，围绕"转型康养、绿色崛起发展"的主题，推动经济社会持续健康发展。2016年，石柱县实现地区生产总值145.42亿元，增长10.5%；完成公共财政预算收入13.54亿元，同口径增长14%；城乡居民人均可支配收入分别达到27527元和10674元，分别增长9.6%和10.7%。2017年1—9月，全县经济保持稳中有升的发展态势。

同时，石柱是久负盛名的黄连之乡。1954年石柱黄连被列为国药，1958年四川省政府批准在石柱黄水建立中国第一个黄连种植场和科学技术研究所。1989年，在全国道地药材学术研讨会上，石柱黄连被确认为道地黄连。2004年，石柱黄连获得国家地理标志产品称号和中药材认证。近年来，石柱县坚持走规范化、标准化、现代化发展之路，基本构建了产加销及品种繁育的全产业链体系。政府高度重视黄连产业文化挖掘、保护和发展工作，在各位专家的大力支持下，2017年6月"重庆石柱黄连生产系统"被农业农村部认定为第四批中国重要农业文化遗产，这是石柱县黄连产业发展的大势，也是推动农业与旅游，农业与文化融合发展的大势。

下一步，我们将在党的十九大精神指引下，充分吸纳各位领导、各位老师的意见和建议，认真学习、借鉴先进地区农业文化遗产保护和发展的成功经验，积极做好"重庆石柱黄连生产系统"申报全球重要文化遗产的相关准备工作，为推动康养产业可持续发展，实施乡村振兴战略，建设美丽中国做出积极贡献。最后，预祝本次研讨会取得圆满成功，祝各位领导、各位专家、各位嘉宾身体健康，工作顺利，万事如意，谢谢大家！

（二）中国科学院地理科学与资源研究所副所长高星致辞

尊敬的各位专家，各位来宾，新闻界的媒体朋友们：

大家上午好！很高兴在这个丰收的季节，来到风景如画的重庆石柱参加第四届全国农业文化遗产学术研讨会。首先请允许我代表会议主办单位之一、中国科学院地理科学与资源研究所向本次活动的成功举办表示热烈祝贺，向农业部有关领导、石柱县人民政府及有关部门和同志、各农业文化遗产地领导，以及所有参与、支持、关心农业文化遗产事业的专家、朋友，表示衷心的感谢。

习近平同志在2014年中央经济工作会上指出，创新要推动全面创新，更多地依靠产业化创新来培育、形成新的增长点。创新不是发表论文，申请专利就大功告成了。创新必须落实到创造新的增长点上，把创新成果变成实实在在的产业活动。中国科学院地理科学与资源研究所作为地理科学、资源科学、地球信息科学和生态环境科学于一体的国际综合性技术研究所，在建设之初就确立了任务带学科的方针，并长期形成了包容、开放、服务的作风。因此，地理资源所的成长与国家战略需求紧密相关，强调为国家和地方服务新的增长点，对创新的评价不仅仅是论文和专利，而是把创新成果变成实实在在的需求，把论文写在祖国大地上。学习习近平总书记重要讲话，回顾地理资源所的历史，再结合农业文化遗产的实际发展，我们有很多体会。10多年前，当农业文化遗产还没有被很多人了解的时候，李文华院士、胡瑞法研究员、闵庆文研究员等带领的科研团队和联合国粮农组织、联合国大学以及农业部国际合作司等密切合作，开始了农业文化遗产保护研究，成功将"浙江青田稻鱼共生系统"推选为我国第一个、世界第一批全球重要农业文化遗产。通过10余年的努力，这一领域不仅仅成为了一个颇有活力的学科增长点，更成为弘扬我国优秀传统文化的示范点、美丽乡村建设的着力点、生态文明建设的突破点和脱贫攻坚的支撑点。因此，请允许我在这里对以李文华先生为首的老一辈科学家表示感谢，感谢他们的审时度势，以及为农业文化遗产事业做出的技术工作；感谢以闵庆文研究员、骆世明教授、曹幸穗研究员等中青年科学家不忘初心，继往开来，促进农业文化遗产事业不断向前；感谢以农业部国际合作司、国际交流服务中心等为代表的国家部委对地理资源所的充分信任；更要感谢在座和不在座的无数专家和有关地方政府同志的共同努力与支持，正是因为大家的努力，才使我们的事业从小到大、从弱到强、从胜利走向辉煌。

党的十九大刚刚闭幕，习近平新时代中国特色社会主义思想，为我们的明天描绘了美好的蓝图。党的十九大报告指出，建设生态文明是中华民族永续发展的千年大计，必须树立和建立绿水青山就是金山银山的理念，坚持节约资源和保护环境的基本国策，像对待生命一样对待生态环境，统筹山水林田湖草气的监管治理，吸收最严格的生态环境保护制度，形成绿色发展方式和生活方式，坚定走生产发展、生活富裕、生态良好的文明发展道路，建设美丽中国，为人民创造良好的生活环境，为全球生态文明做出贡献。

党的十九大报告为今后农业文化遗产发展指明了方向，地理资源所作为农业文化遗产的主要科学支撑单位，非常珍视与联合国粮农组织、农业部、有关高校和科研单位以及地方政府和媒体建立良好的合作关系。在这里我也郑重承诺，我所将一如既往地支持农业文化遗产工作，推进农业文化遗产联盟学术平台和交流平台的建设，紧紧把握目前农业文化遗产事业发展的良好机遇，齐心协力为建设美丽中国，为人民创造良好生活、生产环境做出更大的贡献。

最后衷心感谢石柱县人民政府为本次会议顺利召开付出的辛苦劳动。祝本次会议圆满成功！谢谢大家！

（三）农业农村部国际交流服务中心处长徐明致辞

尊敬的各位领导，各位专家，各位同事：

大家上午好！因为中心罗鸣副主任突然有一些事情冲突了，没能参加这次会议，首先我在此转达罗鸣副主任对在座各位来宾诚挚的问候。此外，这次活动我们看到规模非常盛大，是我们历届农业文化遗产学术研讨会规模最大的一次。组织这么一次活动，我深深感到非常不易，昨天全天遗产地的参观，我们100多名专家还有各个遗产地的同事们，大家出行有序，而且地方政府安排非常周到，在此我对中国农学会农业文化遗产分会，对中科院地理资源所，尤其对我们石柱县人民政府表示衷心的感谢。感谢组织这次盛会，给我们提供了这样一个交流平台。

农业文化遗产学术研讨会是学术界农业文化遗产领域每年的一次盛会，也是农业文化遗产交流的分享盛宴。

第一，在过去10多年，正是由于我们在座的各位专家、各位同事的共同支持和努力，农业文化遗产才发展到了今天，在全球有了一席之地，甚至发挥了引领性作用，这些都是大家共同的成绩、共同的成果。经过10多年的发展，目前中国在世界农业文化遗产领域，依然保持总数第一。目前，全球重要农业文化遗产数量是39项，中国是11项，而且很快我相信新的4个候选点也能被评为全球重要农业文化遗产地，我们的数量会升到15项，在全球依然是遥遥领先。

第二，我国是世界范围内第一个发布国家级农业文化遗产管理办法的国家，这一点在联合国粮农组织得到了多次的赞誉和高度的肯定。

第三，在专家的支持下，我国建立了世界上第一个农业文化遗产监测评估体系，这也是我们率先的一个尝试。联合国粮农组织多次倡议建立国家级农业文化遗产监测评估体系，中国是第一个尝试，第一个吃螃蟹的人，目前来看效果很好。2016年，农业部国际合作司主管农业文化遗产工作的唐盛尧副司长提议，在以往监测评估体系基础上，引入第三方监测机制。也就是我们通过发放问卷、收集数据开展监测工作，在农业部带领专家到各遗产地进行评估的基础上，我们再引入第三方，安排学术领域的专家，不经过农业部，不经过遗产地地方政府，直接到遗产地去独立了解情况。目前，我国第三方监测的机制在联合国领域也是率先尝试，其他国家没有。

第四，我国农业文化遗产领域的学术研究也一直领先于其他各个国家。我们发表的论文、撰写的书籍、在学术期刊上提出的理念，都是最多的，也是最先进的，这点非常值得我们自豪。而且我们多次专门开展学术交流活动，这次农业文化遗产学术研讨会已经是第四届了，证明我国对农业发展领域，尤其是研究领域的重视。农业文化遗产是一个跨学科、跨部门的工作，不仅需要各个部门的共同参与和支持，同时更需要各个领域的专家共同研究。在刚刚结束的党的十九大上，习近平总书记把生态文明建设列为国家的千年发展大计，现在不是十年百年而是千年，可见我们国家在转型之期，对于生态文明的重视。农业文化遗产的认定是以农业生产系统的形式提出来的，这是我国专家的一大贡献。以系统来诠释农业文化遗产，其实是对生态农业的一个很好的支持，因为农业文化遗产是开展生态研究的一个非常好的平台。上周，我们各个单位、各个部门开始加强学习党的十九大会议精神，这次的学术研讨会其实是非常好的一次实践。在这次会上，我相信大家会围绕生态文明建设，如何发展好农业文化遗产多功能性，促进绿色发展和生态文明建设，以及促进农民增收、实现乡村振兴等方面，进行深入的讨论。这些一定会对未来的农业文化遗产保护工作有更多的启迪。

在和罗鸣主任交流后，我想借这次机会对大家提出几点殷切的期待。

第一，希望能够在下一步工作中，把我们更多宝贵的农业文化遗产系统从全国发掘出来。因为只有我们有更多的积淀、更好的基础，我们才能往世界上去申报重要农业文化遗产，才有更多遴选的基础。中国地域宽广，农业历史悠久，但是很多遗产系统由于地理位置偏远，在偏远的山区、乡村，这个仅靠农业部，靠北京的科研机构难以全部挖掘出来，需要各个地方政府，还有地方的研究机构共同参与，大家一起努力，把我们深山的瑰宝发掘出来。

第二，能够推送出去。传统农业生产系统无论被评为国家级重要农业文化遗产，还是被评为全球重要农业文化遗产，都必须严格按照农业部的标准，按照联合国粮农组织的标准去申报。申报文本的起草也是最彰显学术功底的地方。日本、韩国农业文化遗产申报文本的编写工作做得非常细致，尤其在农业文化遗产地的生物多样性研究、历史起源、传统农业技艺等方面，他们做了大量、非常细致的工作，这个值得我们借鉴和学习。另外，这些国家因为改革开放时间较早，所以他们和国际理念相对更为接轨，更能够从全球的角度去着眼分析如何应对气候变化、如何促进生态循环发展、促进可持续发展，还有妇女的参与问题等，把申报文本写得非常完善，并引起国际共鸣，这块也需要我们大家下一步共同努力。

第三，做好研究和推广工作。农业文化遗产实际上还是一个新兴的课题，如何保护好农业文化遗产，如何把这些传统但现在依然适用的农业技术提炼出来，同时进行传播，这些值得我们深入思考。比如我国第一个全球重要农业文化遗产地"浙江青田稻田共生系统"，稻田养鱼这个技术非常好，它是一种绿色的生态循环技术。但是这个技术也有适用的条件和适用的地域。怎么样把这项技术提炼出来，把这种良好的生态循环生产方式挖掘出来，并在我国其他地方进行传播，甚至在世界上进行推广，这个需要我们下更大的功夫。我国现在处于扶贫攻坚的关键时候，农业部现在积极主抓产业生产，怎么样能够迅速提高我国贫困地区的人口营养膳食结构，提高当地农民收入，这个非常值得思考。另外，党的十九大提出，我国以往的发展，尤其是在生态文明建设方面，主要是参与和贡献。而今后更多的应该发挥引领带头作用，尤其是在应对气候变化，我们要提出中国主张。其实我国很多农业文化遗产地都有这方面宝贵的资源，都有应对气候变化的先人的智慧在里边，所以如何能够把这些知识点提炼出来，这个是需要我们共同努力的。昨天在石柱县参观了当地的产业发展，看了黄连的产业运营，我相信大家有很多认识和感悟。黄连从战国以来，经过了千百年的发展，黄连的种植本身是很耗地力的，可是为什么黄连经过千百年的发展，不仅对当地的生态环境没有造成任何负面影响，甚至在后期当地农民砍伐了一定的树木进行黄连人工栽培以后，依然对当地的环境没有造成大的破坏，把绿色生态环境良好地保护下去，这些都值得我们深入思考和挖掘。到底我们的祖先运用了一些什么样的生产方式和传统技术，以推动黄连种植系统的生态循环和生态发展？如何在保护好现有土地和改善当地农民生活的基础上，还能保护好这片山，保护好这方水，这个是需要我们深入发掘的。这个传统知识、传统技术能不能和现代农业发展相结合，发展造福于未来？如果中国已经过了这个阶段，那么我们能不能推到别的国家，推广到其他更加落后的发展中国家，让他们运用这个技术？国际上目前对中国过去的一些不当的发展方式是有一些负面意见的，甚至包括一些非洲国家。他们觉得中国发展得非常迅速。但是例如北京的雾霾是"必需品"，每天都要吸雾霾，这就是我国经济发展的负面产物。我们在快速发展农业生产的同时，化肥、农药用量不断增加，这样必然对水土资源造成污染。在国际上，比如非洲一些国家，他们可能吃不饱、也穿不暖，但是由于他们受欧洲殖民者长期的统治，他们的思想领域反而是非常先进的，尤其他们的生态理念比我们先进很多。我们经常和非洲的一些朋友、同事交流，有些人甚至说我们愿意用国家1%～2%的GDP来促进当地的生态发展，保护好我们的森林资源和水土资源，我们不愿意那么快发展，破坏资源。中国很多技术非常好，但是要用大量的化肥。他们表示这个方式他们希望学习，但是希望中国能够传播更多生态的技术，怎么样用较少的化肥和农药把产量提高上去。非洲人因为受西方影响，他们在精神领域追求了一种生态的发展方式，他们对环境的重视度是值得我们思考和借鉴的。因此我希望大家借助对农业文化遗产的保护，加强这方面的研究，也做好后期的推广，为我国软实力的输出，尤其是我们在生态文明建设、绿色发展和可持续发展等方面，做出应有的贡献。因为学术传播，往往比国家政策和主张要更为深远，所以要靠在座的各位共同努力。

第四，希望大家在今后的工作当中，在我们的共同努力下，把我国农业文化遗产保护到位，我们强调的不是单纯的冰冻式保护，而是动态的保护。动态保护我们是允许进行适度发展的，因为只有农民从中受益，我们的农业文化遗产才能够真正被保护好，并保持下去。所以怎么样引导更多的农民参与，获得农民的支持，目前我听到了很多的提法和意见，这个需要大家在交流当中进一步关注，如何能够让农民从农业文化遗产的评估、认定以及后期的保护当中受益，这个恐怕是农业文化遗产地能够保护好、坚守下去的一个最重要的动力。我曾经也考虑过，农民的群体利益是怎么体现的？农业文化遗产第一强调的是保护，只有在保护好的前提下才谈得上发展。保护必然注定了产量不能过度增长，我们不能单独依靠增加产品、增加收成来提高农民的收入，在促进旅游发展的同时，我们也要适当地注意当地环境的承载能力，旅游的接待能力。旅游产业和一些第二产业的发展可能会对当地环境造成一些负面影响，所以怎么样让农民在这种适度平衡的情况下快速地受益，如何从农业文化遗产品牌中受益，这些值得我们共同探讨。比如我们是否可以把农民合作社的规模扩大一些；当有一些大型旅游开发公司，或者第二产业进入的时候，我们能不能以农民合作社的形式入股、分红，使农民参与当中直接受益。农业文化遗产地发展旅游是非常好的一种形式，但是旅游并不一定能让每个农民都受益。比如云南哈尼梯田系统，旅游发展起来以后，有些农民可能建了一些餐馆，搞了一些民宿，或者是卖了一些产品，从中受益了；也可能离梯田景观比较远的一些地方，农民无法从中受益。这些偏远地区的资源，以后就很可能会逐步枯竭。当地的农民工兄弟，他们也会到外面打工，这样他们的田地就会撂荒，这样遗产地政府的保护责任可能会更加重大，很多田地撂荒时间长了以后就会无法修复，对农业文化遗产景观将会造成很大的影响。所以这点也希望大家能够共同探讨，找一种让农民集体受益的形式，促进农业文化遗产更好地保护发展。

时间有限，就谈这么几点。最后，预祝大家在石柱县生活愉快，交流讨论充分。石柱县空气非常好，大家在这多呼吸新鲜空气，借助我们新鲜的空气，甜美的泉水，还有能够忆苦思甜的黄连，多多激发灵感，把这次大会开好，开得圆满，谢谢大家。

三、大会主旨报告

1.骆世明（华南农业大学，教授），《东西方农业发展的历史差异及其后续影响》

报告对比了东西方农业与农村的表观差异，包括土地利用方向和利用强度以及农舍分布与乡村结构差异。分析了东西方这种差异形成的历史原因以及历史轨迹差异产生的深刻影响。最后，报告分析了传统对于未来的意义，指出全球农业文化遗产保护是为了人类当前和未来的粮食和生计安全；提出农业传统文化的保护和传承，只有从农业发展历史的高度上充分认识其核心价值之后，才有利于建立起有远见的评判标准和评价办法，深刻认识东西方农业发展轨迹及其对社会的深远影响，才能够更清晰地看到东亚传统农业的特色，从而更加有目的地发掘其瑰宝，并在现代化进程中克服其原有的弱点。

2. 曹幸穗（中国农业博物馆，研究员），《农业文化遗产的传统技术保护》

报告从农业文化遗产的活态性出发，强调农业文化遗产的最大特点就是它的活态性。它既是历史文化的一种传承，也是农业生物遵循遗传变异规律的代际遗传产物。之后，报告以"云南哈尼稻作梯田系统""浙江绍兴会稽山古香榧群""新疆吐鲁番坎儿井农业系统""江西万年稻作文化系统"为例，探讨了农业文化遗产的"核心技术内容"，指出被列为"核心内容"的部分，是需要特别加以保护和传承的，不能在保护过程中人为改变或丢失的，必须永久保护传承的。报告从农业生物遗传的角度，阐释了农业文化遗产优良传统品种的选择标准与保护传统品种的意义，并强调对传统农业技术的传承。

四、其他报告

（一）分会场一：农业文化遗产地产业融合发展

1. 陈灿（湖南农业大学，副教授），《洞庭湖区"稻渔"融合产业体系发展战略研究》

报告从洞庭湖平原稻田湿地特有的气候生态条件入手，分析其为水稻、鱼类提供的得天独厚的种养条件，并指出洞庭湖区是我国粮食主产区及国家重要经济生态圈。近年来，湖区稻田生态种养发展迅猛，尤以"稻—小龙虾"模式最为突出。湖区"稻渔"融合产业体系发展有利于推动种植业、渔业转方式、调结构，优化产品产业结构，推进湖南农业提质增效；稻田生态种养也是粮食主产区农业供给侧改革的关键举措，符合国家"藏粮于地、藏粮于技"的大战略。报告认为，开展洞庭湖"稻渔"融合产业体系高效生态农业的基础研究、技术研究以及搞好顶层设计，对洞庭湖区农业的跨越式发展具有十分重要的战略意义。

2.张永勋（中国农业科学院农业经济与发展研究所，助理研究员），《农业文化遗产地"三产"融合度评价研究——以红河哈尼稻作梯田为例》

报告从农业比较效益降低的大背景出发，综述了国内外有关"三产"融合发展的农业产业发展理论与政策实践，认为农业文化遗产地作为一个特殊的区域，其"三产"融合发展概念和度量方法尚未得到深入研究。继而提出"农业文化遗产第'三产'融合"的概念以及模式框架，并提出测量农业文化遗产地"三产"融合度的度量指标（产业融合度、劳动力融合度）以及测量模型。报告以云南红河哈尼稻作梯田系统十大片区为例，分析不同片区产业融合度与劳动力融合度及分项指数的情况，并最终得出结论：推动"三产"融合发展可以有效促进农民在本地就业，对于保护农业文化遗产意义重大。

3.杨伦（中国科学院地理科学与资源研究所，博士研究生），《哈尼梯田地区家庭农户粮食作物种植结构及驱动力分析》

农户是农村经济活动的行为主体和农业生产的基本单元，因此研究农户种植行为的驱动力具有重要意义。报告首先介绍了云南红河哈尼稻作梯田系统

（HHRTS）的区位与生态环境特征，认为其作为全球重要农业文化遗产（GIAHS），具有极高的生态、经济、文化价值。近年来，以粮食产量增长为导向的农耕技术和作物品种单一化趋势，给哈尼梯田地区带来了严重的生态和食品安全问题。报告从主要粮食作物的经济效益、耕地资源特征、村落发展类型、农户的家庭特征与资源禀赋进行实证研究，分析了哈尼梯田地区农户粮食作物种植结构现状及驱动因素。结果表明：①调查涉及的41.23公顷有效耕地中，按种植总面积排序，杂交稻、玉米、水果类作物位居前三。②本地传统粮食作物——梯田红米，种植总面积和户均种植面积远小于经济效益较高的杂交稻和兼有饲料用途的玉米。同时，农户倾向于将其种植在质量较差、海拔较高的耕地上。③作物的经济效益和耕地海拔及质量对替代性作物（如杂交稻和红米）的种植选择影响较大，在个体农户层面上，农户特征与资源禀赋在不同程度上对不同作物的种植选择产生影响。

4.张碧天（中国科学院地理科学与资源研究所，博士研究生），《农业文化遗产在精准扶贫中的作用分析》

对全国91个中国重要农业文化遗产地以县一级的行政区为单位进行划分，可以分割为103个县、县级市或市辖区。其中，38个属于国家扶贫开发工作重点县，32个为集中连片特殊困难地区县，重复的有28个，因此在全国的农业文化遗产地内包含42个贫困县，约占总比例的41%。可见贫困是许多农业文化遗产地所面临的问题。42个贫困县地处九大片区，导致贫困形成的地理要素和政策约束也不尽相同，但是农业文化遗产是这些地区共有的资源禀赋。利用这种资源禀赋实现脱贫要依托农业遗产保护的三大机制，"农业功能拓展的动态保护机制""法律保障的激励机制""五位一体的多方参与机制"。"五位一体的多方参与机制"是以遗产地居民为核心的受益群体的多方参

与机制和合理的惠益分享机制，是脱贫的保障，而"农业功能拓展的动态保护机制"和"法律保障的激励机制"则是农业文化遗产经济价值实现的重要手段。在农民受益的基础上，通过不同层次的主体参与和联合，解决不同尺度上的贫困问题，逐步实现从个体和家庭脱贫，到村寨脱贫，再到乡镇脱离贫困。

5.王佳然（中国科学院地理科学与资源研究所，硕士研究生），《河北迁西板栗农林复合系统生态补偿受偿意愿影响因素研究》

当前，生态补偿已成为激励生态保护的重要手段，生态补偿标准的测算也成为生态经济学研究的热点问题之一。报告以"河北迁西板栗农林复合系统"为例，采用问卷调查和模型构建法，就板栗复合栽培系统生态补偿标准的构建进行分析和测算。结果表明：当地农户的受教育程度、家庭经济情况、对环境破坏行为的关注程度、环境保护行为对农户收入的影响以及农户对生态补偿的了解程度都显著影响其受偿意愿。通过受偿意愿法测算出的生态补偿标准，激励农户恢复复合经营，为当地环境保护起到积极推动作用。

（二）分会场二：农业文化遗产保护与监测评估

1.梁洛辉（中国科学院地理科学与资源研究所，客座研究员），《中南半岛山地传统农业》

报告介绍了中南半岛山地传统农业类型。中南半岛自西向东分布6个国家：缅甸、泰国、老挝、柬埔寨、越南、马来西亚西部。中南半岛的北部为山区和高原，分布着多条国际河流，具有多样的民族文化与生物多样性，形成了以轮歇农业为代表的山地农业。轮歇农业蕴含丰富的传统知识和农业生物多样性。由于各种偏见和排斥，轮歇农业在中南半岛范围逐步缩小，急需保护和传承。此外，中南半岛山地分布有独特的茶园和

梯田，值得发扬、保护和传承，并建议相关国家申报轮歇农业为GIAHS，以挽救这种独特的传统土地利用系统。

2.卢勇（南京农业大学，教授），《明清治淮与里下河湿地农业系统的形成》

江苏里下河地区的湿地农业系统是一种非常罕见、独特的遗产类型，与联合国粮农组织倡导的全球重要农业文化遗产理念有机契合。目前继"江苏兴化垛田传统农业系统"入选全球重要农业文化遗产后，又有"江苏高邮湖泊湿地农业系统"入选中国第四批重要农业文化遗产，湿地农业正成为全球农业遗产关注和研究、保护的热点。经考证，里下河地区湿地农业的产生与明清时期治淮政策密不可分。明清两朝的治淮策略虽各有侧重，但均是以牺牲里下河地区为代价，使当地自然环境不断恶化，河湖变迁、洪涝频发，高邮湖湿地的急剧扩大与兴化河湖的沼泽化是本时段最具代表性的事件。有赖里下河百姓的不屈不挠与积极应对，因地制宜地创造出了多种模式的湿地农业，主要包括兴化垛田的开发、水陆交错地的稻鸭共作、湖区的鱼虾蟹混养等。研究、保护和传承好里下河湿地型农业遗产，功在当代、利在千秋。

3.王斌（中国林科院亚热带林业研究所，副研究员），《海南海口羊山荔枝种植系统遗产特征与价值分析》

海口羊山地区地处海南省海口市西南部，属火山岩地区，是中国荔枝原产地之一，有近2000年的荔枝种植历史。除种植荔枝外，人们通过林农复合发展林下种植与养殖，形成极具地方特色的生态农产品。同时，遗产地农田—林网—火山石构成的复合生态系统发挥着重要的生态功能，是海口市生态安全的重要屏障。遗产地人民在长期的劳动和生活中，形成了浓厚的荔枝文化。千百年来，人们垒石造田、植树护田，并利用火山石修建房屋，构成了遗产地丰富多彩的自然与人文景观，是海口市特色农业、休

闲农业、国际旅游岛和全域旅游发展的资源基础。

4.李云鹏（中国水利水电科学研究院水利研究所，工程师），《芍陂灌溉农业文化遗产构成、特征与价值研究》

芍陂是中国最早的大型蓄水灌溉工程，至今仍在发挥灌溉效益。在报告中，基于农业文化遗产的视角，系统分析了芍陂灌溉农业遗产的构成、特性及遗产价值。报告指出，芍陂2600年来历经巨大变迁，历史、科技、文化价值突出，是灌溉农业文化遗产的典型代表，在中国灌溉农业发展史上具有里程碑地位，是可持续灌溉农业的活化石。芍陂农业文化遗产构成包括：蓄水灌溉工程体系、灌区农业生态系统、生产生活系统、科技及文化遗产，遗产功能多样、效益持续显著，符合全球重要农业文化遗产和中国重要农业文化遗产标准。建议充分挖掘、全面认知芍陂农业文化遗产价值，通过科学保护、合理利用，促进遗产及当地农业经济可持续发展。

5.焦雯珺（中国科学院地理科学与资源研究所，助理研究员），《全球重要农业文化遗产监测体系构建》

农业文化遗产作为传承至今的传统农业生产系统，是遗产所在地乃至全人类的宝贵资源和共同财富。如何保护与管理这些弥足珍贵的重要资源，成为各遗产地申报成功后要面临的重要任务。遗产监测在遗产保护与管理中的基础性作用以及相关政策法规中对开展遗产监测的要求，使得遗产监测体系的建立与实施成为当前亟须解决的关键问题。报告搭建了农业文化遗产监测体系的总体框架，并从监测范围、监测内容、监测方法和数据管理4个方面对农业文化遗产动态监测系统进行了重点阐述。

6.顾兴国（中国人民大学，博士研究生），《论太湖南岸桑基鱼塘的形成与演变》

桑基鱼塘是我国传统生态农业的典型代表，其形成与演变具有特定的历史条件和驱动因素。但从历史研究的角度来看，有关"浙江湖州桑基鱼塘系统"形成与发展过程的认识还没有达成一致，影响该农业模式在中国和全球农业中的历史定位。通过分析和总结太湖南岸桑基鱼塘传统典型模式的生态学原理得出，桑、蚕、鱼等生物的联合生长和对周围资源环境的利用与保护是桑基鱼塘生态系统的核心内涵，其形成的必要条件主要包括自然和人文两个方面。太湖南岸桑基鱼塘的形成与演变受多因素影响驱动，其中自然条件和水利建设为桑基鱼塘的形成与发展奠定了基础，政治变动和农业政策为桑基鱼塘的形成与发展提供导向，人口增加和技术进步为桑基鱼塘的形成与发展输入动力，经济体制和市场发展对桑基鱼塘的形成与发展产生调控。

（三）分会场三：农业文化遗产传统知识与文化传承

1.龙荣华（云南省农业科学院园艺作物研究所，研究员），《传统农业文化在云南高原蔬菜产业中的可持续应用》

云南是一个低纬度、高原山区纵横、气候资源以及地貌复杂，共同孕育出了种类多样的植物资源，从蔬菜产业发展的角度来说，复杂多样的气候及地貌类型，是很不利的，但可以选择适合云南自身特色——高原特色蔬菜产业来发展。为了人与自然和谐可持续发展，要发展现代农业，就必须因地制宜，正确处理好传统农业与现代农业两者的关系。建议运用现代生产经营方式，充分拓展高原蔬菜生产、增加就业、突出生态、传统农业文化四大功能，生产出更多带有"云"字牌的高原特色蔬菜产品。另

外，由于云南独特的立体气候、错综复杂的地势，决定了云南蔬菜产业发展必须走"特色"之路，而云南的"特色"必须突出云南"多民族，保环境，具有农业文化背景"的特点。

2.汪玺（甘肃农业大学，教授），《青藏高原特色文化——牦牛文化研究》

青藏高原海拔高、气候寒冷潮湿，被称为世界第三极，是一个独特的地理单元。当地牧人的食、衣、住、行、燃等生活的方方面面离不开牦牛，牦牛成为青藏高原高寒牧区不可替代的生产生活资料。可以说青藏高原是牦牛的发源地和主产地，是家牦牛的驯化地。牦牛文化是青藏高原草原文化的主要内容，主要表现为：青藏高原是牦牛起源地和家牦牛的驯化地，且牦牛的品种资源极为丰富；牦牛在生态适应和生产方面，在对青藏高原人的生活和文化方面是不可替代的资源。研究牦牛文化对保护和传承文化多样性、提高民族自信心、增强民族自豪感、促进社会安定和谐和民族团结进步，以及对青藏高原草地资源和生态环境的保护都具有重大的历史和现实意义。

3.邓蓉（北京农学院，教授），《休闲农业发展中的鸡文化挖掘》

中国有悠久的养鸡历史，产生了丰富多彩的鸡文化。报告从中国悠久的养鸡历史和鸡文化历史、关于鸡的美好传说、关于鸡的诗词歌赋、关于鸡的各种艺术品、鸡美食文化和鸡文化助推休闲农业发展等几个方面，分析了中国休闲农业发展中的鸡文化挖掘问题。

4.沈琳（安徽农业大学，教授），《新媒体视阈下的农业文化遗产传承管窥》

报告人通过田野调查发现，农业文化遗产的认知度不够高，遗产的传承人有断代之虞。借助新媒体强大的传播效力可以唤醒更多的人对农业文化遗产的保护与传承意识。以安徽省内的4个中国重要农业文化遗产[安丰塘（芍陂）及灌区农业系统、休宁山泉流水养鱼系统、太平猴魁茶文化系统、铜陵白姜种植系统]为研究对象，利用研究文献索引、百度搜索引擎和清博指数进行检索，发现传播主体多元化，传播内容参差不齐，缺少非常专业的传播平台；农业文化遗产传承保护的内容不突出，传播形式和效果不尽如人意。造成这种问题的原因有二，其一是安徽对农业文化遗产价值的认知度不高，其二是缺少专业化的新媒体编辑制作运营人员。建议加强对农业文化遗产价值的科学普及，提高新媒体平台编辑制作与运营水平。

5.张溯（中国科学院地理科学与资源研究所，博士后），《农业文化遗产的恢复力研究》

作为一种可持续的传统农业生产以及生态系统，农业文化遗产本身在面对外界带来的压力和打击时具有一定的"恢复力"，即在面对外界的干扰和压力时所表现的承载和自我恢复能力。这种恢复力有助于农业文化遗产在面对环境的变化和压力时能够获得永续的发展。本研究依据现在可持续发展研究中流行的 PSR（压力—状态—响应）模型，创立了一套 GIAHS 恢复力的评估框架以及指标体系，并将其应用到对"云南红河哈尼稻作梯田系统"的监测与评估中。结果显示，"云南红河哈尼稻作梯田系统"具有较好的恢复力，当地政府以及居民对于加强梯田保护意识，为维持物种多样性和农业生态系统服务的可持续性给予了大力支持。

6.马楠（中国科学院地理科学与资源研究所，博士研究生），《农业文化遗产系统中传统知识的概念与保护——以"云南普洱古茶园与茶文化系统"为例》

传统知识不仅是地方社区内居民与自然环境长期适应中所积累的经验智慧，也是农业文化遗产的结构性存在，对遗产系统具有支持作用。因此，传统知识的传承保护是农业文化遗产保护工作的重要内容。报告通过归纳分析当前相关国际公约及研究中对于传统知识的定义及内涵，结合农业文化遗产特征将农业文化遗产中的传统知识定义为"农业文化遗产内，居民在长期生产生活过程中，围绕农业所积累的与生计维持、资源管理、生物多样性保护、维持精神信仰等多个方面密切相关的知识、创新及实践。"将传统知识分为生计维持类传统知识、生物多样性保护类传统知识、传统技艺类传统知识、文化类传统知识及自然资源管理类传统知识等 5 类。报告结合遗产地实地情况，针对当前传统知识保护中所存在的实物载体遭到破坏、传承存在危机、受到旅游业冲击及保护措施相对低效等问题，提出加强保护意识、将传统知识保护纳入遗产系统保护规划、开展传统知识的调查编目、加强传承记录工作及充分利用现有制度对传统知识进行保护等措施，以期为农业文化遗产中传统知识的保护提供建议参考。

7.李禾尧（中国科学院地理科学与资源研究所，博士研究生），《农事与乡情："河北涉县旱作梯田系统"的驴文化》

报告从中国重要农业文化遗产"河北涉县旱作梯田系统"的区位与地理环境特征出发，介绍位于遗产地核心区的王金庄村的概况。毛驴是村庄农业发展的基本生产要素，"驴—花椒—石堰"耦合结构是生产模式，驴文化则是村落社会文化体系的重要组成部分，是对旱作梯田系统全景式的反映。村落日常生活中有关毛驴的牲口买卖、驯化教育、疾病医治、文化仪式等组成驴文化的形貌，塑造和延续着"河北涉县旱作梯田系统"的存续与发展。借由驴文化，文章提出村落文化的发掘对于农业文化遗产保护与发展具有重要意义，其有益于生态环境保护、农耕技艺留存与乡土社会永续。

（四）分会场四：农业文化遗产地典型成功案例与经验交流

1.陆俊昌（重庆市石柱县人民政府，副县长），《保护青山绿水，打造金山银山——促进石柱黄连传统文化的保护发展》

重庆市石柱土家族自治县位于长江上游地区、重庆东部，是集少数民族自治县、三峡库区淹没县、国家扶贫工作重点县于一体的特殊县。黄连产业作为石柱县的优势农业产业，黄连产量占全国的60％，世界的40％以上。2016年，石柱黄连全产业链产值超过5亿元。为实现黄连产业的蓬勃发展，石柱县采取一系列行政管理措施：①通过强化政府推动、规划引领、政策扶持，完善机制体制建设，激发黄连产业发展活力；②通过完善物流体系、推动品种有机更新、推行标准化种植，实现绿色发展，夯实黄连产业发展基础；③通过强化科技支撑、强化精深加工，完成转型升级，推动黄连产业持续发展；④着力保护农业传统文化、推进产业生态融合、打造康养"疗养"福地，促进产业融合，增强黄连发展潜能；⑤通过政策激励、经营主体带动、资产收益带动、结对帮扶带动，助力脱贫攻坚，发挥以黄连为主的中药材产业社会效应。石柱县将积极做好黄连生产系统申报全球重要文化遗产的准备工作，将黄连基地建设与康养旅游开发、挖掘黄连文化与繁荣土家民俗文化相结合，加快创建"全国有机农业示范县"，为重要农业文化遗产的保护与发展做出应有的贡献。

2.杨瑞刚（贵州省从江县人大常委会，副主任），《"贵州从江侗乡稻鱼鸭复合系统"特色农产品开发，助推产业脱贫》

"贵州从江侗乡稻鱼鸭复合系统"自2011年入选全球重要农业文化遗产，2013年入选中国重要农业文化遗产以来，从江县政府认真谋划，将从江县的传统农耕文化、民族民俗文化、乡村旅游文化、生物多样性的保护相结合起来，通过政

策制定、强化管理、督促检查、产业发展、产品认证、产品营销等措施，推动农文旅融合发展，成效斐然。2011年以来，从江县引进成立丰联农业公司、九芎农业公司等龙头企业，培育了江南香禾种植专业合作社等。有机稻、香禾种植实施订单面积3.6万多亩，辐射带动2000多户贫困农户。此外，从江县以稻鱼鸭系统核心保护区为核心，结合世界非物质文化遗产，侗族大歌之乡——小黄、枪手部落——岜沙苗寨、国家湿地公园——加榜梯田和先知侗寨——占里村等传统村落，积极推动农文旅融合发展。2017年前三季度，实现乡村旅游人数200万人次，增幅达40%，综合性总收入14.8亿元，增幅45%。从江县政府将继续秉持农业文化遗产的核心理念，实现"贵州从江侗乡稻鱼鸭复合系统"在保护中开发，在传承中合理利用。

3.吴小军（浙江省庆元县人民政府，副县长），《浙江庆元香菇文化系统保护与发展》

"浙江庆元香菇文化系统"于2014年入选中国重要农业文化遗产，是全国首个食用菌方面的重要农业文化遗产。庆元县作为我国食用菌产业化的成功典范，主要体现在6个方面：①香菇是庆元县经济的主导产业；②庆元是我国最大的食用菌集散市场，1992年建立了我国最早的香菇专业市场，2015年新的庆元香菇市场落成，庆元成为我国香菇贮藏和集散中心；③庆元打造并成为世界食用菌文化中心，庆元拥有菇神宗祠、菇神庙等，于1998年建立了我国最早的食用菌博物馆——庆元香菇博物馆；④庆元已成为海峡两岸香菇文化交流的桥头堡；⑤庆元香菇产业技术化与模式全国推广，庆元的香菇高棚层架技术、菌棒免割保水技术、优质新品种在全国进行推广，并已广泛使用；⑥庆元香菇生产与生态环境协调发展。面对新时期的发展，庆元县将实施食用菌全产业链提升行动计划，努力再创香菇产业发展新典范。

4.吴依殿（福州海峡茶业交流协会，会长），《福州茉莉花茶为什么这样香》

福州茉莉花茶始于宋朝，制作工艺成熟于明朝，兴旺于清朝后期。史料记载，慈禧太后对茉莉花有特别的偏爱，规定她之外旁人均不可簪茉莉花。福州茉莉花茶逐渐成为贡茶，福州因此迅速成为全国茉莉花茶的窨制中心和集散地。

福州茉莉花茶受人喜欢的关键在于其独特的窨制工艺和福州得天独厚的自然环境。窨制，也叫熏制，简单地讲就是利用茶叶的吸附和茉莉花吐香，将茶味与花香融合。福州茉莉花茶用花选料精良，中低档福州茉莉花茶用春花和后期秋花作为窨制，以伏花提花；高档福州茉莉花茶的窨制全部伏花，以单瓣茉莉花提花，造就了福州茉莉花独有的鲜灵浓郁品质。2014年8月，福州茉莉花茶传统制作技艺被列入全国非物质文化遗产保护名录；

2014年4月29日，"福建福州茉莉花与茶文化系统"入选全球重要农业文化遗产。福州市政府以此为契机，把做大做强茉莉花与茶文化产业作为贯彻福建省"生态美、百姓富"的重要措施，制定了福州市茉莉花保护规定和扶持茉莉花与茶产业发展的优惠政策，寻求统一建设茉莉花茶文化产业园，让茉莉花茶成为福州市的一张烫金名片，让福州茉莉花香与茶香绵延不绝，香飘世界。

5. 辛华（内蒙古敖汉旗农业局，局长），《浅谈"内蒙古敖汉旱作农业系统"保护与发展》

敖汉旗传承农耕文明，加强遗产保护，加强种质资源保护工作，建设品种保护基地，开展农耕记忆讲述活动，搜集传统农耕器。敖汉旗出台了《敖汉旗全球重要文化遗产标识使用与管理办法》，成立内蒙古小米研究院，建立内蒙古谷子战略联盟，组建了敖汉小米产业发展

协会。敖汉旗连续承办了四届世界小米起源与发展会议，组织龙头企业、合作社参加第十四届中国昆明国际农产品交易会等农展会，宣传推广力度不断加大。深入推进标准化生产，规范生产流程，实施品牌战略，制定发布《敖汉小米食用指南》。2016年建设农业景观田1000亩，生态文化旅游产业发展迅速，拍摄首部农业文化遗产保护微电影《谷乡之恋》。敖汉旗成立敖汉旗农业遗产保护中心，做好农业文化遗产监测，注重宣传推介，先后组织人员参加工作及学术交

流会议，与中国航天科技集团公司等单位积极合作，为敖汉旗杂粮产业发展提供科技支撑，并建立院士专家工作站。5年间，敖汉小米产业完成了从种植到加工、从销售到食用、从文化到旅游的一二三产业融合的全产业链发展，完成了从无名到有名再到知名的品牌嬗变过程，塑造了一个区域公共品牌。

6.刘刚（四川省阿坝州农业畜牧局，副局长），《四川省阿坝州农业文化遗产工作主题汇报》

阿坝藏族羌族自治州位于中国西南部，青藏高原东南缘，拥有九寨沟等世界自然遗产2处，多个国家级非物质文化遗产，大熊猫自然保护区25处。主导发展特色水果、高原蔬菜、马铃薯休闲体验观光农牧业等十二大主导产业。因地制宜发展高原春油菜、青稞等8个特色配套产业。阿坝州把生态、优质、安全、特色作为发展农牧业的重要原则，全力推进"净土阿坝"农产品区域品牌建设。总体上说，农业发展方式尚未根本改变，生产效益差、产品质量低、经营规模小、科技含量低、产业链条短、加工增值能力弱等问题依然突出。阿坝州具有汶川"古茶树＋古藏茶制作＋茶马古道"和金川"古雪梨"生产系统两处农业文化遗产。目前，阿坝州正在组建农业文化遗产申报办公室，组织召开阿坝州农业文化遗产申报座谈会，开展阿坝州农业文化遗产普查和评估，制定文化遗产保护规划，拟定下一批申报的初步意见。

7.贺献林（河北省涉县农牧局，副局长），《涉县旱作梯田传统农耕模式的生物多样性保护与开发探索》

涉县位于河北省西南部、太行山东麓，地处晋冀豫三省交界处，县域面积1509平方公里，总人口42万人，境内以王金庄为核心的"河北涉县旱作梯田系统"2014年被农业部评定为中国重要农业文化遗产。作为中国重要的农业文化遗产，涉

县旱作梯田创造了独特的山地雨养农业系统和规模宏大的石堰梯田景观。独特的生产系统使山区坡地农业生产达到"田尽而地，地尽而山"。具有高效的水土资源保护与利用模式，具有梯田—村民—作物—毛驴—石头"五位一体"的生态系统；具有独特的生存技巧，通过"藏粮于地"的耕作技术、"存粮于仓"的贮存技术、"节粮于口"的生存智慧，凿石山而筑田，蓄雨露而润薄土，粟稷驴耕，椒聊蕃衍，传承700多年，使得"十年九旱"的山区，即使在遭遇严重自然灾害的大灾之年，人口不减反增。涉县旱作梯田自2014年被认定为中国重要农业文化遗产以来，在政府层面，加强政策支持；在部门层面，加强技术指导；在乡村层面，引导建立民间组织参与；在企业层面，引导开发特色农产品。

8.杨万全（四川省成都市郫都区申报中国重要农业文化遗产办公室，副主任），《"四川省郫都灌区轮作系统与川西林盘景观"工作汇报》

郫都区位于成都市西北部，为古蜀文明的发祥地，水旱轮作系统拥有2000多年历史。郫都区充分发挥饮用水源保护地生态优势，坚持走品牌兴农之路。重点做好聚居和乡村旅游林盘利用、农业产业型林盘的保护性建设和利用，打造"聚散相宜、院田相连、房林相嵌、溪流环绕、阡陌纵横"的特色川西田园村落。申报中国重要农业文化遗产对郫都区农业文化传承、农业可持续发展和农业功能拓展具有重要的科学价值和实践意义。带动全社会对民族文化的关注和认知，促进中华文化的传承和弘扬。提升居民幸福指数，展现美丽新村形象。目前，郫都区成立领导小组，明确工作职责，划定区域范围12个街道，资金概算共计290万元，资金来源从农业专项扶持资金中列支。依托重要农业文化遗产建设项目打造区域特色品牌，引入现代要素提升传统名优品牌价值，利用"旅游+""生态+"等模式，丰富乡村农业旅游业态和产品，有效促进郫都区农民收入稳定较快增长。申遗保护区坚持绿色生态发展理念，可有效解决农村环境污染问题。

第五届全国农业文化遗产学术研讨会

一、会议概况

在农业农村部国际合作司与农产品加工局的指导下，由中国农学会农业文化遗产分会、赤峰市阿鲁科尔沁旗人民政府主办，中科院地理科学与资源研究所自然与文化遗产研究中心、赤峰市阿鲁科尔沁旗草原游牧系统管委会承办，《世界遗产》杂志、《遗产与保护研究》杂志、《中国投资》杂志和中国农业出版社共同协办的第五届全国农业文化遗产学术研讨会于2018年7月19—21日在内蒙古自治区赤峰市阿鲁科尔沁旗召开。国际交流服务中心罗鸣副主任、徐明处长、熊哲副处长，分会副主任委员骆世明教授、曹幸穗研究员、闵庆文研究员以及理事赵志军研究员、李先德研究员、徐旺生研究员、苑利研究员等，国内相关学者、农业文化遗产地管理人员、企业代表及《科技日报》《农民日报》《中国科学报》等媒体记者160余人参加会议。阿鲁科尔沁旗旗长孟晓冰、罗鸣副主任在开幕式上先后致辞，分会主任委员李文华院士专门发了贺信。

大会设置了7个主旨报告，骆世明教授、曹幸穗研究员、赵志军研究员、李先德研究员、徐旺生研究员、苑利研究员、闵庆文研究员分别作了大会报告。来自中科院地理资源所、中国农科院农发所、中国林科院亚热带林业研究所、南京农业大学、安徽农业大学等科研院所和高校的学者以及来自福建尤溪、河北宽城、河北涉县、四川郫都等遗产地代表围绕"乡村振兴""保护与多方参与

机制""知识与民俗文化""遗产地典型案例与经验交流"四大议题进行报告与探讨。

会议期间，与会代表还先后实地考察查干浩特古城、苏鲁顶营盘和罕山林场与蒙古族草原文化。

二、领导致辞

（一）内蒙古赤峰市阿鲁科尔沁旗旗长孟晓冰致辞

尊敬的各位专家，各位领导，同志们、朋友们：

在这万物勃发，牧野飘香的盛夏7月，阿鲁科尔沁旗草原群贤毕至，智者云集，共同迎来了第五届全国农业文化遗产学术研讨会的胜利召开。在此我谨代表旗四大班子和全旗30万各族草原儿女，向莅临会议的各位专家、各位领导、各位来宾，表示热烈的欢迎！向一直以来关心支持阿鲁科尔沁旗发展的各级领导，社会各界朋友表示衷心的感谢！

走进阿鲁科尔沁旗，这里发展潜力巨大。近年来，阿鲁科尔沁旗委、政府认真贯彻落实党的十九大精神，坚持以习近平新时代中国特色社会主义思想为指导，紧紧围绕全面建成小康社会目标，按照新发展理念和高质量发展要求，全力打好防范化解重大风险，精准脱贫，污染防治三大攻坚战，着力建设绿色农产品生产加工输出基地、优质牧草全产业链产业示范基地、清洁能源输出基地、生物天然气生产应用示范基地、蒙古族游牧文化特色旅游休闲度假基地，以及大宗农畜产品交易平台，逐渐形成了"以草替粮"为主的产业发展格局。优质牧草基地面积达到110万亩，年产干草65万吨以上，占全国商品草的五分之一，是全国集中连片种植紫花苜蓿面积最大的地区和国家级紫花苜蓿标准化示范基地。

2013年，阿鲁科尔沁旗被命名为"中国草都"。全旗大小畜存栏常年保持在250万头（只）左右，粮食产量连续多年达10亿斤以上，先后引进首农辛普劳、伊利、太极、奥亚、凌云海等国内外行业领军企业。现已建成矿山企业12家，有色金属日采产能力达到2.4万吨，风光发电装机容量达到55万千瓦，生物燃气供应能力达到1100万立方米。高标准编制规划了全旗旅游发展规划，启动了北部原生态草原游牧区、中部湿地沙湖观光区、南部百万亩人工草地体验区3个核心景区建设工程。当前，阿鲁科尔沁旗正在全力争创自治区文明城市、国家生态文明建设示范区、全国民族团结进步示范旗、国家卫生县城，着力建设经济发展、社会和谐，人民幸福的新阿鲁科尔沁旗、有品位的阿鲁科尔沁旗。

这里历史文化悠久。早在石器时代就有人类居住，有历史记载和文物佐证的就有8000余年，曾是乌桓、鲜卑的发祥地和成吉思汗胞弟哈布图哈萨尔的封地。这里文化积淀厚重，蒙源、汉亭、草原、庙宇等文化交织并存，现存古城古遗址400余处，耶律羽之家族墓、宝山墓壁画等国家级重点文物保护单位7处，有蒙古族汗延音乐等国家级非物质文化遗产3个，构建了一个丰富多元的文化宝库。这里自然风光秀美，孕育了一片神奇壮丽的天然美景：乌尔吉木伦河、西拉木伦河、欧沐沦河、海哈尔河，川流而过，森林、草原、湖泊、湿地等地形地貌多样。有高格斯台罕乌拉、阿鲁科尔沁湿地等2个国家级自然保护区，有大小湖泊51处，水面2707公顷，天然草原1560万亩。

阿鲁科尔沁旗草原被列入国家重点生态旅游目的地，这里的基础设施正在不断完善，既属东北经济区和环渤海经济区，又是"一带一路"倡议和京津冀协同发展辐射区。国道303线，省级大通道冀东铁路横贯东西；省道210线正在改造提升，通用机场建成试飞，通乡油路率和通村公路率均达到100%，是全国宜居宜业典范旗。触摸阿鲁科尔沁旗，这里有纯净之地域，位于北部巴彦温都尔苏木的500万亩天然草场，林草交错，土质肥沃，水网密集，自古以来就是游牧民族的栖息活动区域，至今尚未承包到户，原汁原味地保留了蒙古族游牧的生产生活方式。

2014年，"内蒙古阿鲁科尔沁草原游牧系统"被评为中国重要农业文化遗产，旗委旗政府高度重视游牧系统的保护传承和开发利用工作，遵循"在发掘中保护，在利用中传承"的原则，全面加强遗产保护，在文化弘扬，制度建设等方面取得了阶段性的成效。时至今日，草原游牧文化，也融入了阿鲁科尔沁旗人民的灵魂和基因，成为这片土地特有的精神象征和文化符号。

农业文化遗产是中华民族世代相传的宝贵财富，是我们发展农业的根基和传承文化的动力。今天我们汇集业内知名专家学者，在此进行交流讨论，必能将阿鲁科尔沁旗草原游牧文化的传承与发扬推向新的高度，也必将会对我国乃至世界农业文化遗产的发掘、保护和利用贡献科学方案，让中华民族传统农业文化在岁月的洗礼中恒久流传，历久弥新。

下一步，我们将用实际行动，进一步保护好草原游牧系统，传承好草原游牧文化，让30万草原儿女，特别是子孙后代从中汲取智慧力量和精神营养，在不忘初心、继承传统中谋求新发展、开创新局面，努力在全球农业文化遗产的保护、传承和发展中，书写浓墨重彩的一笔。

最后预祝本次会议圆满成功！祝各位专家、各位领导、各位朋友身体健康，工作顺利，万事如意！

谢谢大家！

（二）农业农村部国际交流服务中心副主任罗鸣致辞

各位领导，各位同事：

大家上午好！

今天，我们相聚在美丽的科尔沁草原，共同召开第五届全球重要农业文化遗产（中国）工作交流会。首先，请允许我代表农业农村部国际合作司对远道而来的各位代表表示热烈欢迎，特别是从西南、东南、西北省份前来参会的朋友；同时，向内蒙古自治区农牧业厅、赤峰市人民政府和阿鲁科尔沁旗人民政府致以诚挚谢意，感谢你们为此次会议付出的辛苦工作。

大家知道，党的十九大将乡村振兴战略列为七大战略之一，此外，本轮机构改革之后，农业部已更名为农业农村部，我们的全球重要农业文化遗产工作迎来新的历史机遇，也承载着更多的责任和担当。这次会议的目的就是为了深入贯彻落实党中央国务院的系列决策部署，分析当前全球重要农业文化遗产工作面临的形势和任务，总结各地遗产工作的成绩与经验，研究谋划下一阶段的重点工作。

在此，我想跟大家交流3个方面的意见。

第一，客观认识我国遗产工作取得的显著成效和快速发展。

近年来，我国全球重要农业文化遗产事业快速发展，保护发展同步推进，国内国际双获丰收，在保护监管、开发利用、宣传推广、国际交流等方面都取得了长足进步。

从国内层面看，我国全球重要农业文化遗产的管理更加规范有序，各地遗产普遍得到了较好保护与发展。"江西万年稻作文化系统""内蒙古敖汉旱作农业系统""贵州从江稻鱼鸭复合系统"等地遗产核心产业面积有所恢复，生态功能得到优化；各地政府积极将农遗核心元素融入当地社会生活，例如福州将茉莉花作为市花、绍兴将香榧树作为市树、宣化设计景观葡萄路灯等，使得景观提升更加美丽；借助特色产品宣传促销活动、乡村生态旅游、通过互联网平台筹资与销售等，推动一二三产业融合已成为各遗产地的一个重要做法，并切实带动了农民增收，甚至吸引在外务工农民、当地大学生等回乡创业，促进了城乡资源配置反向流动，也带动了乡土文化复兴和乡村繁荣。

从国际层面来看，我国在遗产数量上继续保持领跑者地位。今年4月，罗马举行的第五届全球重要农业文化遗产国际论坛上，我国7个地方的4项遗产获得认证（中国南方梯田由4个县联合申报，这也是全球第一例），使得我国拥有的遗产数量已达到15个。

我国在粮农组织的遗产事业继续扮演建设者角色。在我们的积极推动下，全球重要文化遗产已经成为粮农组织主流工作，成为各国普遍重视的事业。今年，遗产名录里首次出现欧洲发达国家，并且一来就是3国4项（意大利、西班牙、葡萄牙）。这些国家从抵触漠视遗产工作到支持参与，是我国在粮农组织与其不断斗争和团结的结果。

我国继续发挥国际遗产交流的促进者作用。今年获得新认定的8个国家的14项遗产中，除日韩外，其他国家均是中国的"学徒"，它们大都经历了在中国的遗产培训，很多都实地参观过各地的遗产工作。可以说，我国在农耕文化传承方面没有独善其身，而是兼济天下，将农业文化遗产的火种播撒到世界的多处角落。粮农组织总干事在不同场合表示，中国是全球农耕文化保护的先行者，是国际遗产事业的关键力量。

上述工作成绩的取得，既是中华民族丰富农耕文化的深厚底蕴所致，也是党和国家高度重视"三农"工作在遗产领域的客观反映。在这里，我们要感谢有关省、市、县的支持和参与，感谢专家学者的积极建言献策，感谢广大遗产工作者的辛勤努力。借今天这个机会，我代表农业农村部国际合作司对大家的贡献表示敬意和感谢！

第二，准确把握遗产工作面临的历史任务和艰巨挑战。

在实施乡村振兴战略中明确历史方位。乡村振兴战略作为我国党和政府提出的重大决策部署，本次会议上将安排专家作深入辅导，其重大历史意义和丰富内涵我在此不多说。这项战略将是我国农业农村发展未来很长一段时间的基本遵循，是新时代"三农"工作的总抓手。大家都知道乡村振兴的路径需要实现五大振兴，其中之一就是文化振兴，其内容包括"切实保护好优秀农耕文化遗产，推动优秀农耕文化遗产合理适度利用"、在实现农业农村优先发展中找准前进方向、在推进农业供给侧改革中发挥基础作用、在打赢脱贫攻坚战中提供不竭动力。

我国全球重要农业文化遗产事业虽然相对年轻，但也前后经历了近15年的发展。近几年，根据粮农组织的要求，同时也是贯彻落实农业农村部《重要农业文化遗产管理办法》，我部加强了对遗产保护与管理工作的评价和监测。

总体来看，各地对遗产工作普遍比较重视，多数采取了切实举措推动遗产事业发展，各项指标保持稳中有进、稳中向好，但也有些地方的工作开展得并不尽如人意，甚至到了危及遗产生存的地步。

一是农业文化遗产保护意识仍需提高。遗产地农民的认知水平较低，"有宝不识宝"或者只追求眼前利益而忽视生态环境的保护。

二是部分遗产地政府仍存在重申报、轻管理的现象，缺乏"一张蓝图绘到底"的责任感和担当意识，存在"等、靠、要"的想法。保护与发展机制有待完善（目前大部分遗产地已经在能力范围之内做得很好）。虽然各地探索了一些方法和途径，但在农民参与与利益分配方面仍需探索更加有效的引导措施，需要进一步解放思想、开拓机制。

三是与建设现代农业的结合不顺畅。我们遗产地保留了好山好水、传统的作物品种和生态的耕作方式，很多是基于传统的实践经验形成，如果在部分环节引入现代化的更加精准化的操作模式、种养方式则可进一步实现资本、劳动、农资等投入配置的优化，在不破坏生态环境的情况下提高农产品的产品、质量，带动农民增收。

这些存在的问题，既有共性问题、也有个性问题，需要我们集思广益，下力气推动解决，各位遗产地领导也应加强相互之间的沟通、多向专家请教，共同寻找解决办法。

第三，努力开创新时代遗产工作新局面。

习近平总书记指出，新时代要有新作为。做好遗产工作，要贯彻落实习近平新时代中国特色社会主义思想，特别是习近平总书记的"三农"思想。

一是提高思想认识，不断增强对农业文化遗产工作的历史责任感和使命感。习近平总书记多次强调"农耕文化不仅不能丢，还要发扬光大""让居民望得见山、看得见水、记得住乡愁"，并且多次点到我们在座不少地方的农耕文化。习近平总书记真挚的"三农"情怀，特别是对哈尼梯田、稻鱼共生等农耕文化的深厚感情，是我们学习和看齐的榜样。2016—2018年，农业文化遗产工作连续3年被写入中央一号文件。各地必须要提高对遗产工作的思想认识，特别是政治站位，从贯彻总书记要求和中央部署，从实施乡村振兴战略、推动中华文明复兴的角度来推动遗产工作。这次很多地方党政负责同志前来参会，特别是有些地方主要领导亲自参加，体现了对遗产工作的重视程度。

二是加强顶层设计，高位推动农业文化遗产可持续发展。各地在申遗时都做了相应的行动规划，但对如何更好地利用遗产工作推动脱贫攻坚、促进乡村发展、统筹城乡发展等方面还缺乏系统思考和通盘布局，建议各地政府结合自身经济、社会等发展的基础，健全完善的遗产保护和发展的规划和行动方案，将遗产工作与生态文明建设、脱贫攻坚等工作结合，促进一二三产业融合发展。

三是注重平台打造，推动遗产创造性发展和多功能挖掘。充分认清"农遗"可以发挥的平台功能，借助基础设施平台的打造，带动基础农田设施、核心区交通基础设施的更新；借助产业平台的打造，建立核心区辐射带动周边区的产业联盟，抱团形成合力，引领周边甚至全球其他相似系统的发展，打响品牌，走向国际；借助文化平台的打造，集思广益，讲好故事，突出文化内涵；借助服务平台的打造，集成政府的政策制度与服务，统筹协调支持"农遗"发展。利用电商和信息化平台，找到新的增长点；针对具体农业技术，可在不改变技术核心理念的前提下，适当引进新的或改造部分落后技术，减轻劳动强度，提高青年劳动力的参与度等。

四是强化宣传科教，不断提高农业文化遗产的影响力和品牌价值。政府尤其要有树立、打造与管理公共品牌的意识。把农业文化遗产特色区域品牌打响，例如"兴化大米""青田田鱼"，又要做好管理，避免公共品牌被滥用。有好几个遗产地在这方面都做得不错。我在北京地铁里曾看到福建做的全球重要农业文化遗产——福州茉莉花与茶文化系统作为城市名片的宣传。今年7月28日，兴化还准备在北京农影演播大厅举办《垛田故事分享会》影视活动，专门推介大米、螃蟹、龙香芋等地方品牌特色农产品，这些做法就很有特色，大家可以借鉴。

同志们，2018年是实施乡村振兴战略的开局之年。我们要开好这次会议，认真贯彻落实党中央、国务院的决策部署，高度重视全球重要农业文化遗产的保护、传承和利用工作，将遗产所在地打造成为乡村振兴的示范区、生态文明建设的试验区、农业绿色发展的先行区，让广大农民从遗产保护和发展中分享利益、提升获得感，让乡村成为宜居、幸福和充满乡愁的故土与家园。希望大家坚定信心，奋发有为，努力推动"全球重要农业文化遗产"事业在中国的发展，为中国及世界的粮食安全与农业可持续发展，为促进乡村振兴做出新的更大贡献！

谢谢大家！

三、大会主旨报告

1.骆世明（华南农业大学，教授），《传统农业智慧与现代生态农业》

在全球农业生态转型的氛围下，农业文化遗产的保护得到了国际社会和我国的普遍认可和重视。农业文化遗产与生态农业相似，以保护与修复生态系统服务功能的知识密集型体系、保护因地制的农业实践方法、保留与食物文化及景观有关的农业生物多样性为目标，充分利用生态系统功能和生态学原则，强化植物、动物、人与环境的关系，同时考虑可持续与公平食物体系的社会因素。推动生态农业发展既是活态保护重要农业

文化遗产的目标，也是实现重要农业文化遗产保护的重要条件。然而，在传统农业发展中，缺乏理性的梳理与提升，导致传统农业保护与继承的核心不明确。因此，在农业文化遗产的保护中，需要利用现代科学技术手段和人文社科手段深入开展研究，揭示机理，发现其"奥秘"和"生命力"所在，在保护中创新，应用中保护，这是寻求农业文化遗产的"活态保护"的核心所必须付出的成本，也是传统农业得以发扬光大的重要基础。同时，农业文化遗产的活态保护需要生态农业与乡村振兴的氛围，通过自下而上的民间行动和示范点建设、自上而下的国家与区域体系构建，树立农业文化遗产保护的最终目标，即提供可研究、发掘、传承和弘扬的活态化案例，为区域农业与农村的可持续发展提供可借鉴的经验。

2. 曹幸穗（中国农业博物馆，研究员），《农业文化遗产保护与乡村振兴战》

传统农业是历史时代的智慧结晶和宝贵遗产，其中蕴含着丰富的遗产精华。在由传统农业向现代农业转型的今天，农业文化遗产具有重要的当代价值，在提质增绿、减肥少药、特色增效、生态循环等方面具有积极作用。党的十九大报告提出"实施乡村振兴战略"，坚持农业农村优先发展，对乡村振兴做出长远性、战略性制度安排，其中包括美丽乡村建设、康养新村建设、发展乡村旅游等，这些都与传统乡村文化、传统农业遗产有着密切关系。在乡村振兴战略的背景下，做好农业文化遗产的发掘保护和传承利用，对于促进农业可持续发展、带动遗产地农民就业增收，都具有十分重要的作用。一方面，在农业文化遗产所在地，通过产业振兴、人才振兴、文化振兴、生态振兴和组织振兴等举措，突出体现优秀传统农耕文化蕴含的思想观念、人文精神、道德规范。另一方面，各级农业部门要深挖农业文化遗产内涵，完善保护机制、提升保护意识、提高保护成效。通过加强农业文化遗产普查、协调处理农业文化遗产保护与农民增收的关系、有效结合遗产保护开发与精准扶贫、加强农业文化遗产的知识普及和宣传教育、落实遗产保护规划的建设项目、总结农业文化遗产保护工作的成功经验等措施，着力发掘与保护农业文化遗产中蕴含的宝贵财富。

3.赵志军（中国社会科学院考古研究所，研究员），《五谷的传说和考古发现》

"五谷"为稻（水稻）、黍（糜子）、稷（谷子）、麦（小麦）、豆（大豆）和非谷物的麻（大麻），其中大麻主要作为纤维来源。研究认为，水稻是中华民族永远的辉煌。稻作农业起源过程经历数千年，距今一万年前后是孕育时期，距今8000—6000年间是过渡时期，直至距今5000年前后的良渚文化，稻作农业终于取代采集狩猎成为社会经济的主体，从此进入以稻作农业生产为主导经济的农业社会。粟和黍是养育华夏文明的乳汁。距今7000—5500年间的仰韶文化时期是北方旱作农业形成过程中的关键阶段，从早期的农耕生产和采集狩猎并重，逐步发展到以农业生产为主导经济的社会发展阶段，在仰韶文化中期庙底沟时期（距今6000年）建立起的农业经济社会为随后的华夏文明起源奠定了基础。大豆起源于中国，过去研究大豆起源时存在难点，很难区别栽培大豆和野生大豆，直到最近得以突破。现在研究表明，目前找到的最早栽培大豆出土于河南舞阳，时代距今8000年，即是说在8000年前，我国先民就把大豆驯化为栽培作物。小麦起源于西亚，被认为世界上最传奇的谷物。9600—9000年间，一粒小麦和二粒小麦在西亚被驯化。7000—6000年间，传播到伊朗高原北部的二粒小麦与当地的粗山羊草杂交形成六倍体的普通小麦。小麦是美索不达米亚、古埃及、古印度、古希腊、古罗马等古代文明赖以生存的粮食作物。小麦传入中国的路线有多条，其中包括西亚—中亚—欧亚草原青铜文化—中国北方文化带—黄河中下游地区的草原路线，中亚—帕米尔—塔里木盆地两侧的绿洲—河西走廊绿洲—黄土高原的绿洲通道和海洋之路。

4.李先德（中国农业科学院农业经济与发展研究所，研究员），《农业文化遗产品牌价值分析及潜力开发》

GIAHS的功能与价值主要分为保障食物安全、经济价值、文化价值、教育功能、生态价值和社会价值；GIAHS遗产地的特色资源主要包括特色农产品、陆地与海洋景观、传统文化、手工艺品、当地特产鱼的特色美食以及生态环境资源；GIAHS品牌代表着健康美味、营养、环境友好、具有地方特色的农产品，壮丽、原生态的陆地与海洋景观，历史悠久、保存良好的具有地域性的传统文化，以及环境友好、可持续的传统农业知识与技术；GIAHS可增强遗产地的声誉、提升产品价格、促进旅游发展以及促进新产业的发展；通过发挥媒体作用、使用GIAHS标识、建立行业标准与严格的监督等措施，可增加GIAHS产品的价值。

5.徐旺生（中国农业博物馆编辑部，主任)，《水稻在传统生态农业中的角色》

水稻是中华民族的传统作物，也是世界上三分之一人口的主食，在中国具有7000年的栽培历史，承载着厚重的中华文化和人文情怀。其在传统的生态农业中也存在重要价值，水稻在传统生态农业中扮演着重要的角色。其一是穿越纬度之线。水稻的在南方的栽培使湿地变

成耕地，承载大量人口、在封建时代以其产粮特性维护社会和谐稳定，避免农民起义。其二是构成人、稻、牛与猪的复合生态系统，具有生态效益和社会效益。其三是与小麦组成稻麦二熟轮作，实现土壤养分利用的良性循环，具有改善土壤理化性质、减轻病虫危害、消除杂草等作用。其四是促成了稻田养鱼、养鸭等生态农业模式的出现，具有利用空间、节约土地的作用，经济效益明显。其五是促进了冲田与梯田的利用，高山、丘陵地带的栽培得以实现。其六是不会造成水土流失，具有生态环境效益。其七是没有替代品，具有得天独厚的政治、经济、社会优势。

6.范利（中国艺术研究院，研究员)，《农业文化遗产保护中容易出现的几个问题》

农业文化遗产的保护过程是学习古代农耕技术和农业经验的过程，农业文化遗产具有全球性，蕴含着农耕文化的基因。对农业文化遗产的探索，可以打

破参阅古籍和考古过程中存在的限制，更加全方位了解传统农业经验和过程，是解决中国现存农业问题的主要方法，具有全球性的意义。中国的农业文化遗产的保护工作起步较晚却成就巨大，具有良好的发展前景，但也存在一定问题。本报告提出了在农业文化遗产保护中的7个问题，即"缺少对技术的保护""缺少对农业品种的保护""缺少对农业生产工具的保护""缺少对外来物种的有效监管""缺少对农民队伍的有效保护""缺少对传统农耕信仰的有效保护"和"缺少对旅游开发负面效应的认识"。并提出"建立红黄牌制度""建立提前报批制度""建立专家指导制度"的科学建议。

7.闵庆文（中国科学院地理科学与资源研究所，研究员），《农业文化遗产的系统结构与保护的关键要素》

农业文化遗产申报中存在一些常见的问题：①一些工作者忽略了农业文化遗产的系统性，过于强调组成要素；②农业文化遗产申报中定性描述过多，缺乏必要的定量分析，申报文本不能满足联合国粮农组织专家委员会的审查要求；③撰写申报文本或规划应当先进行基础调查和基础研究，应当基于研究成果来撰写文本，申报文本要以科学性研究为基础，规划应有可操作性和前瞻性，文本和规划应当有地方差异；④一些似是而非的判断缺乏科学实证；⑤一些农业文化遗产地边界区域的划分不清楚，对农业文化遗产的地域理解照搬自然遗产的思路，缺少各个区域具体的保护措施和方法；⑥缺乏对于传统文化和生物多样性的必要性和重要性分析，使得保护和利用没有目标和方向。报告还重申了农业文化遗产的定义和内涵，分别对联合国粮农组织和农业农村部对农业文化遗产的定义进行阐释。同时，基于以上分析得出，农业文化遗产评定的基本标准：①经济性，要考虑遗产地的生计保

障能力和产业结构问题，应当既有经济价值又具有生态功能；②应当具有传统文化与社会治理体系；③农业文化遗产系统的核心要素，景观的结构。报告还提出了值得思考的几个问题，例如如何划定重点保护区的边界范围，如何区分要素型的农业文化遗产与系统性的农业文化遗产，如何识别系统性的农业文化遗产中的组成要素和关键性要素等。最后，报告还对农业文化遗产保护与社区发展的协同提升问题以及遗产地的动态保护问题进行了进一步探讨，提出要尊重遗产地当地的文化特点，因地制宜，切实做好农业文化遗产的动态保护工作。

四、其他报告

（一）分会场一：农业文化遗产与乡村振兴

1.方国武（安徽农业大学人文社科学院安徽农业文化研究中心，教授、副院长），《文化振兴视角下安徽聚落类文化遗产的保护与传承》

聚落类农业文化遗产是指以古村落为主要文化形态的遗产类型。安徽的聚落类农业文化遗产以农业聚落和农业贸易聚落为主。皖南黄山地区是古徽州文化的发祥地，多地处大山深部，保存了安徽省一半以上的古村落，集中了一大批保留完整的徽派建筑；更因徽商的繁荣，产生了如宏村、西递这样的世界文化遗产。安徽省已公布共163个国家级传统村落全部集中在黄山、宣城、池州和皖西南的安庆各市县。安徽聚落类农业文化遗产按保护名目划分，主要包括传统村落和千年古村镇、历史文化名镇名村等。

安徽聚落类农业文化遗产具有以下几点特征：①历史延续性。表现在宗法森森、文风鼎盛、风俗多元、民风淳厚等各个层面。②文化综合性。安徽古村落文化样态丰富，包含建筑文化、历史文化、文学艺术、景观文化等。安徽古村落往往因其优良的宗族教化传统，不断为社会培养大量的知识精英，在此基础上形成了一种文脉资源和文化传统。③价值鲜活性。安徽的古村落仍然成为现代人们居住的生活空间，并且传承、保留一种经济生产方式和生存形态。"文化－商业"的建构方式成为安徽各个村落普遍遵守的价值准则。④种族内生性。安徽古村落的空间布局以宗族血缘为机构单位进行划分，不同的族群占据不同

的空间位置，形成各自的生活单元。整个村落分为个人性生活空间和公共性生活空间。⑤自然生态型。安徽古村落文明形态还充分体现在古村落的选址布局和结构形态的设置上，其人与自然的和谐统一对今天社会主义生态文明建设具有突出的启示意义。

保护、传承古村落文化资源是乡村文化振兴的有效路径。需要加强古村落各类农业文化遗产形态的保护规划，加快古村落文明的精神价值转化，利用地方特色文化优势，创新开发古村落传统公共文化空间的价值，合理利用古村落文化的产业化价值。最后，以黟县碧山村这一古村落文化建设为例，分析了其古村落文明保护、传承到文化产业、乡村旅游、新兴产业形态开发，最终建设一种集文化再生、经济发展与社会结构治理相统一的乡村社会状态。

2.姚予龙（中科院地理科学与资源研究所，副研究员），《农耕文化与游牧文化：冲突、融合、保护与发展——内蒙古阿鲁科尔沁草原游牧系统》

"内蒙古阿鲁科尔沁草原游牧系统"农业文化遗产地的整体范围包括阿鲁科尔沁旗全境，核心区为巴彦温都尔苏木。该草原游牧系统的独特性价值体现在其悠久的游牧历史，复合的游牧系统，典型的游牧路线，传统的游牧经验、生活方式和传统技艺。现代化的发展，如矿产资源的开发和工业化进程、现代集约化畜牧业生产、现代化的生活方式以及年轻劳动力的丧失等因素对该区域的发展产生胁迫；通过现代良种栽培技术与饲养方式、现代防疫以及延伸产业链、创建高端产品等方式，可实现现代农业与传统牧业的互补。报告提出对于阿鲁科尔沁草原游牧系统的积极性保护要以全球草原游牧系统重要农业文化遗产保护地为品牌，以全球草原游牧文化遗产保护示范区、试验区为动力，对游牧系统的生态和景观进行重点保护，系统挖掘、整理、融合、吸收本区及周边旗县蒙古族传统文化，合理策划休闲产业的发展以及产品的开发。同时对游牧系统进行功能区划，将其划分为游牧生态与景观系统保护区、游牧文化保护区和休闲观光发展区，不同区域实施不同的保护和开发策略。通过生态产品的开发、休闲农业的发展和功能配套的基础设施的建设，实现阿鲁科尔沁草原游牧系统的可持续发展。

3.刘洋（中国科学院地理科学与资源研究所，副研究员），《1990年以来河北涉县旱作梯田土地利用与景观格局演变》

"河北涉县旱作梯田系统"位于太行山深山区，自元代末期发展至今，是当地人民适应自然的结果，于2014年入选中国重要农业文化遗产。从涉县旱作梯田系统的景观结构而言，沿河谷向山顶分布为河谷居民地、山坡梯田、山顶林地或灌木林，主要景观要素包括石头村落景观、石堰梯田景观、山顶林地景观。基于Landsat遥感影像的遗产区土地利用分布图表明，林地和石堰梯田景观作为遗产区优势景观，自1990年以来发生了较显著的变化。在土地利用变化方面，梯田、草地减少，林地、建设用地扩大。在土地利用类型转移方面，呈现较为突出的退耕还林、抛荒和城镇扩张趋势。在景观动态度方面，梯田动态度小于其他类型，稳定性略好于其他景观类型；石堰梯田变化小于土坡梯田。在主要景观格局指数变化方面，梯田面积占遗产区总面积的17.29%，是仅次于林地的第二大景观类型。梯田2000年以来缩减较快，林地在1990年以来呈现显著扩张，居民地2000年后特别是2010年后扩张显著，草地1990年以来持续缩小。总体而言，以退耕还林、城镇化为代表的人类活动加剧导致梯田面积减少，以外出打工为主的居民生活方式的转变导致梯田抛荒，以洪水为主要类型的自然灾害导致梯田损毁。因此，需要通过农业文化遗产的申报与保护工作，实现"河北涉县旱作梯田系统"的动态保护与可持续发展。

4.谢新梅（长沙理工大学经济与管理学院，讲师），《湖南农业文化遗产与乡村振兴路径研究》

目前，农业文化遗产研究存在农业文化遗产传承的定义及内涵不明确、乡村振兴的定义及内涵不明确、农业文化遗产传承与乡村振兴的路径不明确等问题，相关研究缺乏表象后面的深层次成因及有效解决途径的分析，缺乏对农业文化遗

产的保护和传承的正确定义和理解，缺乏对乡村振兴的定义和路径的分析。湖南农业文化遗产传承的概念界定需要具备时间、空间和具体的农事活动这3个要素。湖南农业文化遗产传承与乡村振兴路径需要共成荣辱、共同自治，通过联合高校、企业和个人形成跨学科的鼎立智治。

5.杨伦（中国科学院地理科学与资源研究所，博士生），《"甘肃迭部扎尕那农林牧复合系统"农户可持续生计研究》

"甘肃迭部扎尕那农林牧复合系统"是青藏高原地区首个全球重要农业文化遗产，也是农牧交错地区农业生产的典型代表。近年来，随着旅游业与休闲农业的发展，当地农户逐渐转变生计策略，原有生计活动发生变化，致使一些具有悠久历史的传统耕作方式和农业景观逐渐消失。以农户的收入来源与结构为标准，扎尕那农林牧复合系统内农户的生计策略可划分为7类，专业化种植策略、专业化林业策略、专业化畜牧策略、专业化旅游策略、专业化务工策略、农－林－牧复合策略和农－林－牧－旅游复合策略。在DFID的可持续生计分析框架的基础上，通过突出传统文化和信息技术对农户生计资本的影响，建立了适宜农业文化遗产系统的生计资本核算框架，实证核算结果表明当地农户的平均生计资本状况不足。农户从传统的生计策略转向多样化和专业化的生计策略的过程中，主要受到自然资本、人力资本、文化资本、社会资本、自然资本和信息资本的显著影响。多样化和专业化的生计策略一方面能有效提高农户家庭收入水平，另一方面对农业文化遗产系统带来了一系列的威胁和挑战。因此，为满足农户日益增长的物质和精神需求，同时实现农业文化遗产系统的可持续发展的目标，建议以农－林－牧－旅游复合策略作为农户生计策略的发展方向。通过在政府、社区、农户3个层面进行政策干预实现"甘肃迭部扎尕那农林牧复合系统"的动态保护目标。

6.王佳然（中国科学院地理科学与资源研究所，硕士生），《自然保护地多元化生态补偿模式分析》

自然保护地指包括自然保护区、风景名胜区、天然林部分的国家森林公园、地质公园、湿地公园、重要生态功能区、世界自然与文化遗产地，私人或社区自然保护地区等通过法律及其他有效方式用以保护和维护生物多样性、自然及文化资源的土地或海洋。联合国粮农组织认定的全球重要农业文化遗产作为传统利用区，也属于自然保护地的一种，在IUCN体系中可以划为加以管理的资源保护地。在经济飞速发展的今天，环境问题日益严峻，居民的环境保护意识也有待加强，切实可行的生态补偿政策已经成为激励生态保护的重要手段。而自然保护地作为一种特殊的生态环境区域，

不仅其自身可为人类发展提供各种必需的生态环境资源，而且其自身运行与发展也影响着周围更为广泛的生态系统的平衡，其生态补偿标准的研究，更加具有重要的示范意义。在对已有研究成果进行评价的基础上，分析整理国内外自然保护地和生态补偿相关概念、分类体系、补偿模式等研究状况，拟基于自然保护地保护及经济发展需求的特点，为我国的自然保护地构建一种政策上有效、兼顾生态功能协同提升和可持续发展的多元化生态补偿模式提供科学依据。

（二）分会场二：农业文化遗产保护与多方参与机制

1.黄国勤（江西农业大学，教授），《"江西万年稻作文化系统"的价值与保护》

"江西万年稻作文化系统"具有古老性、活态性、复合性、双重性、品牌性、唯一性、国际性和濒危性共八大特性。"江西万年稻作文化系统"具有经济价值、社会价值、生态价值、技术价值、文化价值、教育价值、科普价值、科研价值、旅游价值、示范价值共十类价值。"江西万年稻作文化系统"当下正面临着面积缩减、劳力减少、生态破坏、环

境污染、物种减少的严峻威胁。因此需要提升农业文化遗产保护意识，制定《江西万年稻作文化系统保护与发展规划》，争取增加国家和地方政府等多渠道的资金投入，制定完善相关的规章制度及法律法规，做到严管、会管、常管，加强管理，重视人才培养。

2.王斌（中国林科院亚热带林业研究所，副研究员），《成都市郫都区水旱轮作农田土壤养分特征及其空间变异》

水旱轮作是种地养地相结合的一种生物学措施，具有提高产量、改善地力、降低草害、减轻病虫害的作用。水旱轮作是郫都区主营的耕作方式，现代轮作模式多样，轮作周期一年或两年不等，主要的传统水旱轮作模式有水稻－油菜、水稻－旱烟、水稻－大蒜、水稻－圆根萝卜、水稻－棒菜、水稻－儿菜等的稻－菜模式，以及韭菜连作的旱作模式。报告基于郫都区2015年测土配方施肥数据，运用空间克里格插值的地统计学方法和GIS技术，分析该区域高强度土地利用背景下土壤养分含量空间变异特征，并定量分析各因素对其空间变异的影响，从而为区域农业可持续管理和生态环境保护提供参考。研究认为总体上来看郫都区土壤中钾含量相对缺乏，pH和全氮、速效氮呈负相关，有机质与速效氮、速效磷呈显著的正相关，速效氮与速效磷、速效钾呈正相关；土壤养分空间变异主要受种植模式、施入有机质和氮、磷、钾肥等人为高强度活动影响，土壤类型、海拔等结构性因素影响相对较小。

3.张永勋（中国农业科学院农业经济与发展研究所，助理研究员），《农业文化遗产地农业景观保护的多方参与机制研究——以广西龙胜龙脊梯田为例》

在我国农村普遍面临耕地撂荒的当下，龙脊镇大寨梯田却很少出现抛荒现象。报告由此问题出发，选取了6个自然村作为研究点，通过对县、乡、村等各级领导、业务人员及农户的访谈调研进行探析。研究发现，总耕地面积和梯田面积都有所增加且本地居民是梯田的主要维护者，全村获得的旅游分红因游客数量的快速上升而显著增加。研究者将大寨梯田的发展利用分为三个阶段，分别为：修路占地补偿筹资（2003—2006年），旅游开发与利益分配方案制定（2007—2012年）和旅游索道建设与利益

分配方案制定（2013年至今）。与此对应，大寨村的利益分配模式为：门票收益权所得全额作为占地补偿资金（第一阶段）基于游客人数的单位面积水稻田分红（第二、第三阶段）。综合上述分析，研究者认为：①大寨梯田的成功保护得益于构建了一个成功的多方参与的利益分配机制，其核心要素为乡村能人、多方参与、民主的决策机制、有效的监督机制；②乡村能人在利益分配机制中扮演着重要角色，如公正无私、洞察潜力、毅力坚定、分析现情并提出解决方案等；③多方参与有利于发挥各自优势和作用，民主决策机制有利于民众接受与主动执行，监督机制有利于保障民众执行有力并实现长期合作。

4.李禾尧（中国科学院地理科学与资源研究所，博士研究生），《基于社区的自然资源管理以成都郫都区临石村为例》

随着土地权属、资源权属、生存空间、发展理念等一系列冲突的出现，自20世纪80年代开始，国际机构探索实施分权式的项目和政策，其中基于社区的自然资源管理便是其中重要的模式之一，其也被视为破解美国生态学家哈丁与美国经济学家奥斯特罗姆关于"公地悲剧"之辩的重要路径。基于社区的自然资源管理是一种积极的参与式方法，其目标旨在可持续地利用自然资源，强调当地社区和居民是自然资源管理的主体。通过鼓励社区参与而改善激励机制，利用社区作为多元利益主体协商平台的合作优势，在政府框架下达成一致性的行动。其主要特征为相关利益者参与和集体行动，最终形成去中心化的多元主体的合作与管理体制。四川省成都市郫都区唐元镇临石村位于国家级水源保护区，是成都市重要的饮用水水源地。临石村水源地护水队和水环境教育中心于2016年10月成立，在成都城市河流研究会（CURA）的指导下开展日常河道垃圾清理、定期巡河、社区环保宣传、对外环保倡导、发展生态农业等活动。通过访谈调研与文本材料分析，研究者认为临石村形成了"赋权型政府（社区治理委员会、水务局、妇联）—赋能型非政府组织（成都河研会）—营造型社区"的基于社区的自然资源管理模式，并建构了以农户为主体的环境亲和型生产行为，以社区为主体的多方协作性赋权行为和以组织为主体的自我动员性治理行为。面向社区可持续发展的未来，研究者认为应协

调多元参与主体的职能与责任，进行面向社区的组织行动能力建设，让社区行动计划更贴合社区发展需要，最终建立基于农村社区的自然资源管理制度。

5.王剑（长江师范学院重庆民族研究院，副教授），《重庆石柱黄连种植以及受威胁现状》

黄连为多年生植物，生长缓慢，从选种到最终收获为7～9年，生长初期接受光照比例为10%左右，生长后期接受光照比例为80%，凉棚控制光照为种植基础，加套作的种植模式。另外，由于黄连生长缓慢，田间试验具有滞后效应，影响了生产技术改进，目前的黄连种植技术仍然保留了传统的模式。重庆石柱黄连在中国中药材交易中扮演着重要角色。在石柱，喀斯特地貌导致的水土流失特别严重，黄连的经济价值高，是当地土家族的重要生计。悠久的栽培历史形成了特殊的农业文化景观和生产生活方式，包括连剪、连凳等特殊的工具利用，粗炕和细炕等制作方式，炕床景观，帮工制度等。目前，由于石柱主产区变为当地的消暑旅游地，石柱黄连存在着黄连栽培与旅游业从业人员的劳动力争夺，黄连景观价值低，黄连产值占GDP比例降低等突出问题，因此报告人建议建立以黄连栽培为中心的复合农业生态系统。

（三）分会场三：农业文化遗产传统知识与民俗文化

1.沈琳（安徽农业大学，教授），《安徽重要农业文化遗产地的民俗传承与保护》

安徽目前有4项入选GIAHS名录：休宁山泉流水养鱼系统，寿县芍陂（安丰塘）及灌区农业系统，黄山太平猴魁茶文化系统和铜陵白姜种植系统。遗产地具有以下几种传承模式：①家族、社区内部的自发性传承模式，养鱼习俗；②以旅游为抓手的传承模式，太平猴魁开

园仪式暨茶文化旅游节，铜陵白姜文化旅游节（白姜开市活动），休宁赏油菜花品泉水鱼旅游节；③以节庆为抓手的传承模式，中秋舞稻草龙（休宁），肘阁抬阁（寿县）；④以申报非遗名录为抓手的传承模式，绿茶制作技艺（太平猴魁），肘阁抬阁，铜陵白姜制作技艺；⑤以博物馆为抓手的传承模式，孙公祠，板桥鱼博馆，太平猴魁博物馆，中华白姜文化园；⑥以研究会（所）为抓手的传承模式，安徽农业文化研究中心，铜陵白姜研究会。这些遗产地具有以下特点：①突破了单一的内部传承模式，自发转自觉；②传承主体多元化，不只有原居民，还有新移民；不只有家庭，还有政府、高校、公司、民间组织、媒体等也成为传承主体；③传承手段立体化，传统是言传身教的单一手段；④现在可借助文字、图片、视频、新媒体、综艺节目等手段进行传承。同样，遗产地也存在过于商业化、市场化等问题，民俗的原真性遭到破坏，出现了一些伪民俗，遗产地的民俗与遗产本身之间的关系挖掘不够，导致原住民老龄化严重，年轻人出外打工，对民俗的认同感低等问题。因此提出以下几点建议：①平衡旅游发展与民俗传承之间的冲突，促使两者得以良性循环发展；②加大对遗产地民俗挖掘的力度，特别是挖掘与遗产系统关系更为紧密的民俗；③进一步提升当地居民对民俗的认同感、自豪感；④编写民俗传承的校本教材，从娃娃抓起；⑤拓展以文学艺术为抓手的传承形式。

2.龙荣华（云南省农业科学院园艺作物研究所，研究员），《南瓜在云南传统农业中的应用》

传统农业，其农业耕作方式及技术在现代农业生产中仍占据着较重要的地位，尤其是在绿色（或有机）农业生产中，如有机肥堆制、病虫害防治、生物多样性等这些传统农业技术及耕作方式仍然被大面积推广应用。南瓜文化在中国大地，包括南瓜精神、南瓜民俗、南瓜观赏文化、南瓜名称文化、南瓜与民间文学、南瓜饮食文化等六大部分。云南有着丰富的南瓜种质资源，其表现为：种质资源及地理分布的多样性；南瓜种质资源具有遗传多样性特点，蕴涵着文化的多样性。南瓜文化像南瓜种质资源一样具有丰富多样的特点。云南南瓜文化多样性包括民族多样性、地理多样性、

物种多样性和文化多样性。报告还提出"南瓜精神"，其精髓是：默默地成长。"沉默而坚韧"是南瓜精神的最好诠释。在中国全面建设小康社会的今天，人们倡导"勤俭节约""艰苦奋斗"的精神，发扬"南瓜精神"，具有重要象征意义。南瓜不仅具有文化的多样性，而且还具有民族种类的多样性，南瓜精神更是中国社会主义核心价值观的集中体现；同时，南瓜产业无论在经济发展，山区贫困地区的脱贫致富，还是在生态恢复建设方面，都是一个阳光产业。最后，报告对积极探索产业文化、传统农业与现代农业如何融合发展才能达到社会和谐可持续发展，提出了对策建议，指出要加大科技的投入和研究，提高品质，打造品牌，走好"传统农业"之路，做强做大"山区（特色）"之牌，加强流通体系建设。

3.王国萍（中国科学院地理科学与资源研究所，博士研究生），《土族传统知识与村落文化景观研究》

土族为我国世居西北的少数民族之一，分布于青藏高原与黄土高原的过渡地带。在其独特的生存环境中，经过长期的生产实践，形成了独具特色的土族生物多样性相关传统知识。土族村落文化景观作为土族传统知识的物质载体单元和在特定地域的空间表现形式，对村落文化景观变化趋势的研究可以表征传统知识在具体社区的变化。同时，还可具体探讨传统知识、传统文化与文化景观三者之间的关系。土观村文化景观斑块随时间破碎化，斑块内的多样性（即文化景观异质性）随时间的变化在空间上降低，与之相关的土族传统知识也随之消失。同时，文化景观中的非物质类景观相对于物质景观，在时间尺度上，更具有稳定性。另外，土族传统知识与村落文化景观之间具有正反馈作用，传统知识作为土族传统文化在社区的"文化基因"（内在核心要素），对传统知识的保护能有效促进文化景观的保护和发展，而村落文化景观作为土族传统文化在社区的"文化生态系统"，对其的保护为传统知识的传承创造了更好的"生境条件"，从而更好地促进传统知识的保护和发展。因此对于两者的共同保护可促进传统知识与文化景观更好地保护和发展。

4.张碧天（中国科学院地理科学与资源研究所，博士研究生），《成都平原水旱轮作的生态系统服务以成都市郫都区为例》

郫都区地形自西向东有着5%～2%的递减坡度，自南向北有38条高低起伏的底槽沟－龙背，还有薄层水稻土下堆积厚砂壤土的土壤结构，其地形地貌条件赋予了郫都区良好的灌排水条件，加之得天独厚的土壤条件，赋予了郫都高度的水旱轮作适宜性。研究根据郫都区地下水资源公报的数据，利用地统计的方法得到了全区的地下水中3N含量分布趋势，呈两极高中间低的状态，这与农田面积有较显著的相关性。研究选取2015年作为典型年，根据水量平衡原理和彭曼蒙提斯蒸散量公式，带入逐日降雨、气象数据，并结合作物种植面积的统计数据得到平均蒸散量，结合实地调研得来的大春季节和小春季节的灌、排水制度，计算得到农田渗漏量。在渗漏水量的基础上结合水作和旱作的施肥量衡量水作和旱作的化肥渗漏量。计算结果表明大春种植农作物对地下水起补给作用，种植水稻比种植蔬菜的补给量略高；小春季节种植农作物会利用地下水；大春季节种植水稻对地下水水质的影响大幅小于种植蔬菜对地下水水质的影响；传统的水旱轮作模式有利于欧尼读取地下水水质和水量的调节。

（四）分会场四：农业文化遗产地典型案例与经验交流

1.杨永生（中共福建省尤溪县委员会，书记），《尤溪联合梯田保护与发展浅析》

尤溪联合梯田具有重要的全球意义，是农耕文明的活化石，其生态农业、循环农业和低碳农业理念与现代农业契合，同时也是全球农业的范本。尤溪联合梯田具有重要的历史意义，它包含了丰富的传统农耕技艺，是汉民族农业文化的载体。尤溪联合梯田具有重要的现实意义，对维护粮食安全、传统耕作技术、旅游资源开发以及生物多样性保护具有重要作用。但是，由于水源供给的改变，杂交稻种植以及化肥农药使用量上升等现代农业技

术的冲击，生计多样性，文化断层和年龄断层等的现状威胁着农业文化遗产的传承与保护工作。基于以上，报告人提出了用新发展理念保护和发展尤溪联合梯田的想法，主要实施梯田维护工程、基础设施提升工程、旅游开发提升工程和农耕文化提升工程等4个工程，打造农业文化旅游三位一体的田园综合体的解决方案。

2.李长江（河北省宽城满族自治县农牧局，局长），《"河北宽城传统板栗栽培系统"保护与发展》

由于采矿及道路建设，农业生产经营模式的转变以及劳动力的大量转移，传统板栗栽培正面临着严重威胁。当地政府从4个方面采取了应对措施，包括成立组织、强化宣传、政策制定以及科技攻关等措施，使得板栗栽培系统的生态效益、社会效益和经济效益得到很大提升。下一步，将成立"河北宽城传统板栗栽培系统"保护与发展领导小组，在组织上推动宽城板栗栽培系统的保护工作；通过上下互动推动农民、企业的联络以及上级政府的广泛支持；通过部门联动，在管理、培训和宣传方面达到最大成效。

3.贺献林（河北省涉县农牧局，副局长），《涉县旱作梯田的特点与保护实践》

作为2014年农业部认定的第二批中国重要农业文化遗产，涉县旱作梯田创造了独特的山地雨养农业系统和规模宏大的石堰梯田景观，在人与自然协同发展的700余年间，依赖梯田生存的人们在脆弱的生态环境系统中通过生物多样性的保护和文化多样性的传承实现了农耕社会的可持续发展。遗产系统具有规模宏大的旱作石堰梯田景观、独特的山地雨养农业生产方式、高效的水土资源保护与利用模式、"梯田－村民－作物－毛驴－石头"五位一体的生态系统、丰富的生物多样性、独特的生存技巧等特点。遗产系统具有以下重要价值：①生态价值。较好地保持了水土资源，形成了独特的山地生态系统。②经济价值。满足了当地人们基本的生计需要。③社

会价值。为社会提供了安全的食物资源，并通过传统有机农业的生产方式，传承实现了农业的可持续。④文化价值。与系统密切相关的乡村礼仪、风俗习惯、民间文艺及饮食文化等，成为北方旱作农耕文明的生态博物馆。对于遗产系统的保护，应关注以下方面：①保护梯田，保护我们过去、现在与将来赖以生存的基础。②保护传统精耕细作技术体系，包括蓄雨保墒耕作技术、花椒树生物埂建设技术等。③保护生物多样性，即特色农作物品种。④保护毛驴农耕方式，它是梯田系统中重要的生产工具。⑤保护传统农耕文化，让人记得住乡愁。⑥建立多方参与的保护机制，充分调动政府部门、企业与农民的积极性，各司其职。

4.杨万全（四川省成都市郫都区农林局申遗办，副主任），《成都市郫都灌区轮作系统与川西林盘景观保护与发展》

作为长江上游中华古蜀文明的发祥地、中国农家乐旅游发源地、豆瓣之乡、蜀绣之乡、盆景之乡，郫都区形成了独具特色的川西农耕文明。2012年，农业部印发了《关于开展重要农业文化遗产发掘工作的通知》，郫都区启动中国重要农业文化遗产挖掘、保护工作，印发《成都市郫都区申报重要农业文化遗产工作方案》，并设立各项资金2.1亿元用于农业文化遗产保护、发展与管理工作。郫都区委区政府先后三次邀请联合国粮农组织农业文化遗产相关专家赴郫都区调研、指导，并于2017年举办申报重要农业文化遗产启动仪式。报告从建立健全工作体制、划定核心保护区域、稳步推进保护项目等三方面梳理了郫都区农业文化遗产申报与保护的工作。面向未来的农业文化遗产保护，报告提出4点展望：①制定《成都市郫都区农业文化遗产保护区管理办法》，筹建重要农业文化遗产西南片区工作站。②对郫都区干部、群众开展培训，普及农业文化遗产保护知识，提升能力与意识。③构建以"绿线、蓝线、紫线"为纽带，建设以田园综合体为载体，实现人与自然和谐共生、生产生活生态有机相融的美丽乡村新形态。④强化生态环境保护，优化乡村生态自循环系统。

5.刘显洋（中国科学院地理科学与资源研究所，博士研究生），《互联网时代下农业文化遗产宣传工作的思考》

农业文化遗产的宣传工作承担着向社会普及农业文化遗产知识、提高全民农业文化遗产保护意识的重要职责。随着信息技术的激烈变革，互联网成为了重要的信息传播平台，其具有及时性、互动性、共享性和便捷性，可为农业文化遗产宣传提供新思路。互联网时代具有"宣传主体自由化""宣传内容丰富化""宣传媒介多样化""宣传受众普及化"和"宣传效果井喷化"的特点，提出了农业文化遗产内向宣传和外向宣传的概念，在遗产地内部进行普及、提高居民的认知度和认可度属于内向宣传；而在遗产地之间进行经验交流、将遗产概念普及到公众视线、将中国的成就与进展呈现至国际视野属于外向宣传。分别提出简化遗产概念、节庆活动辅助宣传与构建农业文化遗产数据库和平台，构筑"挖掘－宣传－欣赏－分享－传播"的传播生态、利用"农业文化遗产＋"思维，多维措施并举的建议。

6.于清川（长沙理工大学经济与管理学院，本科生），《紫鹊界梯田农业文化遗产的受容度和支付意愿研究》

紫鹊界梯田位于湖南省新化县水车镇，至今已有2000余年的历史，是中国南方稻作文化和苗瑶山地渔猎文化交融的历史遗存，是首批中国重要农业文化遗产，并与其他3个梯田组成"南方稻作梯田"，于2018年4月19日正式批准为"全球重要农业文化遗产"，但仍存在自然旅游资源丰富而人文资源匮乏、旱化与弃耕严重和劳动力数量与质量不足的问题。本报告介绍了紫鹊界梯田的自然历史优势、社会经济优势和国际竞争力指数。通过问卷调查的方法，比较娄底市、湖南省内其他城市、湖南省外3个地区的受容度和支付意愿，得出紫鹊界梯田入选GIAHS使得居民对其受容度和支付意愿上升。影响支付意愿的因素重要程度依次为：当地人好客程度、支付条件、非物质文化遗产、基础设施，并提出向龙脊梯田学习经验，提高当地居民的服务意识与文化程度，加强4个梯田之间的联系，建立信息共享机制的建议。

第六届全国农业文化遗产大会

一、会议概况

第六届全国农业文化遗产大会暨首届"四川郫都林盘农耕文化系统"保护与发展研讨会于2019年10月21—23日在成都市郫都区举行，大会主题为"农业文化遗产保护助推脱贫攻坚和乡村振兴"。大会由农业农村部国际合作司、农村社会事业促进司指导，农业农村部国际交流服务中心支持，中国农学会农业文化遗产分会、中国科学院地理科学与资源研究所、四川省成都市农业农村局、四川省成都市郫都区人民政府主办，中国科学院地理科学与资源研究所自然与文化遗产研究中心、四川省成都市郫都区农业农村和林业局承办。中国工程院李文华院士专门为会议发去贺信，农村社会事业促进司二级巡视员戴军、国际交流服务中心副主任罗鸣，中科院地理资源所对外合作处处长王振波，中国农学会学术交流处处长刘荣志以及成都市郫都区委副书记、区长刘印勇等出席会议并致辞，四川省农业农村厅副厅长杨波，九三学社四川省委副主委杨武云，成都市农业农村局总经济师宋峰，郫都区人大主任王洁、政协主席刘航，区委常委、统战部部长陈鑫等有关部门领导应邀参加会议，中科院地理资源所研究员闵庆文、华南农业大学教授骆世明、中国农业博物馆研究员曹幸穗等专家、学者及来自农业文化遗产地的代表250余人参加会议，成都市和郫都区有关部门、申遗核心区有关乡镇、村民代表等160余人也参加了会议。

新当选的中国农学会农业文化遗产分会主任委员闵庆文研究员，成都市委

常委、统战部部长陈鑫及我国著名农业文化遗产专家王克林、吴文良、李先德、王思明、苑利、孙庆忠等分别就农业文化遗产保护的科技支撑、郫都林盘农耕文化系统保护、生态脆弱地区生态恢复、有机农业发展、农业文化遗产地价值增值、农业文化遗产与乡村振兴等方面作大会报告，9位来自农业文化遗产地的管理人员、企业与农民代表分享了农业文化遗产的保护经验。大会还设置了郫都林盘农耕文化系统保护与发展论坛和农业文化遗产研究生论坛两个论坛和农业文化遗产特征与价值、价值实现机制、动态保护途径3个分会场，30多位代表先后进行交流。闭幕式，农业文化遗产分会顾问骆世明教授和曹幸穗研究员分别进行专家点评。会议期间，与会代表还考察了正在申报中国重要农业文化遗产的"四川郫都林盘农耕文化系统"。

二、领导致辞

（一）四川省成都市郫都区人民政府区长刘印勇致辞

各位领导、各位专家、各位来宾、女士们、先生们、朋友们：

大家上午好！金秋十月风清爽，遍地金黄五谷香！今天，我们隆重举行第六届全国农业文化遗产大会暨首届"四川郫都林盘农耕文化系统"保护与发展研讨会。在此，受区委书记杨东升同志委托，我谨代表郫都区委、区政府和百万郫都人民对远道而来的各位领导、各位专家、各位来宾表示热烈欢迎！对长期以来关心支持郫都农业文化遗产保护发展的农业农村部、中国科学院、中国农学会、省农业农村厅、市农业农村局等单位和社会各界朋友表示衷心感谢！

习近平总书记指出，"农耕文化是我国农业的宝贵财富，是中华文化的重要组成部分，不仅不能丢，而且要不断发扬光大。"农业文化遗产保护是现代农业发展的基础，也是推动乡村全面振兴的重要路径。郫都区地处川西平原腹心地带，有着近 5000 年文明史、2300 余年建县史，是都江堰精华灌区首灌区、古蜀文明的重要发源地、川西农耕文明核心区，素有川菜之乡、豆瓣之乡、蜀绣之乡、盆景之乡的美誉。在《魏武四时食制》中记载"郫县子鱼，黄鳞赤尾，锄稻田，可以为酱"。郫都稻田养鱼已有 1700 多年历史，是中国稻田养鱼发源地；《蜀都赋》将郫都林盘记载为"栋宇相望，桑梓接连"，郫都已然成为镌刻川西农耕文明历史演变的"活化石"。

近年来，郫都区坚决贯彻习近平总书记"走在前列，好示范作用"的殷切嘱托，紧扣成都市"西控"战略，以"四川郫都林盘农耕文化系统"农业文化遗产为主导，聚力推动"绿色战旗—幸福安唐"乡村振兴博览园建设，实施万亩"稻田＋"立体综合种养项目，启动48个林盘保护修复利用项目，并完成"农遗"发展规划和导则制定、示范线路设计等工作，初步呈现了"星罗棋布、以林代山、堆云叠翠、共生无界、曲径通幽"的"四川郫都林盘农耕文化系统"之美。在大家的关心支持下，2016年"四川郫都区稻鱼共生系统"入围全国农业文化遗产保护普查目录；2019年"四川郫都林盘农耕文化系统"跻身全国重要农业文化遗产候选名单。

全国农业文化遗产大会是我国"农遗"领域的领头大会，围绕农业文化遗产地生物多样性评估、多功能农业发展、生态旅游开发、生态补偿与多方参与机制建立等领域进行了系统的研究，有力促进了中国重要农业文化遗产的发掘与保护，为我国农业国际合作探索了新的方向。本届研讨会落户郫都，既是对郫都"申遗"工作的认可和支持，更是对郫都干部群众的鞭策和鼓励。我们希望以此次大会为"媒"，搭建研讨交流平台，汲取各位的真知灼见，更好地推动"四川郫都林盘农耕文化系统"农业文化遗产的保护发展工作，着力将郫都打造成世界级"农遗"保护与产业融合发展的典范区、国家生态文明价值转化区，为繁荣发展中华优秀文化助力乡村振兴贡献积极力量。

最后，祝本次研讨会取得圆满成功！祝各位领导、各位专家、各位来宾身体健康、工作顺利、万事如意！谢谢大家！

（二）农业农村部农业社会事业促进司二级巡视员戴军致辞

尊敬的各位专家学者、各位领导、各位同志、从事农业文化遗产工作的同仁们：

大家上午好！寒露刚过，霜降将至，鸿雁来宾，菊有黄华。今天，第六届全国农业文化遗产大会暨首届"四川郫都林盘农耕文化系统"保护与发展研讨会在古蜀国都郫都隆重召开，我谨代表农业农村部农村社会事业促进司向大会的召开以及中国农学会农业文化遗产分会的成功换届表示热烈的祝贺，向到会的各位专家学者表达崇高的敬意！

"秦汉遗韵何处寻，古蜀风情源郫都。望帝开示育稼穑，农耕有术沃田土。丛帝治水崛玉垒，力降洪魔泽万物。"郫都拥有5000多年文明史，是都江堰核心灌区首善区。分布在区内星罗棋布的林盘农业系统，是中华优秀农耕文化的代表。大会精心选择在郫都召开，充分体现了聚焦农业文化遗产热点问题、传承弘扬农耕文化、积极助力乡村振兴的会议宗旨。我相信，郫都厚重的历史底蕴和良好的文化氛围一定能够滋养出丰硕的会议成果。

多年来，在各相关单位、各位专家学者的共同努力下，中国重要农业文化遗产事业取得显著成效。管理办法、认定标准、申报原则等制度相继出台，我国成为世界上最早出台全国保护制度、开展国家级认定与保护的国家。中国是重要农业文化遗产的最早响应者、积极参与者、坚定支持者、重要推动者、成功实践者、主要贡献者。原农业部分4批认定了91项中国重要农业文化遗产，涵盖全国28个省（自治区、直辖市），涉及104个县市，遗产数量规模不断扩大。重要农业文化遗产专家委员会、中国农学会农业文化遗产分会政策研究室等相关政策研究组织或机构相继成立，各人科研机构和各有关高校积极投身于农业文化遗产工作中，基础研究力量不断增强，为保护工作提供了强有力的学术支撑，仅2018年，我国相关领域专家围绕中国重要农业文化遗产保护传承前沿问题在国内外权威期刊发表论文百余篇，专著10余部，国家社科基金研究项目成果2项，有力推动了农业文化遗产的系统研究。各方多渠道、多维度、多视角、立体式地宣传推介农业文化遗产保护工作，大大提升农业文化遗产的品牌价值，扩大了农遗事业的社会影响力。可以说，这份承载着中华民族最悠远的记忆，关乎人类发展最遥远未来的年轻事业，正在蓬勃发展！

众力划桨，可济沧海！这些成绩的取得，离不开以李文华院士为代表的中国农业文化遗产事业奠基者在艰苦创业、守正创新、敢为人先等方面所付出的卓绝努力，离不开中国农学会农业文化遗产分会在搭建交流平台、汇聚研究力量、提供智力支持等方面所做出的巨大贡献，离不开以闵庆文老师为代表的在座各位专家学者在投身基础研究、培育后继人才、呼吁社会关注等方面不遗余力地辛勤付出，离不开像郫都区这样的地方党委政府在深入挖掘、倾力保护、大力弘扬本地农业文化遗产所付出的巨大努力，离不开全国各级农业文化遗产管理部门，尤其是91个遗产地基层工作者坚决落实政策，勇于实践探索、扎实服务遗产保护所做出的卓越贡献。在此，我谨代表中国重要农业文化遗产工作的行政主管部门对大家的付出和努力表示最衷心的感谢！

当前，乡村振兴方兴未艾，脱贫攻坚收官在即，中华民族伟大复兴正扬帆起航！时代需要重要农业文化遗产为农业农村发展提供农耕智慧，为国家繁荣富强提供民族自信，为大国农业外交提供中国方案！

习近平总书记强调，"让我国历史悠久的农耕文明在新时代展现其魅力和风采"，2018年印发的《乡村振兴战略（2018—2022）》也首次在国家战略层面部署中国重要农业文化遗产保护传承工作。去年中央国家机关经历了新一轮机构改革和职能调整，中央组建农业农村部，新设立了农村社会事业促进司，并在"三定"规定中，明确提出负责指导农村精神文明和优秀农耕文化建设，这是截至目前，在中央国家机关职能分工中首次出现"农耕文化"，这充分体现了党中央对传承和弘扬中华农耕文化的高度重视和切实加强，也是党中央赋予农业农村部的神圣责任和使命。

一年来，我们认真落实中央和部党组的相关指示要求，着手研究起草国家重要农业文化遗产保护指导意见，推动中国重要农业文化遗产专家委员会换届工作，组织开展第五批中国重要农业文化遗产申报认定，分三个片区开展农业文化遗产识别评估，启动农业文化遗产价值体系研究，举办中国重要农业文化遗产全国巡展和各类主题展，制作专题片、微动漫，开办农遗良品专栏，组织央视气象展播、出版科普书籍，从文化传承、优质产品、传统技艺、特色景观等各方面加大宣传力度，全面提升中国重要农业文化遗产的公众认知度和社会影响力。当前，重要农业文化遗产事业正处于前所未有的时代使命和发展机遇阶段，我们不敢也不能有丝毫的懈怠，各项管理工作必须有条不紊，扎实推进。

今天的大会，群贤毕至，激情澎湃，因为我们为了一份共同的事业而来，书写农业文明发展的新篇章。今天的大会，和合共生，聚力而行，因为我们有着一个共同的奋斗目标，弘扬传承农耕智慧典范，确保人类社会可持续发展。守望历史，面向未来，我们希望所有关心、热爱农业文化遗产的专家学者、行政管理人员、农民群众、企业家，媒体人和各界人士携起手来，凝聚共识，共同为重要农业文化遗产事业贡献力量！

最后，预祝大会圆满成功！

（三）农业农村部国际交流服务中心副主任罗鸣致辞

尊敬的戴司长，各位专家，各位来宾，女士们，先生们：

大家上午好！今天，我们相聚在扬雄故里、望丛源头—四川郫都，共同召开第六届全国农业文化遗产大会暨首届"四川郫都林盘农耕文化系统"保护与发展研讨会，首先，请允许我代表农业农村部国际交流服务中心对此次大会的举办表示热烈的祝贺！对出席本次会议的各位代表表示欢迎！对在座各位领导和专家长期以来对农业文化遗产事业，特别是对全球重要农业文化遗产工作的关心支持表示感谢！

本次会议的主题是"农业文化遗产保护助推脱贫攻坚"，这是一个非常有意义的话题。大家知道，2019年是中国全面建成小康社会的关键之年，也是决战决胜脱贫攻坚的关键之年，我国的农业文化遗产所在地有相当一部分属于国家重点贫困县，是实施精准扶贫的重点区域。通过积极推进农业文化遗产保护工作，不仅有助于发掘农业文化遗产的价值，更重要的是可以以此为抓手，为贫困地区的精准扶贫提供持续造血能力，带动贫困地区遗产所在地生态保护、经济产业、社会文化的全面可持续发展。

2002年，联合国粮农组织提出"全球重要农业文化遗产"倡议，旨在建立一个全球性的遗产网络，促进传统农业生产系统及相关景观、生物多样性、知识文化等的保护。中国是最早参与全球重要农业文化遗产工作的国家之一，我们从2004年就开始了遗产保护实践。经过10多年的探索，我们逐步明确了"在发掘中保护、在利用中传承"的工作方针，坚持了"动态保护、协调发展、多方参与、利益共享"的工作原则，形成了"政府主导、多方参与、分级管理"的管理体制。在遗产保护、利用和发展的道路上取得了长足进步，成为全球农业文化遗产事业的典范和标杆。比如，我部于2015年出台了全球第一部专门的《重要农业文化遗产管理办法》，还在全球第一个启动了国家级重要农业文化遗产的普查和保护工作，第一个建立国家级专家委员会，第一个开展遗产的动态监测评价。

特别值得一提的是，我国从中央到各级政府统筹联动，齐心协力、共襄盛举，确保重要农业文化遗产能够得到切实保护和可持续利用。经过我们的努力，遗产相关农产品附加值显著提升，农村经济活力明显提高，农民生计得到大幅改善，农业生态环境得到有效保护。可以说，我国每一项农业遗产，都为当地经济社会的发展和遗产所在地农民脱贫增收做出了积极贡献，这些遗产自身也得到了有效保护和传承发展。

虽然成绩斐然，但是我们也要客观地认识到，现在在国内的农业文化遗产工作还存在或多或少的问题，比如有的遗产地"重申报、轻管理"，有宝不识宝，缺乏主动作为意识；有的遗产地存在着过度开发的风险，在搞商业开发的时候，忽视了遗产保护的基础性，造成农业文化遗产不同程度的破坏；还有的遗产地把农业文化遗产简单地当作名特优产品一样对待，忽视了遗产的系统性。此外，还存在着诸如宣传普及不到位、品牌打造不够响、科学挖掘不够深、利益分享机制不完善等问题，需要在座的专家学者和各位遗产地领导集思广益，共同找解决办法。

中国农学会农业文化遗产分会自成立以来，在以李文华院士为主任委员的理事会的领导下，在各位理事、会员专家的共同努力下，在全球重要农业文化遗产和中国重要农业文化遗产的挖掘，动态保护途径探索和区域可持续发展方面开展了大量工作，为中国农业文化遗产事业的开拓做出了卓越的贡献，取得了可喜的成绩。今后，希望分会能够继续指导、引领全国范围内的农业文化遗产研究热潮，培育、团结更广泛的农业文化遗产领域专家队伍，重点在政策建议、科技支持、挖掘保护、国际交流等方面精耕细作，共同为我国乃至世界的农业文化遗产事业提供坚强的科学支撑。

昨天，农业文化遗产分会举行换届大会，选举产生了新一届理事会，我有幸被选举为常务理事，这不仅是对我个人的信任，也是对我们国际交流服务中心工作的肯定和鞭策。接下来，我会代表国际交流服务中心尽职履责，一如既往地做好本职工作，努力推动"全球重要农业文化遗产"事业在中国的发展，共同为中国及世界的粮食安全与农业可持续发展做出新的更大贡献！

最后，祝愿本次会议圆满成功。谢谢大家！

（四）中国农学会学术交流处处长刘荣志致辞

各位嘉宾，各位代表：

大家上午好！金秋时节，受单位领导班子的委派，我谨代表中国农学会向大会的顺利召开表示热烈的祝贺。

中国农学会是全国性多科性综合性农业学术团体，已有102年历史。学会现有包括农业文化遗产分会在内的34个分支机构，全国31个省级农学会与地县级农学会有着广泛的联络。每年举办一届中国现代农业发展论坛（这个论坛由农业农村部批准设立，今年召开第六届论坛，确定于11月29日在江苏南京召开，届时欢迎各位参加）。承担着农民科学素质办公室的日常工作。拥有面向高层的建言献策载体—《农业科学家建议》。设有全国农业农村领域最高综合性科技奖项—神农中华农业科技奖，面向全国青年农业科技工作者设有中国农学会青年科技奖。拥有两院院士、国务院特殊津贴专家候选人等高层次人才的推荐渠道，常年承担着高端外国专家引进、国家公派留学生选派等引智工作。主办有《中国农学通报》《农学学报》等8种学术期刊。近年来，中国农学会大力开展学术交流、科学普及、研究咨询、编辑出版等传统学会工作，有效拓展科技评价、人才评价、科技奖励、教育培训等新兴学会业务，积极借助信息化手段提高服务农业科技工作者的素质，学会工作取得新成绩，受到中央的充分肯定以及社会各界的广泛好评。特别是2017年中国农学会成立100周年之际，习近平总书记发来贺信，勉励中国农学会发扬传统，与时俱进，在推动我国"三农"事业发展中发挥更大的作用。

习近平总书记的贺信，给广大农业科技工作者特别是全国农学会系统同仁以巨大的鼓舞。学会农业文化遗产分会按照习近平总书记的指示精神，发挥专业特色优势，开创性开展工作，积极服务我国农业文化遗产保护事业科学发展。

这次会议的主题词—农业文化遗产，是人类在历史上创造并传承、保存至今的农业生产系统，既包括灿烂的传统农业文化与技术知识体系，又包括具有生态价值的农业生物多样性和具有美学价值的农业景观。农业文化遗产不仅是我国优秀传统文化的基础，也是世界农业文明的重要组成部分。《中共中央、国务院关于实施乡村振兴战略的意见》和《国家乡村振兴战略规划（2018—2022年）》中都提出要传承和发展农村优秀传统文化，保护优秀文化遗产。农业文化遗产的保护对于弘扬优秀传统文化、促进现代农业发展与农村生态文明建设和乡村振兴都具有十分重要的意义。

为了发掘、保护、传承、利用农业文化遗产，促进农业与农村可持续发展，中国农学会于2014年正式批准成立农业文化遗产分会。5年来，分会在农业文化遗产申报与保护探索、生态与文化多样性评估、保护与管理机制等方面开展了大量工作，得到国际组织、国家部委、科研单位、高等学校、学术团体以及媒体的广泛关注和重视：连续成功主办了年度全国性农业文化遗产学术研讨会和各类培训会、咨询会，合办、承办了6次东亚地区农业文化遗产学术研讨会，开展了多种形式的科普宣传活动，为我国农业文化遗产发掘与保护，推进农业文化遗产国际合作，促进农业与农村可持续发展做出了重要贡献。

农业文化遗产以系统、活态、动态为主要特征，其保护与发展需要多学科、多部门的支持与合作。希望农学会农业文化遗产分会与在座各位精诚合作，共同努力，为进一步提高我国农业文化遗产保护的研究水平、提升我国在农业文化遗产领域的国际地位、促进我国农业文化遗产保护事业的健康发展做出更大贡献。

最后，预祝本次大会圆满成功。

（五）中国科学院地理科学与资源研究所对外合作处处长王振波致辞

尊敬的各位嘉宾，各位代表：

大家上午好！首先，请允许我代表中国科学院地理科学与资源研究所，向第六届全国农业文化遗产大会暨首届四川郫都林盘农耕文化系统保护与发展研讨会的召开表示热烈的祝贺！作为主办单位之一，向莅临本次会议的所有嘉宾和代表表示热烈的欢迎！向为本次会议的胜利召开给予帮助的所有指导单位、主办单位、支持单位、承办单位、协办单位及各界人士表示衷心的感谢！

农业文化遗产保护对于弘扬优秀传统文化、促进农村生态文明建设和美丽乡村建设都具有十分重要的意义。在当前党中央大力提倡"建设优秀传统文化传承体系，弘扬中华优秀传统文化"的时候，保护农业文化遗产的工作显得更加重要。作为我国地理、资源与生态领域的重要研究机构，我所在农业地理、农业生态、农业环境、农业资源、农业经济，休闲农业，乡村旅游等领域有着坚实的研究基础。我所是国内最早参与联合国粮农组织全球重要农业文化遗产项目、最早为原农业部开展中国重要农业文化遗产发掘与保护工作提供技术支持的单位，为了支持农业文化遗产及其保护研究工作，我所于2006年成立了以著名生态学家李文华院士为主任，闵庆文研究员等为副主任的"自然与文化遗产研究中心"，并确立了"以农业文化遗产为突破口"的发展思路。

经过10多年的工作，我所的农业文化遗产研究队伍，在李文华院士、闵庆文研究员的带领下，在农业农村部国际合作司、原农产品加工局、农村社会事业促进司、中国农学会等有关部门和地方政府的支持下，联合国内外相关机构和专家，在农业文化遗产及其保护的科学研究、示范推广、科学普及、国际交流等方面开展了大量工作，在国内外产生了良好的影响。他们在推动联合国粮农组织农业文化遗产保护工作中发挥了重要作用，为中国农业文化遗产走上世界舞台做出了重要贡献，为中国重要农业文化遗产的挖掘、保护和利用提供了科学指导方针，为促进农业文化遗产科学化与规范化管理打下了坚实基础。他们重视农业文化遗产及其保护的科普宣传与技术服务，探索出了所地合作的新思路。可以说，农业文化遗产已经成为一个颇具活力的学科生长点，也是我所国际合作和服务国家与地方发展的特色工作之一。在此，向以李文华院士、闵庆文研究员及其团队为我国农业文化遗产发掘与保护所做出的贡献表示由衷的敬意，也借此机会向长期以来给予支持和帮助的农业农村部、中国农学会、各兄弟单位、有关地方政府和各界人士表示诚挚的感谢！

全国农业文化遗产大会是农业文化遗产领域的盛事，为从事农业文化遗产及其保护研究的专家、学者提供了交流合作的平台。希望各位代表紧紧把握好当前农业文化遗产工作的良好机遇，聚焦农业文化遗产保护与利用的科学问题，齐心协力，将我国农业文化遗产及其保护研究与实践提高到一个新的水平。

最后，预祝本次大会圆满成功，祝各位嘉宾和代表身体健康、工作顺利！谢谢大家！

三、大会主旨报告

1.闵庆文（中国科学院地理科学与资源研究所，研究员），《农业文化遗产保护的科技支撑问题》

经过10多年发展，我国农业文化遗产保护已经成为"农业国际合作的一项特色工作"，研究与实践处于国际领先地位；成为农业农村部一项重要工作和促进农村生态文明建设、美丽乡村建设、农业绿色发展、多功能农业发展和乡村振兴、脱贫攻坚的重要抓手；农业文化遗产保护与发展的经济、生态与社会效益凸显，农民文化自觉性与保护积极性显著增强；科学研究不断深入，有效支撑了农业文化遗产保护工作，推动了学科发展与人才培养，初步形成了一支多学科、综合性的研究队伍；全社会对于农业文化遗产价值和保护重要性的认识不断提高，多方参与机制初步形成。

但同时也存在着一些问题，突出表现在：对农业文化遗产的概念与内涵还存在着不同认识，全社会对于遗产重要性和保护紧迫性认识不足，"申报热度"差异明显，"重申报、轻管理，重开发、轻保护"现象明显存在；政策支持不够，缺乏相应的法律保障，缺乏保护利用的专项支持，对于农业文化遗产认定后的监管相对滞后；对农业文化遗产的跨部门、跨学科特征认识不够清晰，部门之间的协作、学科之间融合不能满足保护与发展要求；一些地方政府、企业、农民关系不顺，"农民主体地位"没有充分落实；农业文化遗产发掘与保护的科技支撑能力明显不足，认识片面化与简单化、研究深度不够、学科交叉不够、持续跟进不够现象明显。

从农业文化遗产的概念、内涵可以知道，不能将"农业"简单地理解为"种植业"，而是农林牧副渔的综合体；不能将"文化"简单地理解为"精神活动"或"文化现象"甚至"乡村艺术"，而是包含民俗文化、生态思想、传统知识、传统技术、乡村治理观念的综合体；这里的"遗产"不能简单地理解为"遗存、遗物或遗址"，而是活态的、动态的，具有生产功能和自然与文化遗产多重特征的传统农业生产系统。

研究与实践已经充分表明，农业文化遗产不是某一学科的深化，而是多个学科的交叉与融合；农业文化遗产保护不是单纯的理论研究，而是典型的实践探索；不是一般的"文物活化问题"，而是综合性的"区域发展问题"；不是"对于过去的记忆或保存"，而是"在核心要素不变的前提下，面向未来的提高与创造"。因此，需要建立以多学科交叉融合为基础的科技支撑体系，以问题为导向的研究范式，以系统性和动态性为主要特征的保护与发展模式。农业文化遗产发掘与保护不仅是一项全新的跨部门的管理工作，而且是一项全新的、跨学科的科研工作，无论是发掘与认定，还是保护与利用，抑或是监测与评估都需要科技支撑。

2. 陈鑫（四川省成都市郫都区，区委常委、统战部部长），《弘扬千年古蜀文明，承续川西农耕文化，全力推动"四川郫都林盘农耕文化系统"保护发展》

"四川郫都林盘农耕文化系统"申报中国重要农业文化遗产开展的相关工作包括：第一，蓄势八年，郫都"申遗"厚积薄发。郫都区政府高度重视重要农业文化遗产申报工作，对区内的历史文化遗产村落进行深度调研，完成全域农业文化遗产资源普查，积极推进中国重要农业文化遗产的挖掘、保护、利用和申报工作。第二，优势独具，郫都"农遗"特色突出。郫都农业文化遗产历史悠久，独具特色，具有申报中国重要农业文化遗产的五大优势：①历史文化源远流长，底蕴深厚；②农耕发达，产业兴旺；③"六美"共生，"六素"共构；④人文富集，民俗浸润；⑤价值活化，传承出新。第三，问题紧迫，郫都"农遗"势在必行。农耕文化系统是融天府文化、成都平原农耕文明和川西民居建筑风格为一体的共同体。但近20年间，已迅速消亡了1.2万个林盘，郫都林盘的迅速消亡，让"四川郫都林盘农耕文化系统"的保护发展迫在眉睫。第四，重点分明，郫都"农遗"价值活化。①以规划设计引领大美形态重构。遵循公园城市理念，把林盘建设作为战略理念，西扩绿色发展新模式，特色镇创新发展新路径；②以科学管理推进大美形态重塑。成立郫都区申遗工作领导小组，由区委、区政府主要领导任组长，联动省市区部门和专业机构等，高位推进重要农业文化遗产保护和申报工作；③以业态提升推进大美形态重建，编制郫都林盘产业全景图、生态发展路径图、企业名录表、建设推进表，培育租赁主体，以林盘为IP，绿道为纽带，全产业链打造林盘产业矩阵，推动农商文旅体融合发展，互为支撑；④以模式创新推进大美形态重建。坚持政府主导、企业主体、农民参与、商业化为主体的发展思路，以市场化、专业化手段推进林盘保护利用，推出"平台公司＋集体经济组织＋专合社＋农户""农户众筹＋新村民带动"等建设模式，带动遗产地农民增收致富。

3.王克林（中国科学院亚热带农业生态研究所，研究员），《西南喀斯特区域生态恢复过程中农业结构战略性调整与传统特色农产品发展》

生态脆弱地区的生态退化问题，很大程度上是由于高强度、不适当的农业生产活动所造成的。例如西南石漠化地区的生态退化就是巨大人口压力下的高强度农业活动所造成的，而且石漠化地区与贫困区高度重叠。

研究表明，喀斯特区域坡地不适宜玉米种植等高强度耕种活动，种植玉米扰动土壤导致石漠化是主

要原因。原产美洲于16世纪引进我国的玉米，解决了粮食坡供给问题，但因为耕种扰动土壤，在喀斯特区域引起了坡地土壤漏失。

基于上述认识，借助于农业文化遗产中的生态循环思想，在广西环江开展了适应性景观生态设计与保护性替代产业模式的构建。通过保护性种植与近自然复合农业系统设计，构建牧农林耦合的草食畜牧业生产模式，实现了农业结构战略性调整，促进了喀斯特地区生态功能提升。目前，环江县以"发展牛产业，壮大牛经济，培育牛文化，打造牛品牌"的理念，切实推进传统环江菜牛产业发展，通过龙头企业和示范养殖基地带动，2018年出栏商品菜牛4.5万头，产值4亿元。建议通过构建农林牧耦合的草食畜牧业生产模式，逐步形成西南喀斯特农牧复合带。

4.吴文良（中国农业大学，教授），《中国有机农业的前世今生与引领国际战略和农业文化遗产的融合发展》

5000年的中国传统农业是一种低水平可持续的有机农业，包括立体种养、稻渔系统、间套作及小流域综合利用模式。

中国有机农业发展进入了前所未有的时期，随着中国居民收入的不断增加和政府相继提出的"一带一路""扩大进口"等发展战略，中国有机产业正驶入标准化、法制化的快速发展轨道。

有机农业的发展，需要从理念上把生态与营养强化结合起来，引领整个农业的高质量、高价值、高水平、高层次的发展与转型升级换代。从技术上，通过用大数据、人工智能和卫星遥感、物联网等技术武装有机农业，发展智慧型有机农业。在发展方式上，在生态文明建设背景下，实施全产业链全域有机产业和全层次有机产业发展。为此，需要建立科技创新体系，建立政策保障体系。

通过有机农业的发展，可以从根本上扭转我国农业生态系统功能退化的趋势，提升其稳定性、可持续性、服务功能、综合生产力和持久竞争力。在这方面，农业文化遗产地有着先天的优势，完全可以先行先试。

5.李先德（中国农业科学院农业经济与发展研究所，研究员），《农业文化遗产地资源优势与价值增值策略》

农业文化遗产的食物与生计安全、农业生物多样性、文化价值与社会组织、传统农业技术、陆地与海洋景观的基本特征，与产业兴旺、生态宜居、乡风文明、治理有效、生活富裕的乡村振兴目标高度契合。分析中国的重要农业文化遗产分布情况，可以明显发现，大多数分布在山区或经济相对落后的地区，相当一部分属于国家级贫困县。

农业文化遗产地的资源优势也相当明显，如特色农产品、生态环境资源、陆地景观与海洋景观、传统文化、手工艺品、特产与当地美食，不仅有助于发展特色优质农业生产，而且基于农业文化遗产资源的新兴产业发展潜力巨大，如生态旅游业、创意农业、农业文化产业、农业教育产业等。

农业文化遗产地具有丰富的资源，这些资源许多还没有被开发利用，造成遗产的保护者没有获得应有的收益，导致保护的积极性不高。如何开发利用这些资源，对于农业文化遗产的保护有着重要的现实意义。农业文化遗产地资源价值增值策略包括：一二三产业融合发展，加强产品品牌建设，实施人才培养工程，改善农业文化遗产的基础设施。

6.王思明（南京农业大学，教授），《农业文化遗产在乡村振兴中的作用与路径》

传统文明的本质就是农耕文明，传统与现代不是非此即彼的对立关系，应当是和谐的统一关系，没有传承就没有发展。

农业文化遗产具有重要的价值，因其历久弥新的田园牧场、传承至今的基础设施、因地制宜的农业生产技术而成为安全食品之源，因其千百年传承的农业品种资源而成为农业创新之基，因其天人合一、用养结合的

传统生态思想而成为生态涵养之地，因其城乡互动联系将成为和谐共生之所，因其自身具有的乡愁记忆和文化共识与凝聚力而成为文化传承之乡。

农耕文化有助于产业兴旺、乡村旅游、绿色发展、社会和谐、文化传承、城乡融合发展。在这样的背景下，现代乡村功能应当"生产功能＋生活功能"转变为"生产功能＋居住功能＋生态功能＋文化功能"。通过农业文化遗产的发掘与保护，实现乡村"四生"统一、"四生"和谐，"四生"即生产、生活、生态、生机。

7. 苑利（中国艺术研究院，研究员），《北京农业文化遗产的特点与应用》

北京农业用地面积逐年缩水，农产品产量逐年下降，作为第一产业的农业一直没有找到合适的增长点。作为首善之区，特别是作为六朝古都的北京，它的第一产业是否已经走到了尽头？是否就应该被其他新兴产业取代？抑或是峰回路转之后，还会出现新的生机？

随着对北京市农业文化遗产调研工作的不断深入，我们渐渐注意到，北京市的农业生产虽然随着城市的不断扩张而进入相对的瓶颈期，但它并非没有新的发展空间，也并非无法找到新的亮点。这个亮点，便是作为六朝古都的北京，在其漫长的发展过程中，因为要不断向宫廷提供服务而逐渐形成的一套具有皇家特点的农耕文明。这是一笔丰厚的农业文化遗产，值得挖掘。

在北京市的农业文化遗产中，绝大多数遗产都与宫廷特供有关，有些项目甚至就是专门为宫廷提供独家特供服务的，如大兴皇家蔬菜种植技术，历史上是专门为皇家提供蔬菜服务的；朝阳黑庄户宫廷金鱼养殖系统也是专门为皇家提供金鱼饲养技术服务的。在我们能查阅到的资料中，有些水果历史上不但是皇家专属贡果，有些甚至还受过皇封，可挖掘的文化底蕴相当深厚。

如何延长农业文化遗产产业链，应该成为北京市农业发展的一个新的经济增长点。通过农业文化遗产的发掘与保护，可以保留下中国最优秀的皇家种植技术、北京地区最优秀的皇家农作物品种，为社会提供皇家贡品级的水果等美食美味，将北京升级为皇家农产品品种繁殖、推广基地，通过与旅游结合，将遗产地打造成为新的旅游集散地。

8.孙庆忠（中国农业大学，教授），《乡村振兴的文化根基》

通过过去几年的调查发现，我们乡村的乡土生活体验与记忆渐行渐远，我们已经身处忘却乡土的"集体失忆"时代，乡村文化的传承面临深刻的危机。无论我们对"回归土地"和"留住记忆"报以怎样复杂的情感，无论是将其视为无力与主流抗击的逆流，还是将其定位成田园牧歌式的浪漫畅想（"乌托邦的乡土"），我们都必须思考一个实实在在的问题，那就是村落彻底消失，农民彻底终结，在中国是行不通的。

基于这样的国情，我们必须思考：如何进行乡土重建以应对乡村凋敝的处境？如何让文化回归乡土以传续记忆的根脉？

作为一种特殊的文化干预，农业文化遗产保护可以为村庄的发展带来一线生机，可以从乡土文化入手，探索出一条通往精准扶贫的有效路径。农业文化遗产保护的核心包括与农业景观浑然一体的农民的生产与生活。因此，农业文化遗产保护不只是对乡土文化的刻意存留，更是对农业特性、对乡村价值的再评估，其终极指向是现代化背景下的乡村建设。

我们在陕西佳县泥河沟村这一全球重要农业文化遗产保护核心区的工作证实了这一点。通过参与式的行动，淳朴的村民不再是遗产保护的旁观者，而是成了文化遗产的讲述者。曾经被遗忘的往事，转化成了把人、把情、把根留住的集体记忆。这种"社区感"的回归，正是村落凝聚和乡村发展的内生性动力。

从乡土文化的角度来思考美丽乡村建设，表面上是保存传统农业的智慧，保留和城市文化相对应的乡土文明，其更为长远的意义则在于留住现在与过往生活之间的联系，留住那些与农业生产和生活一脉相承的集体记忆。

9.刘海涛（农业农村部国际交流服务中心，助理研究员），《全球重要农业文化遗产全球发展趋势及申报形势》

全球重要农业文化遗产是一项世界性遗产，由联合国粮农组织负责认定。截至目前，共有来自22个国家的62项遗产被认定为GIAHS。GIAHS发展大致可分为3个阶段：①探索期（2002—2010年）。此阶段还没有较为规范的GIAHS申报流程，GIAHS基本处于项目阶段，申报难度相对较小。②制度初设期

（2011—2014年）。此阶段初步规范了GIAHS的申报程序，尝试建立了各种工作制度，有效促进了GIAHS理念的传播。③机制成熟期（2015年至今）。此阶段GIAHS申报流程相对固化，增加了专家实地考察环节，GIAHS也逐渐在FAO内部获得正式地位及常规预算资金支持。

在FAO GIAHS秘书处的努力及以中国为代表的成员国的积极传播下，GIAHS得到了快速发展，GIAHS国家的覆盖面不断扩大，不仅实现了欧洲GIAHS数量零的突破，而且美西澳等发达国家也慢慢从质疑态度转为支持态度。随着GIAHS工作受到越来越多国家的重视，申报工作的复杂性和困难性不断增加。根据我国近两年申报的经验，一是要充分认识申遗工作的长期性和复杂性，加强科学规划和基础研究，充分挖掘遗产价值、内涵和延伸意义，提炼遗产的独特性、科学性本质，为申报材料的科学性、定量化、丰富性奠定材料基础；二是在申报文本撰写方面，表述语言的英文本土化、表述内容的逻辑化、申报内容的全面性、时代性、科学性特征等日渐重要，成为申报成功的第一道硬门槛；三是在接待国际专家实地考察方面，遗产申报如何得到当地农民与社区的广泛支持、农民如何从遗产保护中受益、行动计划具体如何执行等问题是国际专家考察的重点，而我国部分地方政府受传统思想影响，在安排考察内容时往往对此部分关注不足；四是从现场陈述来看，拥有国际视野、主动走向国际舞台也成为必不可少的要素。

10.孙成伟（河北省宽城满族自治县，县委、副书记），《发挥龙头企业作用，助力农业文化遗产保护与发展》

"河北宽城传统板栗栽培系统"是一种典型的可持续有机农业发展方式，具有保持土壤肥力、水源涵养、净化空气等重要生态功能。板栗是宽城人民赖以生存的传统产业，县委县政府依托传统资源优势，培育壮大龙头企业，建成了集基地种

植、科技研发、生产加工、市场营销、观光旅游于一体的综合性食品加工企业——承德神栗食品有限公司。公司践行承诺：收购全县所有板栗、收购价格高于周边地区且将企业盈利返利于民。

报告介绍了龙头企业在农业文化遗产保护与发展中的重要作用，包括：①保护板栗品种资源，传承传统栽培技术模式。通过与科研单位合作，开展板栗古树资源普查和保护工作；在林下间作向日葵、谷子、大豆、中药材等农作物，饲养家禽，构成了梯田－板栗－作物（家禽）复合经营体系和栗粮、栗禽、栗菌、栗药、栗蜂等农业生产模式。②建立示范基地，采取"公司＋合作社＋基地＋农户＋科技"的组织模式，推广有机循环农业。③积极参与活动，扩大遗产地知名度。④实施品牌战略，提升宽城板栗价值。大力实施板栗标准化生产，推进农业产业化经营，开展有机和绿色认证并加大营销推介力度。⑤挖掘生态资源，实现功能拓展。依托优美环境和独特资源优势，从"种植＋研发＋加工＋旅游"全过程入手，对板栗相关产业进行整合与提升。⑥发挥科技作用，助力脱贫攻坚。与科研院所建立长期合作，通过增加产品附加值提高其经济效益。

11. 贺献林（河北涉县农业农村局，副局长），《河北涉县旱作梯田系统生物多样性的保护与利用》

农业生物多样性是人类以自然生物多样性为基础，以生存和发展为目的，在生产生活中发展和积累起来的社会生产力之一，也是人类对自然生物多样性影响的结果。几千年来，我国传统农业为世界做出了巨大贡献，留下了许多宝贵农业遗产，其中形成的极为丰富的种质资源是我国乃至世界最为重要的农业文化遗产。

涉县旱作梯田起源于公元前514年战国时期的赵简子"屯兵筑城"，分布于广袤深山区以王金庄为典型代表的旱作石堰梯田。在资源极度匮乏的石灰岩山区，人类为了生存，把自己的主观能动性发挥到了极致，冲破"农业生产靠天收"的自然障碍，凭借"地种百样不靠天"的生存智慧和顽强的拼搏毅力，繁衍生息700多年，通过生物多样性的保护和文化多样性的传承，实现了农耕社会的可持续发展。

报告以旱作梯田核心区王金庄为研究地，通过对传统农家品种普查收集与入户访谈、田间调查与种植鉴定等方法，系统分析了涉县旱作梯田系统的农业生物多样性，并在此基础上，通过总结传统作物品种保护和利用的经验，探讨性地提出了当前农业文化遗产地生物多样性如何在"保护中传承、在传承中利用"的意见和建议，以期为更好地保护和利用"河北涉县旱作梯田系统"这一重要农业文化遗产提供参考。

12.于伟东（内蒙古阿鲁科尔沁旗委，旗委书记），《"内蒙古阿鲁科尔沁草原游牧系统"保护与发展》

"内蒙古阿鲁科尔沁草原游牧系统"具有唯一性、多样性、可持续性和独特性4个特点，是国内仅存的、原汁原味保留着蒙古族游牧生产生活方式的一个重要农业文化遗产地。其草原自然景观秀美，生物类型多样，系统地传承与发展具有延续性和可持续性。另外，阿鲁科尔沁草原游牧系统文化厚重，创造了富有民族特色的独特游牧文化。报告介绍了自成功申报中国重要农业文化遗产以来，旗政府开展的相关工作及取得的成效：①健全管理机制。成立了中国重要农业文化遗产申报工作领导小组，并设立了阿鲁科尔沁草原游牧系统管理委员会，统筹负责阿鲁科尔沁草原游牧系统的保护和管理工作。②完善制度体系。编制完成了《阿鲁科尔沁草原游牧系统保护与发展规划》，并出台了《阿鲁科尔沁草原游牧系统保护暂行办法》等一系列政策性文件，对游牧区保护内容责任分工，规范了游牧区的保护与管理。③加强生态保护，完善保护机制。制定出台了生态保护与建设等一系列规范性文件，全力保护原生态游牧区这一游牧民族赖以生存的净土。④弘扬游牧文化。通过各级各类媒体大力宣传，向公众完整展示了阿鲁科尔沁草原的纯净壮美，表达了崇尚自然、践行开放、恪守信义的草原文化核心理念。⑤拓展产业空间。利用遗产地纯净无污染的有利条件，引进实力企业，科学合理进行旅游规划和有限度的开发建设，促进草原游牧系统"三产"融合可持续发展。

13.周志方（浙江省德清县，县委常委），《德清珍珠养殖历史考证及其影响》

通过研究与考证，中国的人工育珠始于南宋。南宋德清人士叶金扬首次利用褶纹冠蚌培育出附壳（佛像）珍珠，反映出当时人们已经了解了珍珠的形成原理。这种将自然界珍珠的偶然形成转化成有意识的自觉培育过程，是古人的一大创举，具有重要意义。随后，叶金扬附壳珍珠养殖技术在德清县钟管、洛舍、雷甸、十字港一带进行了大规模推广。叶金扬附壳珍珠养殖技术是中国珍珠养殖业的基石，也对欧美、日本珍珠养殖业产生了深远影响。

"浙江德清淡水珍珠传统养殖与利用系统"对区域的经济社会发展、生态保护、文化繁荣产生了重要作用：①经济价值。申遗以来，德清县珍珠产业从业人员从1200人上升至3000人，珍珠产值从30亿元上升到63亿元，产品零售终端从1.1万个增加到2万个，直接或间接带动就业人数3万余人。②生态价值。德清企业、养殖户大力推行"鱼蚌立体混养"生态养殖模式，不仅改善了生态环境，也增加了珠农收入。③文化价值。通过系统梳理相关珍珠文化、民间文艺及饮食习俗等，为德清本土文化的传承提供了丰富的内涵。可以说，重要农业文化遗产申报和保护工作，是实现"浙江德清淡水珍珠传统养殖与利用系统"动态保护和可持续发展的有效途径。

14.陈志明（福建省安溪县农业农村局，局长），《传承保护农业文化遗产，助推安溪茶产业高质量发展》

"福建安溪铁观音茶文化系统"是祖先留下的宝贵遗产，安溪县政府在遗产保护和传承的同时，积极拓展农业文化功能，探索了一条传承、保护与利用互促互进、良性循环的发展道路，实现了农业增效和农民增收。第一，种质保护。通过

创建种质资源库、推广种植茶树良种，建立了种质资源保护制度，实现茶叶良种覆盖率100%。第二，生态维护。让茶树生长在天然氧吧里，享受最好的"绿色保健"，做到从茶园到茶杯的全程可溯源，保护传统茶园生态系统，打造产业品质的"安全链"。第三，技艺传承。通过创办涉茶院校、开展竞技赛事和技能培训等，完善制茶技艺传承机制，培育产业人才的"新梯队"。第四，文化传播。通过传播茶文化、建设茶文化展馆和搭建"海丝"文化平台，加强茶文化传承传播，形成产业发展的"磁力场"。第五，品牌塑造。推动科研合作，实施产品开发，强化品牌塑造，打造品牌支撑体系，提升产业发展的"智造力"。第六，业态创新。发展"茶庄园＋"经济，拓展"互联网＋"市场，探索"茶农＋"机制，丰富茶文化发展业态，锻造产业聚变"新引擎"。通过以上工作的扎实推进，整合每年超2亿元的涉农财政资金扶持，安溪的茶文化和茶产业走上了良性循环的发展道路。

15.王似锋（浙江省湖州市鱼桑文化研学院，院长），《研学之旅——全球重要农业文化遗产湖州桑基鱼塘》

湖州鱼桑文化研学院以全球重要农业文化遗产"浙江湖州桑基鱼塘系统"为核心，依托资源的原发性和创意性，实现在地化研学教育。让学生们在体验鱼文化与蚕桑文化的过程中，将桑基鱼塘知识融入到实际研学课程中，提升孩子们的人文素养和综合素质。

湖州鱼桑文化研学院先后被列入湖州市青少年教育实践活动基地和浙江省青少教育实践活动营地，成为了近些年浙江省内外青少年教育实践的乐园，北京、上海、杭州等近万人次参与到鱼桑文化研学中。其研学课程包括30多项，可概括为自然生态美、历史人文美、研学基地美、口才演讲美、诗文欣赏美、音乐演奏美、书法绘画美、手工创作美、农家食品美和原始劳动美等。

鱼桑文化研学是时代的需要，如果把"浙江湖州桑基鱼塘系统"变成孩子的课堂，把农耕文化天地当成我们的学校，江南水乡的自然生态将是我们最好的老师。给孩子们营造一个生动活泼的学习环境，我们会欣喜地发现，每一个孩子在大自然的课堂中将展示出不一样的斑斓色彩。

16.徐冠洪（青田愚公农业科技有限公司，总经理），《归国华侨的田鱼梦》

2002年我去欧洲打工，2011年回国从事稻鱼共生产业，成立了愚公生态农场。农场坚持不洒农药、不施化肥，做最生态的有机农产品。农场采用绿色生产模式，合理配比田鱼数量和水稻插秧的疏密程度，利用田鱼杂食性等特点，达到生态循环的控制目的，得到了地方政府与广大消费者的充分肯定与认可。农场冬季把鱼苗放在稻田里，鱼觅食稻田里水稻打谷落下的颗粒和杂虫、虫卵。同时，由于田鱼拱泥的特性，耕田省去了稀缺的人力。第二年开春，再把鱼苗放入田中，除草、除虫，并合理控制稻鱼饥饿程度，让鱼时时刻刻觅食，极大地防止了病虫害的发生，既节省了农场的人工成本，又取得了良好的生态效益。其次，增加品牌效益，把控品牌质量。每年对灌溉水、土壤、稻谷和田鱼进行检测。与中科院地理资源所、浙江大学、上海海洋大学等高校进行密切合作，开展稻鱼共生新品种适应性试验、田鱼原种保护等研究。再次，加强稻鱼产品的包装与推介，通过朋友圈、微商、淘宝、闲鱼、抖音和线下参展等平台进行广泛销售。另外，在基地建立稻鱼共生科技馆，开展中小学生农旅结合的研学活动。从一份记忆、一份乡愁开始，慢慢实现美丽家乡田鱼梦。

17.郭武六（云南省红河县嘎他村养鸭协会，社长），《实施稻鸭模式，助推精准扶贫》

红河县是一个以少数民族为主体的边疆山区农业县，也是一个典型的贫困县。千百年来，红河县嘎他村农户历来有稻鱼鸭共作的习惯。加之这里气候宜人，雨水充沛，饲养的鸭子肉质鲜美，富含多种营养物质，黄金鸭蛋也非常有名。2012年嘎他村养鸭协会成立，采取统一预防、统一收购、统一销售的管理模式。2013年，嘎他生态鸭蛋品牌注册成功。养鸭协会从最初的30户发展成现在的295户，养殖鸭子10000余只，产出红米、

紫米50吨，产鸭蛋60多万枚，总经济收入达到200多万元。其主要做法包括：①适应市场需求，规范内部管理运作；②立足科技为先，提升技术养殖水平；③加强技术培训，提高会员综合素质；④推行稻鸭养殖，提升经济生态社会效益；⑤创新经营模式，品牌收益成效明显；⑥全民携手共进，助推乡村脱贫攻坚。未来，协会将采取"养殖协会＋农户＋基地＋遗产品牌标识"的运营模式，以万亩梯田为天然养殖基地，以重要农业文化遗产为品牌，全力打造"可食用的文化遗产"，将"绿水青山"变为哈尼山寨脱贫致富的"金山银山"。

18.刘海庆（敖汉旗兴隆洼小米生态种植农民专业合作社，理事长），《授人以渔，传续谷香——敖汉旱作农业文化遗产保护与利用》

敖汉旗兴隆洼小米生态种植农民专业合作社自成立以来，依托全球重要农业文化遗产的优势资源，大力推广生态农业种植，在经济、文化层面开展了一系列工作。经济方面，利用"敖汉小米"这一公共品牌积极开展订单农业；文化方面，合作社与当地政府部门积极合作，相继举办了探寻世界小米发源地大学生夏令营、敖汉小米音乐会、敖汉旱作农业故事全球重要农业文化遗产分享会等。同时，协会通过新媒体推出了敖汉小米认购模式，组织妇女参与农事劳作，让儿童登上音乐会的舞台，也让陌生的消费者自发在朋友圈"晒"起敖汉小米。报告还介绍了合作社未来的发展计划：①继续带动村民参与到订单农业里来，促进农民增收；②启动"村歌计划"，创作一首属于敖汉旱作农业文化遗产的歌曲；③筹建农遗乡村儿童图书馆，让更多的孩子从小就可以接触到农业文化遗产的相关知识；④针对农民开展一系列专业培训，让更多的村民参与到农业文化遗产保护和发展的行列中。

四、其他报告

（一）第一论坛：首届郫都林盘农耕文化系统保护与发展论坛

1.杨丽韫（北京科技大学，副教授），《川西林盘在农业文化遗产中价值的实现》

川西林盘存在于成都平原及丘陵地区，是由农家院落和周边高大乔木、竹林、河流及外围耕地等自然环境有机融合而形成的农村居住及劳作场所的环境形态。现存的林盘由清代延续至今，是川西地区典型的散居型农村聚落。林盘外围由农田、植被和水系相互结合而成，内部为圈层式的结构，其中院坝是农家进行生产、生活、交往、休闲的场所；房前屋后的空地多种植水果和蔬菜。林盘的结构组成和历史传承使其具有独特的生态、景观、历史、文化价值。然而，目前存在林盘数量减少、空心化严重，林盘景观变差，林盘的基础设施匮乏以及产业支撑严重不足等问题，使林盘农耕文化的传承遇到挑战。因此，建议对于有一定历史文化传承的林盘，将其纳入统一规划体系中进行恢复重建；对于非重点保护林盘，根据城乡经济社会发展的需要复垦为农用地或生产性林地。完善现有林盘的基础设施，如构建林盘路网结构、集中管网供水系统、污水管道收集系统和垃圾集中收集和处理等系统。根据林盘的区域特色发展具有一定规模的农业产业园区，鼓励居民发展和参与农业产业园区建设。发展林盘旅游休闲业，规划和建设农田体验型、观光旅游型、文化特色型等不同旅游主题的林盘，增加林盘内居民收入，吸引农民在林盘内居住和生产。

2.张星誉（四川省人民政府参事室文史研究馆，特聘研究员），《川西林盘与郫都农耕文明文化遗产》

川西林盘广义上是指星罗棋布于川西平原的大小院子林盘，是独特地理环境的产物，是传承数千年的中华农耕文明的杰作，是人居环境维护利用与可持续发展的典范，是人与生态环境完美结合的重要农业文化遗产。狭义的林盘是指川西平原世代居民耕种劳作与休养生息的场所，是由土地、房舍、院坝、林园、菜园和墙篱围合组成的一个个院子。川西林盘中的郫都林盘，是川西林盘的核心区域与典型代表。川西林盘是古代

蜀人农耕定居的产物，田地、农户与林院相辅相成，形成了一个相互依存的共同生存场所。约5000年前，以蚕丛王为首的古蜀人入驻川西平原建立了聚落城址，是川西林盘产生的萌芽；距今5000～3700年的蚕丛及柏濩采集渔猎时代是川西林盘的孕育期；约3000年前杜宇帝建都于蒲卑，全面揭开了古蜀农耕时代的序幕。渟皋弥望、郁乎青葱、平畴沃野、斜原地貌、江河如织、自流灌溉、苍原茫茫、竹树森森、水旱从人，万物共生、循环利用、可持续发展，是川西林盘的显著特征。

3.彭邦本（四川大学，教授），《大禹、李冰以来：天府成都农业文明时代的水文化》

以散居林盘聚落为突出景观特征的天府农耕文明，是以都江堰大型水利工程体系为核心主体的川西水文化产物。川西水文化亦即天府之国水文化，独步天下，源远流长，至少可以追溯到传说中的大禹时代。汉晋大量文献记载约4000年前大禹兴于西羌亦即川西岷江流域，尤其是其上游地区的传说，并得到了近年来新石器时代晚期茂县营盘山等岷江上游遗址群、什邡桂园桥遗址、成都平原宝墩文化遗址群的印证，揭示《尚书·禹贡》关于大禹"岷山导江，东别为沱"等记载的史实信息。大禹之后，文献、考古资料同样揭示了古蜀蚕丛、柏灌、鱼凫、杜宇和开明五朝丰富的水文化历史信息。秦举巴蜀以后，蜀守李冰集古蜀优秀水文化之大成，融汇中原先进水利技术，建成了以都江堰为核心主体的川西水利体系，从此造就了"水旱从人、不知饥馑"的天府之国。由于工程设计科学严谨，岁修和水政制度合理，尤其是无坝引水体系的生态工程的优越特质，和深蕴其间"道法自然""大人合一"的深邃哲理，都江堰至今保持了强大的生命力，为林盘密布的川西平原千百年来生生不息地提供了稳定的水利保障，为人类社会的可持续发展提供了杰出范例。

4.黄剑华（四川省文物考古研究院，研究员），《川西林盘农耕文化探讨》

成都平原早在远古时期就是古蜀先民的栖息地，古蜀时代内陆农业文明已较为发达，李冰修建都江堰之后，蜀地成了名副其实的天府之国。而历代的移民，使四川成了移民社会，促进了农耕与经济贸易的发展，增进了文化的交融与包容，形成了源远流长而又特色鲜明的林盘农耕文化。古蜀地区种植稻谷历史悠久，《山海经·海内经》中"西南黑水之间，有都广之野……冬夏播琴"。

"都广之野"指成都平原，"膏"是肥沃与味美之意，可知这里很早就生产优良稻谷了。战国时期《华阳国志·蜀志》说"司马错率巴蜀众十万……浮江伐楚"，足见蜀地生产稻米非常可观，为秦统一全国奠定了坚实的物质基础。秦汉之际，刘邦与项羽逐鹿中原，蜀地生产的稻米也为刘邦大获全胜提供了物资保障。古蜀地区不仅盛产稻米，其农副业也发展较好。从养鱼捕猎到六畜饲养、市肆买卖与商贸活动，都很兴旺。特别是古代蜀人种桑养蚕与丝绸纺织，促进了经济与商贸的发展，为蜀地社会生活带来了富庶。蜀地还有悠久的治水传统，从大禹治理岷江水患，到李冰建造都江堰，都显示了一种伟大的治水精神。可以说，川西林盘农耕文化正是得益于这种治水精神，才充满活力，延续至今，成为一种富有特色的传统。

5.孙大江（四川农业大学，副教授），《川西林盘景观意象研究》

受益于都江堰水利工程历史效能的影响，川西林盘百姓随田散居，主要聚落单元呈点状星罗棋布分布，由田、水、林、宅、路等要素构成，集生态、生产、生活、景观、人文等功能于一体，是典型的川西平原人居环境乡村聚落。巨大的川西林盘格局是半自然半人工平原森林生态系统，为成都提供了稳定的人居环境生态保障。川西林盘是川西平原的生态基底和唯一景观识别因子，是人与环境协调、互补的典范，形成了开合有序、功能完善、生活便捷、邻里互助的和谐环境，完善的空间格局和平面空间序列，使得社会交往更便捷、劳作更高效、信息流通更顺畅，实现了成都平原生境、意境、画境、美境的高度协同与统一。川西林盘是乡村振兴、公园城市建设中成都生活意境的活态留存，作者认为，任何跨时代的景观意境演绎和重构都应

该维持和尊重原有的整体性，是成都民众审美和生活方式的集群回归，是其乡土文化、乡愁的心之安所，是成都建设公园城市画意画境表达的源起与参照。

6.李钊（西华大学，副教授），《川西林盘农耕文化的内涵、特征及历史嬗变——基于郫都区林盘农耕文化的讨论》

"民以食为天"，农业一直是人类社会存在和发展的重要物质基础。目前，农业发展模式面临着资源枯竭、自然灾害等诸多问题，亟须探寻可持续发展路径，以便更好地为社会发展服务。解决这些问题的关键，首先正确认识和处理人与自然、社会发展与农业生产之间的相互关系。位于我国长江上游的川西林盘表象上是成都平原特有的随田散居的农耕文化事项，本质上是该区域祖先历经数千年社会生产与生活实践中，充分利用林盘内生物体之间的互生共养关系，形成的一个"资源－产品－再生资源"可持续发展的生态文化复合系统。它对四川区域史乃至整个中国史的发展具有重要推动作用。处于川西林盘腹心地带的"四川郫都林盘农耕文化系统"不仅是古蜀农耕文明的发祥地，亦是整个川西林盘的典范，成功入选第五批中国重要农业文化遗产，充分证明了它所蕴含的人与自然协调发展的深层生态与文化哲理，可为当今社会探寻可持续发展新路径提供丰富的智源和历史启示。同时，在我国构建人类命运共同体的宏观国际背景下，向中国寻求农业智慧已逐渐成为众多国家谋求自我发展的共识。川西林盘作为人与自然和谐共生的农耕文明代表，有责任、更有义务向全世界输送中国的农业智慧。

7.王斌（中国林业科学研究院亚热带林业研究所，副研究员），《"四川郫都林盘农耕文化系统"历史、特点与价值》

四川郫都林盘农耕文化系统悠久的耕种历史、多样的农田种养制度、丰富的农业物种资源、精妙的农田机理景观、传统的知识与技术体系、独特的自流灌溉系统和浓厚

的灌区农耕文化，推动了农耕社会的有效和高效运行，是古蜀人民在利用自然、改造自然的过程中留下的宝贵物质遗产和精神财富；浑然天成、高度发达的传统农耕系统，展现了中国农耕文明的主要特征，创造和保存了良好的农耕文化与传统民俗文化，体现了古人因地制宜、人地合一的农耕经营理念。郫都区悠久的水旱轮作历史，源远流长的农耕文化，水旱从人、五谷丰盈、民俗传承等许多理念，至今在人们生活和农业生产中仍具有重要现实意义。郫都林盘农耕文化系统不仅是一种复合的生活生产方式，也是川西平原农耕文化的重要载体，反映了以郫都为代表的成都平原劳动人民利用资源、改造自然并与自然和谐相处的全貌，系统包含的传统农耕知识和技术、特色农业物种资源、历史人文景观等，对于目前国家大力实施的乡村振兴战略有着重要的意义。同时，成都市为创建国家中心城市，将郫都区划入"西控"地区，郫都区的发展目标为"双创高地，生态新区"，其绿色发展理念和农业文化遗产的保护发展理念完全契合，保护"四川郫都林盘农耕文化系统"将为实现郫都西控定位提供重要的支撑。

（二）第二论坛：首届农业文化遗产研究生论坛

1.马楠（中国科学院地理科学与资源研究所，博士生），《茶类农业文化遗产的保护与发展研究》

  无论从农业层面还是文化层面而言，茶叶在世界范围都具有重要价值。茶类农业文化遗产兼具自然遗产、文化遗产及文化景观综合价值，是重要的农业文化遗产类型。截至2018年11月底，联合国粮农组织认定的54项全球重要农业文化遗产中，共有4项茶类农业文化遗产；而就我国而言，农业农村部评选出的前四批91个中国重要农业文化遗产系统中，共包含茶类农业文化遗产有10项。这些茶类农业文化遗产能够为当地居民提供大量优质的食物、产品，并且保障了居民收入。同时，茶类农业文化遗产形成了具有观赏及研究价值的自然文化景观，具备独特的知识体系和水土资源管理模式，对区域内部传统文化的传承起到重要作用。此外，茶类农业文化遗产能够对当地的生物多样性和生态系统功能起到保持维护作用，是一类非常重要的GIAHS类型。然而当前所认定的茶类农业文化遗产数量依然相对较少，很

多潜在的茶类农业文化遗产尚未被认定，同时一些已经认定的茶类农业文化遗产系统内部存在生态环境被破坏、茶文化面临冲击的问题。为此，应当从进一步挖掘具有保护价值的茶类农业文化遗产、强化遗产系统综合管理能力、将茶类农业文化遗产保护纳入当地地方发展规划中以及增强遗产系统之间的沟通协作4个方面，开展进一步的茶类农业文化遗产保护与发展工作。

2. 姚帅臣（中国科学院地理科学与资源研究所，博士研究生），《"河北宽城传统板栗栽培系统"典型模式综合效益分析》

河北宽城地区是京东板栗的主产区，河北宽城传统板栗栽培系统于2014年入选中国重要农业文化遗产。在传统板栗栽培系统中，存在着多种适应于环境的栽培模式，了解这些传统栽培模式的综合效益对于保护传统栽培系统具有重要意义。因此，报告以板栗-栗蘑、板栗-黄芩、板栗-大豆和板栗-鸡为例，分别探讨栗菌、栗药、栗粮、栗禽和纯板栗栽培5种重要模式的综合效益。结果表明：栗药模式和栗菌模式的综合效益最高，栗粮模式和纯板栗林的综合效益较低。具体来看，栗药模式和栗菌模式经济效益最高，栗菌模式和栗药模式社会效益最高，而栗粮模式和栗药模式的生态效益最高。最后，作者对"河北宽城传统板栗栽培系统"的保护与发展提出了针对性建议：①对于栗药模式和栗菌模式，可以在一定程度上加以推广；②栗药模式等虽经济效益高，但是风险也高，建议设立专门的保护与发展基金；③栗粮模式等生态效益较高，但经济效益较低，建议采取生态补偿措施。

3. 王英（北京联合大学，硕士研究生），《地方认同视角下农业文化遗产地旅游意象研究——以"浙江青田稻鱼共生系统"为例》

社区不仅是农业文化遗产的重要组成部分，更是农业文化遗产的创造者和传承者，研究其认知中的旅游意象对于农业文化遗产发展具有重要意义。报告通过

文献梳理，对旅游意象和地方认同理论进行剖析，探究旅游意象与地方认同两者之间的关系。基于此，研究选取"浙江省青田稻鱼共生系统"为案例，运用参与式评估获得社区居民访谈文本，结合扎根理论和 ROST CM6 对其进行分析，探索遗产地社区中的旅游意象。结果显示，农业文化遗产地社区认知中的旅游意象体系由景观意象、文化意象、环境意象与情感意象构成。其中景观意象包括稻鱼共生景观、传统建筑与民居、人造设施；文化意象包括饮食文化、民俗文化、节庆活动；环境意象包括生物多样性、遗产地气候；情感意象包括旅游活动、物价水平、基础设施、公共场所、旅游影响等。且农业文化遗产地社区旅游意象具有动静结合、具象性和复合性等特点。研究旨在为农业文化遗产地旅游可持续健康发展提供一些借鉴与参考。

4.李禾尧（中国科学院地理科学与资源研究所，博士研究生），《山地农业文化遗产保护的经验与启示》

　　山地是一种重要的地貌类型，约占全球陆地面积的24%，约占我国陆地面积的69%。全球12%的人口生活在山区，山区的水源、食物和生态系统服务所养育的人口则超过50%。山地农业是一种延续上千年的具有代表性的可持续发展模式，具有鲜明的发展优势与劣势。截至

2019年10月，共有30项山地类GIAHS得到认定，占已认定项目总数的52.6%。山地类GIAHS通过打通养殖、耕作、加工、旅游与贸易等环节，实现促进特色产品销售、促进农业功能拓展、促进区域政策倾斜、促进多方共同参与等多重发展目标，形成了值得推广的价值增值机制，为山地农业创新发展模式提供了重要经验与借鉴。结合对"云南红河哈尼稻作梯田系统"相关保护管理经验的分析，作者认为其在得到GIAHS认定后显著提升了传统品种的销售，有效拓展了农业多功能性，有力提振了农民的自信、自豪与自觉。面向可持续发展的未来，应重视对山区资源的合理开发利用，并鼓励农民在山地农业发展中扮演关键角色。

5.张碧天（中国科学院地理科学与资源研究所，博士研究生），《农业文化遗产系统关键生态系统服务的识别与评估管理》

由于生态系统服务的形成机制及其成熟的评价技术，关键生态系统服务的供给能力可以作为农业文化遗产系统不可持续风险的显性指标，因此识别农业文化遗产系统的关键生态系统服务并进行周期性的评估和管理措施修订对于农业文化遗产系统的可持续发展与高效管理有重要意义。在关键生态系统服务的识别方面，报告由农业文化遗产的5项基本特征出发，总结了关键生态系统服务的5项判据，认为满足不少于一项判据的生态系统服务即可入选关键生态系统服务的备选名单。在此基础上提出可以运用非货币化的陈述偏好法从备选名单中筛选出真正的关键生态系统服务类型，并给出了该方法的实施步骤。在关键生态系统服务的评估方面，报告对比了3种评价方法（即生物物理法、社会文化法和经济价值法）的适用性，建议从服务类型、评估流动的需求、评估精度、数据可得性、经费有限性、时间紧迫性的几个角度考虑进行评估方法的选择。报告最后提出了农业文化遗产关键生态系统服务的管理框架，主要包括前期工作、关键生态系统服务识别、关键生态系统服务评估、政策设计和周期性评估几个环节。

6.武文杰（北京联合大学，硕士研究生），《认同与参与——基于时间利用视角的农业文化遗产地旅游社区参与研究》

农业文化遗产地居民是旅游社区参与的主体，同时是农业文化遗产的守护者和传承者。探究居民作为农业文化遗产传承者的角色认同是否影响其参与旅游，是农业文化遗产地可持续旅游研究的重要问题，对农业文化遗产地旅游的可持续发展以及农业文化遗产传承和保护至关重要。报告选取的案例地是"浙江青田稻鱼共生系统"核心保护地龙现村，

通过利用时间日志法和半结构式访谈法获取当地居民时间利用数据，反映居民旅游参与和遗产保护情况。结果表明，同未参与旅游居民相比，参与旅游的居民劳动活动耗时增加，出现"双重劳动"现象，多数人并没有因为参与旅游业劳动而过多挤占其从事农业生产的时间，他们会通过延长劳动时间，减少生活和休闲活动的时间，来实现农业劳动和旅游业劳动之间的协调。同时，居民作为农业文化遗产传承者，其角色认同对旅游参与具有一定的影响，影响路径具体表现为利益驱动、生计选择、地方依恋感、自豪感以及环境设施的完善等影响居民参与社区旅游发展。因此，未来遗产地应着力提高当地居民的角色认同，使其认可农业文化遗产价值，鼓励居民适度参与到社区旅游发展中，正视农业文化遗产旅游对遗产保护的推动作用，实现旅游生计和传统农业生计的融合发展。

7.丁陆彬（中国科学院地理科学与资源研究所，博士研究生），《农业文化遗产系统农业生物多样性的评价与保护》

农业文化遗产是一个自然－经济－社会复合生态系统，该系统中农业生物多样性体现出生物多样性、文化多样性、管理方式多样性等交互作用的特点。前人已经对农业生物多样性的保护和评价进行过很多有益的探索。报告在梳理影响农业生物多样性因素的基础上，提出了基于管理方式多样性和农业景观的保护和评价方法。在进行生物多样性评价时，要考虑景观层面的异质性，点线面结合起来进行调查。依靠传统方式来维持生计并进行农业生物多样性管理的地区，通常有较高的生物多样性。因此，要考虑农业生物多样性传统管理知识和技术对农业生物多样性的影响。在农业生物多样性的保护过程中，要借鉴生态农业的保护方法，把条带化轮间作、生态斑块、生态廊道等的建设当作生态修复技术和保护方法，这也是农业景观保护的要求。要考虑当地人的土地分类，当地人对土地性质的认知和分类决定了其对农作物的品种及生产活动投入。在对农业生物多样性进行评价和保护时，考虑当地的管理方式、民族文化和农业景观内部的异质性，是探索农业文化遗产适应性管理的方法。

8.刘吉龙（中国农业科学院农业经济发展研究所，硕士研究生），《"福建安溪铁观音茶文化系统"遗产地农户生计状况分析》

农户生计是农业文化遗产认定的标准之一，也是农业文化遗产保护与传承的关键因素。为了分析农业文化遗产地农户的生计状况，报告以中国重要农业文化遗产——"福建安溪铁观音茶文化系统"为例，基于可持续生计分析框架理论，分析了福建安溪铁观音茶文化系统核心区农户的生计资本、生计策略和生计结果。研究表明：①在对农户生计资本指标体系构建和量化的基础上，利用熵值法综合评价了农户不同方面的生计资本，评价结果为：文化资本＞社会资本＞物质资本＞自然资本＞人力资本＞金融资本。具体而言，农户茶园经营面积不高，从事种茶的往往是年龄较大的劳动力，自身金融能力有限；②通过对农户2018年的家庭收入结构和劳动力配置分析，农户茶产业收入占家庭收入的74.8%，参与茶产业的劳动力占家庭劳动力的88.2%。其中，参与茶产业的女性劳动力占参与茶产业劳动力的50.3%，参与茶产业是当地农户重要的生计途径；③通过对参与茶产业的劳动力收入与外出务工的劳动力收入进行比较，参与茶产业劳动力平均收入低于外出务工劳动力的平均收入。在收入差距等因素的影响下，农户形成"农忙时种茶、农闲时外出务工"的生计模式。因此，农业文化遗产保护要提高农业生产经营环节的建设，完善农村金融扶持政策和制度，提高农户的农业经营收益。

9.王国萍（中国科学院地理科学与资源研究所，博士研究生），《基于传统知识的气候灾害风险管理策略及其适应机制浅析——以内蒙古阿鲁科尔沁草原传统牧区为例》

报告结合风险管理理论及灾害的脆弱性理论，从灾害风险管理策略及灾害脆弱性角度入手，探究蒙古族传统游牧系统基于其传统知识在牧户层面形成的气候灾害风险管

理策略，主要包括：①基于传统知识的气候灾害风险转移策略，如牲畜宰杀与出售；②基于传统知识的气候灾害风险慎重管理策略，如转场、贮藏草料、多样化养殖；③基于传统知识的气候灾害风险避免策略，如建棚圈、延迟剪毛；④基于传统知识的气候灾害风险接受策略，如灾害的宗教及文化解释、举行禳灾仪式。从灾害风险管理的角度来看，蒙古族传统游牧系统基于其传统知识，形成了完整的灾害风险管理体系，并且按照灾害风险发生的可能性的高低，以及灾害所产生的影响程度的大小，形成了灾害风险转移策略、灾害风险避免策略、灾害风险接受策略和灾害风险慎重管理策略。不同的策略分别通过降低灾害风险受体的敏感性、暴露性并提高其灾害风险的适应能力来降低社区的灾害风险，从而达到对气候灾害风险的管理以及气候变化的适应。

10.黄学渊（四川农业大学，硕士研究生），《成都平原重要林盘与传统场镇分布与变迁研究——以郫都区为例》

基于近现代地图与相关地理信息，报告结合历史文献与实地考察，通过GIS空间分析、核密度估算、欧氏距离、基尼系数等方法，以传统林盘聚落的核心区郫县为例，定量揭示1947年、1970年、1985年、2000年与2018年郫县林盘居民点的空间分布特征与场镇分布关系的变化情况。研究结果表明：①改革开放前林盘居民点的分布极易受到政治经济中心的影响，改革开放后林盘居民点的分布具有均质化快速发展的特点，但城镇化进程的到来从根本上改变林盘居民点的散居特征，其聚集程度明显增高。林盘居民点高密度区始终具有围绕传统场镇及城镇建成区分布的特点。②传统场镇的市场半径大致为3公里，交通条件是传统场镇选址的首要因素，民国时期场镇选址主要受水路交通影响，建国后水路交通为场镇带来的交通便利逐渐被陆路交通所取代。③传统场镇的分布会随着林盘居民的自主组织行为与相关政策的调控而不断趋于均衡状态，但在改革开放之后，场镇由乡村市场驱动的自由放任式发展转变为地方政府驱动下的固定场所。④林盘居民点具有沿河流水系分布的特点。传统时期林盘居民点与主要道路之间的关联性较低，但当前林盘居民点具有沿道路分布的特点。

11.刘显洋（中国科学院地理科学与资源研究所，博士研究生），《农业文化遗产文创产业发展形势及路径研究》

报告在界定新时代文创产业定义和发展背景后，提出了发展文创产业具有振兴经济、升级传统行业、提升国家文化软实力等作用。作者基于对农业文化遗产特点和遗产地发展形势的分析，指出发展文创产业有助于促进农业文化遗产地价值"变现"，提高区域经济发展动能；增加广泛就业机会，提高农民经济收入水平；保护遗产地文化要素，促进文化传承与发扬等优势。然而，目前中国的农业文化遗产地发展文创产业存在以下问题：①农业文化遗产的普及力度不够，众多遗产地政府、居民以及文创产业的投资与经营团体对农业文化遗产及其价值挖掘尚且不够，发展文创产业驱动力不足。②农业文化遗产的文化资源类型复杂，兼具历史性、民族性和地域性，专业人才的缺乏导致文化产品缺乏创意和技术含量，"化符号－文化内涵－产品创意"的转化过程仍有难度，制约了产业发展。③农业文化遗产文创产业发展的外部政策环境缺乏，导致新业态发展滞后，动力不足，尚未形成品牌和龙头企业。基于此，报告提出了构筑文创产业发展的生态格局、强化文创产业发展的核心竞争力、制定"互联网＋"背景下产品营销策略等发展路径。

12.焦存艳（北京农学院，硕士研究生），《安徽淮南八公山豆腐农业文化遗产现状与对策研究》

农业文化遗产具有丰富的生物多样性，可以满足当地社会经济与文化发展的需要，有利于促进区域可持续发展。各国家和地方政府越来越重视农业文化遗产的活化与利用。汉淮南王刘安是汉高祖刘邦的孙子，其门下宾客苏非、李尚、田由、雷波、伍波、晋

昌、毛被、左吴8人非常受赏识，8人炼丹的小山被称作"八公山"。传说刘安等人炼丹时不慎将石膏落入豆汁中凝成豆腐，豆腐由此起源。作者通过对安徽淮南豆腐农业文化遗产保护与活化进行研究，发现当地农业文化遗产保护面临以下问题：①消费者对安徽淮南豆腐农业文化遗产的历史文化缺乏了解；②政府部门没有给予淮南豆腐设立专项政策与资金保护；③淮南豆腐农业文化遗产的传承、保护与活化利用潜力巨大。基于此，作者建议：①政府应加强对淮南农业文化遗产保护的重视程度；②尽快构建多方参与机制，加大对淮南豆腐农业文化遗产的传承与保护；③培养专业研究人才，科学保护淮南农业文化遗产；④借助新媒体等现代推广渠道，加大对农业文化遗产的宣传。

13.李志东（中国科学院地理科学与资源研究所，硕士研究生），《农业文化遗产地收入差异驱动力的分析》

"内蒙古阿鲁科尔沁草原游牧系统"位于我国北方农牧交错带的东部，近千年的历史深刻诠释了"天人合一"的游牧文化，于2014年被批准为第二批中国重要农业文化遗产。阿鲁科尔沁草原游牧系统所在地巴彦温都尔苏木的经济水平相对落后。报告使用地理探测器从产业和地域环境的角度对当地收入情况进行了空间分析，发现第一产业类型和第二三产业的发展程度是阿鲁科尔沁旗收入差异产生的主要驱动力，保护区建设、水资源供给类型、交通便利程度以及高程因素也在一定程度上拉开了阿鲁科尔沁旗境内各地的收入差距。同时前两者产业因素与后四者地域环境因素对当地人均纯收入空间分布的影响存在显著差异。进而可以得出以畜牧业为主的第一产业类型和第二三产业从业人数比例较小是限制巴彦温都尔苏木经济发展水平的主要因素，交通相对不便以及海拔较高等地域环境因素也在一定程度上拉开了巴彦温都尔苏木与周边区域的收入差距。此外，由于产业因素和地域环境因素对当地人均纯收入影响的关联较弱，所以当地政府在对遗产地进行经济扶持的政策规划中可将产业和地域条件这两个方面同时纳入考虑范围，推动经济高效发展。

（三）分会场一：农业文化遗产特征与价值

1.徐旺生（全国农业展览馆，研究员），《农业文化遗产中的水稻元素》

农业文化遗产是中华传统农耕方式的优秀代表，有的形成了循环生态利用模式，依然造福于当地。在中国的农业文化遗产中，水稻元素最为显眼，这与水稻在中国传统农业中的重大作用相匹配。首先，水稻起源于中国，与鱼、鸭、蟹、虾、鳅等在稻田中共生，形成了小的种养系统。系统自身不需要使用化肥农药，就维持了正常循环，保证了农田的生态平衡，有利于构建良好的生态环境。其次，水稻成就了高山梯田与丘陵梯田。只要有灌溉条件，人们就会选择种水稻而不是旱地作物。再次，水稻与小麦形成了稻麦轮作的水旱轮作系统。这个系统中，因为土壤环境在干湿中轮换，相应的作物病虫害因为转换失去了固有的生存环境，因此其危害大大减轻。另外，历史上域外作物不断引进，都没有找到可以替代水稻的农作物。与现代农业系统相比，中国重要农业文化遗产是古人生存智慧的集中体现，应该对其加以保护、传承与利用。

2.黄国勤（江西农业大学，教授），《"江西崇义客家梯田系统"的特征、价值和保护》

"江西崇义客家梯田系统"于2014年入选中国重要农业文化遗产、2018年作为"中国南方山地稻作梯田系统"重要组成部分入选全球重要农业文化遗产。"江西崇义客家梯田系统"由客家梯田这一独特的土地利用系统和农业景观，及其所承载的丰富多样的文化体系共同构成。"江西崇义客家梯田系统"具有悠久性、立体性、多样性、季节性、活态性、动态性、有序性、独特性、濒危性和珍贵性10个特征，同时体现出经济价值、社会价值、生态价值、技术价值、文化价值、教育价值、科普价值、科研价值、

旅游价值和示范价值。当前，"江西崇义客家梯田系统"面临着生态破坏、水土流失、环境污染、自然灾害、组分衰减、劳力减少、耕地撂荒、农田退化、投入不足和效益下降等诸多问题与挑战。为实现"江西崇义客家梯田系统"的可持续发展，需尽快采取积极而有效的保护措施，如提高认识、搞好规划、环境整治、生态建设、用养结合、加深研究、开展合作、增加投入、完善法规和加强监管。

3.沈琳（安徽农业大学，教授），《农业文化遗产保护之于精准扶贫的意义》

农业文化遗产是历史时期创造并传承、利用至今的活态农业生产系统，具有独特的生态、经济、文化和美学价值，是人类生产、生活智慧的结晶。安徽目前进入中国重要农业文化遗产保护名录的遗产有4项，其中，"安徽安丰塘（芍陂）及灌区农业系统"所在地寿县是国家级贫困村，其他3项遗产所在地均有贫困村和贫困户。在精准扶贫过程中，这些遗产成为当地发展产业扶贫的利器。"安徽太平猴魁茶文化系统"所在核心区——猴坑村，每个村民现年均收入已超20万元，是远近闻名的富裕村；休宁县通过推广山泉流水养鱼技术，带动休宁县的贫困乡、贫困村脱贫，其影响辐射到安徽省境内的其他贫困山区；铜陵白姜原产地通过向周边地区推广白姜种植技术，带动周边有相似土壤、气候条件的贫困村脱贫致富；安丰塘镇利用安丰塘的水利风景等优势资源开发稻田画、葡萄采摘园等实现产业扶贫，涉及面还在不断扩大，遗产地的生物多样性得到了充分体现。这些遗产地在实施精准扶贫战略的过程中，充分利用农业文化遗产独特的生态、经济、文化和美学价值，对于贫困村摆脱贫困之境具有现实指导作用，同时对于传承和保护农业文化遗产也具有示范推广意义。

4.汪玺（甘肃农业大学，教授），《茶马古道是青藏高原丝绸之路》

牦牛文化是以牦牛及其生存的高寒草地为资源，通过生活在这里的藏族牧民辛勤劳动所形成的传统生产方式、生产技术、生活方式、民居建筑，以及由此产生的宗教信仰、文艺活动、礼仪习俗、文学美术等上层建筑。牦牛文化属于草原文化，是全世界独一无二的青藏高原特色文化。首先，青藏高原是牦牛唯一的起源地，4000多年前古羌人将野牦牛成功驯化为家牦牛并培育了多个牦牛品种资源。其次，牦牛是青藏高原的景观牛种。牦牛全身多毛，体侧与尾毛长可及地，毛厚密、耐寒，是世界上唯一产绒毛的牛种，也是唯一能适应海拔6000米的家畜。再次，牦牛被誉为"高原之舟"，与当地人的生产、生活息息相关。另外，牦牛不仅仅是青藏高原高寒牧区牧民的生产、生活资料，已成为他们的家庭成员。牦牛对藏族牧民不仅仅是依赖，更是一种从精神到物质的浸润，从文化到民俗的滋养。牦牛是他们的图腾。如果说内蒙古草原文化的主要内容是马文化，那么青藏高原草原文化的主要内容则是牦牛文化。研究牦牛文化对青藏高原生态环境保护具有重要借鉴作用，对保护和传承文化多样性、增强民族自豪感、促进民族团结具有重大的历史和现实意义。

5.李华（北京农学院，教授），《北京家禽农业文化遗产概况与活化——以北京鸭、北京油鸡为例》

报告介绍了北京市50项农业文化遗产资源名单和北京油鸡、北京鸭等485项列入要素类农业文化遗产的名单，指出北京家禽农业文化遗产存在的主要问题包括：①当前的土地政策（如林地政策）对农业文化遗产保护造成了某种障碍；②缺乏专项资金等具体保护与扶持政策；③北京油鸡在基因图谱、分子标记和生殖隔离方面有待进一步研究，品种提纯还需改善；④北京鸭和北京油鸡等农业文化遗产在历史挖掘和文化底蕴研究方面尚存不足；⑤北京鸭目前只剩首农集团一个原种场，北京油鸡的北京市农林科学院原种场已迁至河北遵化。基于此，作者提出了对北京市农业文化遗产保护与活化的相关建议：①突破现有土地政策，建立林下经济种养结合改革试点，生态林套种部分经济林，适度放宽对北京油鸡和北京鸭等农业文化遗

产的养殖空间审批，在政策上给予适当"松绑"，大力扶持种养结合的循环农业；②设立农业文化遗产保护专项资金；③加强对农业文化遗产如基因育种的科学研究，推广农业文化遗产的科普宣传；④保留首农集团和北京市农林科学院所属的两个原种场，增强品种优化培育，实现北京市农业文化遗产的活化与利用。

6.叶明儿（浙江大学，教授），《"浙江黄岩蜜橘筑墩栽培生态系统"及其历史文化价值》

"浙江黄岩蜜橘筑墩栽培生态系统"不仅是世界蜜橘和柑橘筑墩栽培技术的发源地，而且是历史最悠久的优质柑橘集中产区；系统采用低洼沿海盐碱滩涂地的独特土地利用方式，通过筑墩淋卤，不仅使土壤含盐量迅速下降，降低了橘园的地下水位，确保了墩上橘树的正常生长；同时涨潮带来的大量营养元素沉积在河道淤泥中，冬季被挖运覆盖到橘墩四周作为橘树肥料，使得潮水带来的营养物质得到了有效的利用，减少了橘树肥料的使用量，年年周而复始。当前，该生态系统不仅形成了泥沙土、水稻土、红黄壤土、滨海盐土等典型的土壤栽培方式，而且形成了黄岩蜜橘筑墩栽培与水稻、茭白、甘蔗、绿化苗木等多种作物的复合种植系统。这些系统在不同程度上优化了当地的环境结构，为生物多样性提供了有力保障。另外，历经1700多年的演变，当地形成了如元宵节"放橘灯"、柑橘收获后"祭橘神""供橘福"等独特的黄岩橘文化景观。可以说，"浙江黄岩蜜橘筑墩栽培生态系统"具有较高的历史价值、生态经济价值、文化价值及科学研究价值。

7.邓蓉（北京农学院，教授），《梯田在乡村振兴中与脱贫攻坚的现实价值》

从我国几千年的农耕实践和百年来的农业科学研究来看，梯田具有显著的生态效益和较大的农业经营效益，对于改善既有农耕条件、增加当地粮食产量、维持山区生态良性发展等，都具有十分重要的作用，并由此派生出了不同地域的梯

田农耕文化。在乡村振兴战略实施的背景下，古老的梯田可以挖掘出新的现实价值。梯田集农业生产功能、乡村生态功能、乡村与农业景观功能和梯田农耕文化传承功能于一体，在农业经营的同时可以展示其生态价值、景观价值和文化价值，并通过多重价值的实现，吸引外部消费力量，增加梯田综合经营收益。修筑和耕作梯田是山区人民谋生的主要方式，梯田不仅具有经济价值，更具有生态价值。梯田能生产绿色农产品、维系生态系统平衡、调节山区人居环境、传承丰富多彩的农耕文化。作者认为，梯田山区脱贫攻坚的基本思路包括以下4个方面：①拓展梯田的多功能性，从多层次获利；②培育以梯田文化为主的乡村文化自信；③吸引外部消费力量，增加梯田的综合吸引力；④提升梯田、乡村和乡土产品的多元价值。

8.王维奇（福建师范大学，副教授），《地理学视角下的全球重要农业文化遗产》

报告基于地理学视角，探讨了全球重要农业文化遗产的地理学属性。地理学是什么？两句话：人地系统的科学与人类活动的空间科学。三个关键词：人地关系、空间与系统性。地理学是一个具有多种要素组成且相互关联的综合体，并服务于社会经济。全球重要农业文化遗产是地球表层自然、社会、经济等要素构成的人地关系协调的农业生态系统，属于地理学研究范畴。农业文化遗产的生态功能和生物多样性，历史、文化、经济与生计、监测与评估等均离不开地理学的范畴，包括了自然地理学、人文地理学和地理信息系统。地理学的野外调查、实验分析和3S技术又可以更好地服务于农业文化遗产的保护与发展。农业文化遗产的地理位置及多地理要素耦合形成了其空间分异组合的不同，景观上也呈现了地理地带性特征，其历史演化又是人地关系系统演进的结果，充分体现了和谐人地关系下的多功能性以及空间、时间与营养结构特征。地理要素空间差异孕育了物种结构多样性和多系统要素的良性循环。以地理学思维为主线，将更好地服务于农业文化遗产挖掘和保护，助力乡村振兴。

9.赵飞（华南农业大学，副教授），《中国荔枝文化遗产的特点、价值及保护研究——基于增城荔枝遗产的实证研究》

中国是荔枝的原产地，是荔枝产业第一大国，拥有全球最丰富、最优质的荔枝品种。同时荔枝在历史上有"百果之王"的美称，是中国文化底蕴最为深厚的果品之一。荔枝文化遗产极具中国特色且拥有全球影响力，对其保护与发展开展研究具有重要意义。报告以岭南荔枝种植系统（增城）为案例，采用实地调查深度访谈等研究方法，对荔枝文化遗产的特点、价值及保护进行了探讨。遗产地荔枝栽培历史久，"挂绿"驰名中外，种质与古树资源丰富，拥有完备的生产技术体系，荔枝文化资源厚重多元。岭南荔枝种植系统（增城）是一个生态、经济与文化价值俱佳，具有南亚热带特色的生产和文化系统，但当前面临着城镇化与现代农业发展的冲击、古荔树保护力度不够、遗产价值认知不足等威胁。作者提出以下遗产保护与发展的建议：①选择山枝与水枝的代表性区域，建设田园空间博物馆；②实施古荔树保护工程，强化古树的管理与护养；③加大荔枝文化普及力度，提升民众文化自觉能力；④以荔枝产业园、特色小镇、果场为重点，推动荔枝产业升级发展。荔枝相关农业文化遗产地应联合申报全球重要农业文化遗产，以推动中国荔枝文化遗产的进一步保护与宣扬。

10.朱冠楠（南京农业大学，副教授），《庆元香菇民俗的生态渊源及其当地价值》

报告从农业民俗的角度，探讨庆元"林－菇共育系统"的生态机制和当代价值。作者通过实地考察、菇农访谈、文献搜集等途径，对庆元香菇生产的传统知识体系进行了梳理和考辨，揭示出"林－菇共育系统"兼顾了经济理性与环境理性的有机统一，形成了林－菇相

济，同生共长的生态机制，实现了森林生态、农业生态、经济生态的协调平衡。林－菇共育的林下经济模式主要包括：爱山护林的农业开发理念，爱山护林的知识体系，林菇共育的生态效益。生态循环的传统技术组合主要包括：香菇生产就地取材，千年生产不留垃圾；育菇树种的多样性，避免单一化的过量砍伐；采用间伐取材，有利于林木的自然更新，永续利用。敬畏自然的菇神文化有：菇神庙会、迎神庙会、拜山神和认树娘等。林－菇共育的价值体系包含：精神信仰价值，生态保护价值，文化传承价值，技术创新价值。庆元"林－菇共育系统"兼顾了经济理性与环境理性的有机统一，实现了森林生态、农业生态、经济生态的平衡和谐。林－菇共育的独特知识体系，做到了林－菇相济，同生共长，繁衍生息，连绵不绝。

11.陈茜（吉首大学，讲师），《武陵山区农业文化遗产概说：以目前正在申报的三项为中心》

武陵山区蕴含着大量丰富的农业文化遗产，且当地有苗族、侗族、土家族等众多少数民族，具有鲜明的民族文化特色。同时，作为集中连片的特困山区，武陵区没有受到外来文化和工业文明的冲击，其重要农业文化遗产均得以较好保存，农业文化遗产资源的挖掘、保护与发展对实现精准脱贫与乡村振兴具有重要推进意义。报告通过分别剖析"湖南靖黄金寨古茶园文化系统"的历史性、系统性、可持续性和濒危性，"贵州锦屏杉木传统种植与管理系统"的遗产特征、历史起源、传统农业技术和"杉栗并作"生态原理以及"湖南永顺山地古油茶林复合系统"的独特复合经营模式、悠久历史文化底蕴、传统知识技术体系及社会、生态、经济价值等，系统解读了武陵区中国重要农业文化遗产的科学奥秘。

（四）分会场二：农业文化遗产价值实现机制

1.张红榛（红河学院，教授），《红河哈尼梯田世界遗产品牌助推红河南岸精准扶贫研究》

红河州金平、元阳、红河、绿春4县是国家级扶贫县，贫困面广、贫困程度深，是脱贫攻坚的重点地区。同时，这4县又是民族文化资源富集地方，其优良的生态系统、多彩的文化现象和四季壮丽的文化景观受到世人瞩目。2000年以来，红河哈尼稻作梯田系统成功申报全球重要农业文化遗产和世界文化遗产，成为我国唯一以民族命名、以农耕文化为主题的双世界遗产。同时，以哈尼梯田为载体的哈尼多声部、红河乐作舞、哈尼哈巴、哈尼四季生产调等入选国家非物质文化遗产名录。拥有国际交流的文化名片和旅游开发的顶级资源，哈尼梯田为红河州社会经济发展打下了坚实基础，搭建了较高平台。然而，机遇与挑战并存，哈尼梯田仍面临着农产品开发单一、农民种植收入低、品牌附加值挖掘不深、脱贫致富路径不宽等难题。报告建议尽快制定可持续发展的长远规划，加强哈尼梯田的保护与管理，与乡村振兴、生态保护、巩固边疆民族团结等政策、部署有机结合，以产业发展为支撑，助推红河脱贫致富。并强调世界遗产的品牌效益应惠及老百姓。只有老百姓获益，才有绿水青山；只有老百姓脱贫，才有边疆的和谐稳定和梯田的永续发展。

2.刘某承（中国科学院地理科学与资源研究所，副研究员），《草原生态保护补奖政策评估框架——以农业文化遗产地为例》

生态补偿政策对生态保护者的影响及其实施的生态效果正日益受到学者和决策者的广泛重视与研究。为了促进草原的可持续发展，中国政府自2011年开始实施草原生态保护补助奖励政策。为了研究草原生态保护补助奖励政策实施的有效性、公平性和补偿效率，报告以中国重要农业文化遗产——"内蒙古阿鲁科尔沁草原游牧系统"为例，提出了草原生态补偿政策评估框架；同时，以草畜平衡、禁牧两种活动类型为研究对象，评估了"内蒙古阿鲁科尔沁草原游牧系统"的草原生态保护补助奖励政策，分析了补偿政策实施后的生态效果、经济效果和农户参与性。研究发现：①草

原生态补偿实施后，草原生态环境得到了一定程度的改善，但超载过牧的现状并没有得到根本性转变；②中小牧户是草原超载的主体，草畜平衡奖励存在减畜和补偿的不对等关系，草畜平衡奖励标准和禁牧补助标准需要差别化；③牧民对草原生态补偿的政策满意度越高，并不意味着草原生态补偿的政策设计和执行就越好。政策满意度越高，实际收入影响正向越大，生态效果可能反而不佳。

3.张灿强（农业农村部农村经济研究中心，副研究员），《农业文化遗产助力脱贫攻坚的模式与问题》

118个中国重要农业遗产中有33个位于贫困地区，涉及国家级贫困县39个，且与少数民族深度贫困区有很大的重叠性。农业文化遗产多位于丘陵山区，但本身拥有丰富的生物资源、特色的物质产出、优美的大地景观、悠久的历史文化、珍贵的传统农艺等，将挖掘和利用农业文化遗产资源与精准扶贫有机结合，可为全面打赢脱贫攻坚战提供一条"农遗扶贫"的新路径。"遗产扶贫"的主要模式和做法有：以特色物产助力脱贫攻坚、以品牌效应助力脱贫攻坚、以新兴业态助力脱贫攻坚、以古村活化助力脱贫攻坚和以文化自信助力脱贫攻坚。农业文化遗产保护和利用为脱贫攻坚提供了一个很好的抓手和平台，但是在现实中，"遗产扶贫"还存在以下困难和问题：①开展遗产扶贫中，如何协调保护与利用还存在矛盾之处；②贫困地区的遗产地大多位于丘陵山区或生态脆弱地区，道路、通信、水电等基础设施和基础保障底子薄、条件差，是遗产地社会经济可持续发展的短板；③"遗产扶贫"中利益联结的长效机制还不完善，贫困户参与途径有限；④贫困地区干部群众对遗产的挖掘程度和利用水平还有待提升。加强贫困地区农业文化遗产科学保护与合理利用，使其成为贫困群众脱贫奔康的重要支撑。要在政策支持、制度设计、宣传推广等方面加大力度。一是深入推进农业文化遗产的宣传推广，提高社会各界对保护与发展的科学认识；二是加大贫困地区农业文化遗产的挖掘和投入力度；三是拓展贫困户参与遗产扶贫的途径，完善利益联结机制；四是提升贫困地区遗产地干部群众开发和管理遗产的水平。

4.杨伦（中国科学院地理科学与资源研究所，助理研究员），《农户生计策略转变对农业文化遗产的影响研究》

"甘肃迭部扎尔那农林牧复合系统"是青藏高原地区首个全球重要农业文化遗产。当地居民与遗产系统所在地独特的生态区位、相对独立的空间结构和高寒贫瘠的自然条件协同演进，充分利用各种类型的自然资源，尤其是土地资源，形成了相对封闭、完整、紧密且自给自足的农业生产结构。这种农业生产结构在宏观上表现为垂直地带和水平空间上的种植业、林业和畜牧业的复合；在微观上表现为对耕地资源、森林资源、草地资源和物种品种资源的循环与合理利用，以生产多样化的产品满足日常生活和生产所需。近年来，在自然环境变化、社会经济发展、农户家庭特征和生计资本状况的综合影响下，当地农户的生计策略转变成为了一种必然趋势，越来越多的农户选择兼业化生计策略和非农化生计策略，以适应新的人地关系。然而，随着农户生计策略的转变，整个遗产系统的结构与功能呈现出显著变化。一方面，遗产系统结构的维持更加依赖农户的劳动力和物质投入，种植业子系统、林业子系统和畜牧业子系统之间的联系逐渐变弱，不利于该遗产系统的可持续发展。另一方面，遗产系统的生产、生态、社会与文化功能的可持续性存在较大威胁。因此，需要建立行之有效的政策干预措施，通过影响农户的生计策略选择进而促进遗产系统的保护与发展。

5.孙晟（美国佛蒙特法学院，研究员），《农业文化遗产生态系统服务价值实现机制的研究框架》

报告勾画了农业文化遗产生态和社会价值实现机制的法律和制度体系，尝试从4个层面来探讨相关的法律和制度问题；建议法律和制度的构建应当在4个层面同时寻求突破，不同层级之间的法律和制度应该争取形成有机、共荣的互动关

系，确保整个法律和制度体系的适应性和弹韧性。在基础层面，强制性的法律法规及其有效执行是农业文化遗产生态和社会价值实现的基本保障。该研究主要从风险刑法的理论视角出发，阐述了强制性法律法规，特别是刑法应对，如何形成对农业文化遗产地生态和社会价值的有效保障。在强制性法律法规的基础上，行政机构可以通过具体的法规或者制度架构，创造农业文化遗产生态、社会价值的购买者和生产者，积极促成并有效规制购买者和生产之间的价值交换。同时，研究主要以美国威斯康星州农业生态系统的排放权交易制度及价值结算中心体系为例，重点讨论了政府在这一价值实现机制中的角色及行为原则。

6.吴萍（东华理工大学，教授），《风险刑法理论下农业文化遗产地"三权分置"实施的刑法应对》

"三权分置"落实了农民对农地的财产性权利，提高了土地资源配置，实现了公平与效率的统一。社会转型在带来进步、繁荣的同时，也伴随着诸多社会风险。"三权分置"易使农地"非粮化""非农化"、农地污染加重，威胁粮食安全与生态安全。报告认为，制度变迁带来的社会风险增加是刑法变革的重要力量。当前以非法占用农用地罪和污染环境罪为主体的侵犯农用地犯罪弱化生态法益保护抬高了入罪门槛，法定刑配置趋轻影响了刑罚功能的实现，不足以应对"三权分置"下农用地保护的复杂形势。风险刑法理论下刑法的干预起点前置，入罪门槛降低，犯罪圈扩张，对制度风险的控制与预防更为契合与有效。同时，报告建议未来刑法修正应将确立生态法益作为侵犯农用地犯罪保护的中心法益，加大自由刑的处罚力度，增加生态恢复等非刑罚处罚措施，为"三权分置"的顺利、安全落地提供强有力的法治保障。

7.庄羽（美国佛蒙特法学院，研究员），《威斯康星州农业生态系统服务价值和水污染排放权交易（规制性法律工具到生态系统服务价值的传导机制）》

威斯康星州发达的农作物种植业、畜牧业、乳制品制造业，以及造纸业等均对水体富营养化造成影响，而农业是水体污染的主要原因。改变农业操作不仅能减少水污染排放，还能够发挥农业的水质保护功能，实现其生态系统服务价值。农业水质保护包括水土耕作保持、农作物养分管理、病虫害治理、建立保护缓冲带、灌溉水管理、放牧管理、动物饲养运营管理和土壤流失与沉积控制八大措施。2020 年 3 月，威斯康星州颁布了水污染排放权交易结算中心法律。该法律建立了第三方水污染排放权交易结算中心，为农民、工厂和城市污水处理厂相互交易水污染减排提供了一个经济可持续的交易系统。其主要功能包括：①通过与减排方达成协议生成减排积分；②维持一个积分库；③向买方出售积分；④针对不同水污染防治和环境服务建立积分计算方法；⑤建立和维护一个集中的积分生成和出售注册中心；⑥维持一个互联网平台，为积分买卖双方提供交易信息。在这个结算中心模式中，政府的职能主要体现为：①通过法律法规创造这个交易市场；②通过法律法规设计交易制度；③评估和决定每项交易的合法性；④对交易市场进行监管。

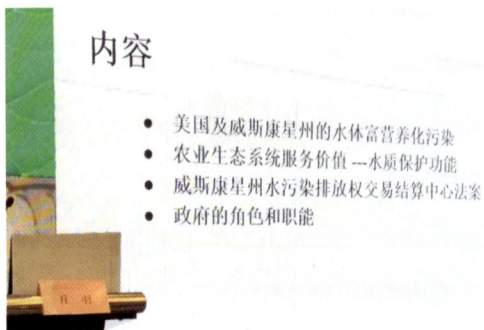

8.刘明明（中国农业大学，副教授），《农业文化遗产生态服务价值实现的市场机制——以碳排放权交易为视角》

中国碳排放权交易市场的建设经历了一个从单向参与国际碳市场（清洁发展机制项目）到国内自愿减排交易，再到以总量控制型碳排放权交易为主，并与自愿减排交易相结合的过程。作者认为，在全国碳排放权交易市场建设的背景下，碳汇交易将有助于农业文化遗产生态服务价值的实现。农业文化遗产碳汇应当纳入中国温室气体自愿减排交易体系，经核证的农业文化遗产碳汇项目可以取得可交易的中国核证减排量。农业文化遗产碳汇项目的方法学研究以及碳汇的测量、报告和核证机制对于农业文化遗产碳汇交易的制度设计至关重要。

9.龙文（知识产权出版社，副编审），《知识产权赋能农业文化遗产保护》

在高质量打赢脱贫攻坚战与乡村产业振兴的背景下，产业兴旺是乡村振兴的重要基础，是解决农村一切问题的前提。农业文化遗产作为一个结构复杂的包含农业生态系统、农业生物多样性和景观的系统，因此对其保护涉及多样的信息财产和知识产权。区域公用品牌和原产地地理标志产品是乡村产业核心产品，凝结了地域生态物产、技艺传承和文化风土，成为乡村产业传创结合、直面消费者市场选择的最核心产品。报告主要剖析了如何通过创新性法律和制度，特别是知识产权保护的相关工具，如原创认证平台，利用"企业＋合作社＋农户"的利益联结机制以及村民自治组织对集体财产的主张和管理，借助原创认证平台进行相关的技术成果认证、版权认证、商标与商号认证、原产地认证、传统文化保护与认证，从而实现社区传统资源财产权利的主张与行使。并基于物联网、云计算等技术实现产品的一体化全产业链追溯，以及根据原产地知识产权引入线上交易，规范交易过程、减少交易风险，促进产品交易及其价值的实现。

10.顾兴国（浙江省农业科学院，助理研究员），《"浙江庆元香菇文化系统"可持续发展分析与评价》

浙江庆元香菇文化系统拥有800多年的历史文化积淀，被认定为世界香菇人工栽培之源，集中体现了当地劳动人民适应和利用自然的农耕智慧，目前系统内融合了剁花法传统香菇栽培模式和以人工菌种为基础的多种现代香菇栽培模式。报告通过对其中具有代表性的代料法、剁花法和段木法3种香菇栽培模式进行农户投入产出调查、能值指标评价与分析，以反映和比较它们的经济效益、生态效益和可持续发展能力状况。3种香菇栽培模式的成本收益分析表明，代料法的"净收益"和劳动生产率均占优；但基于能值的指标评价证明，3种香菇栽培模式在生态效益、经济效益和可持续发展能力方面各有优劣。其中，剁花法的本地资源利用率可更新资源利用率

最高、环境影响最小，并且生产效率最低、交换效率最高；代料法则与之相反；而段木法的可持续发展能力最高。作为中国重要农业文化遗产，"浙江庆元香菇文化系统"动态保护与适应性管理的核心在于提升其农业生产方式的可持续发展能力，建议针对3种栽培模式的不同问题分别进行改进，同时综合它们的不同优势，探索新的可持续发展能力较高的香菇生产模式。

（五）分会场三：农业文化遗产动态保护途径

1.焦雯珺（中国科学院地理科学与资源研究所，副研究员），《面向年轻一代的农业文化遗产价值传播》

农业文化遗产蕴含着人类千百年的农耕智慧，一方面是国际与国内领导层的高度重视以及遗产地对农业文化遗产认知度的迫切需求，另一方面是国际与国内社会普通大众对遗产知识的不甚了解。为了让广大少年儿童更好地理解农业文化遗产，作者采用国际流行的图画书形式，通过娓娓道来的童话故事阐释了农业文化遗产的价值精髓。《全球重要农业文化遗产故事绘本》以全球重要农业文化遗产为基础进行创作，以农业文化遗产的核心知识为主要内容，以代表性的农业物种为主人公，是一套通过生动有趣的童话故事和通俗易懂的知识夹页的儿童绘本形式，面向3～7岁儿童的科普农业文化遗产知识丛书。通过"友谊""勇于探索""美的真谛"和"感恩"四个主题故事，分别阐释了"浙江青田稻鱼共生系统""云南红河哈尼稻作梯田系统""河北宣化城市传统葡萄园""福建福州茉莉花与茶文化系统"和"内蒙古敖汉旱作农业系统"5个全球重要农业文化遗产的核心特点。希望小朋友们能通过这套书对中国的农耕文化产生更多的兴趣和认识，能够更好地感受中国人民的勤劳、勇敢、聪慧、仁爱的优秀品质，汲取天人合一、与大自然和谐共生的中华农耕智慧。

2.黄绍文（红河学院，教授），《历史时期的哈尼土司对梯田发展做出的贡献》

自明清以来哈尼族土司在其辖区内积极开垦梯田，并围绕灌溉系统相关的水沟管理、生态系统维护、族人社区管理等采取了行之有效的社会发展措施，致使哈尼梯田农耕生态文化历经千余年都没有受到历史时期社会动荡和自然灾害等的影响，其中哈尼土司对梯田垦殖的鼓励和采取的可持续发展保护措施发挥了不可磨灭的贡献，留下了珍贵的哈尼梯田农业文化遗产。哈尼梯田是一项值得保护的物质与非物质相融合的文化遗产，先后获得全球重要农业文化遗产、世界文化景观遗产、国家湿地公园、全国重点文物保护单位、国家 4A 级旅游景区等诸多殊荣。但是，21 世纪以来，哈尼族精耕细作形成的梯田农耕文化面临着诸多挑战。面对社会制度的变迁，

在全球化、科技化、产业化、城镇化等现代文明的建设背景下，如何保持梯田波光粼粼的文化景观？如何保护乡村传统文明的发源地？如何解决乡土文化的乡愁问题？这些正是传承了千余年农耕历史的哈尼梯田农业文化遗产所面临的问题，是当代哈尼族社会管理者无法回避的现实，也是本报告的研究意义所在。

3.黄卫华（浙江省庆元县食用菌科研中心，副主任），《香菇文化进校园——庆元让农业文化遗产"活"起来》

庆元是世界人工栽培香菇的发源地，"浙江庆元香菇文化系统"是我国唯一一个食用菌类型的中国重要农业文化遗产。800 多年来，庆元菇民在长期的生产实践中创造了菇民戏、香菇功夫、香菇山歌、香菇谚语、菇山话等独特的香菇文化。农业文化遗产是关乎人类未来的遗

产，少年儿童是祖国的未来，是中华民族的希望。从 2010 年起，庆元县政府将遗产传承重心放在了广大学生群体上，从幼儿园抓起，激活香菇文化资源，着力焕发新生机；从小初抓起，提升香菇文化内涵，着力讲好新故事；从大学抓起，健全香菇文化传承机制，着力再创新辉煌。让食用菌科研、香菇功夫、香菇山歌、二都戏走进庆元各中小学校，在学生心中撒下农业文化遗产的种子。通过培养幼儿、青少年对农业文化遗产的情感，充分认识并挖掘农业文化遗产的科研与教育价值，促进农业文化遗产的科学保护和活化利用，让学校成为重

要的生态、文化、传统教育基地，真正让农业文化遗产"活"起来。

4.孙业红（北京联合大学，教授），《农业文化遗产旅游及其研究进展》

报告首先介绍了农业文化遗产旅游的特点，认为农业文化遗产旅游不同于一般的农业旅游和乡村旅游，是农业文化遗产动态保护的一种手段，属于遗产旅游的范畴，有助于塑造地方文化身份，是一种可持续旅游，目前没有现成的可借鉴模式，需要结合每个地方不同的特色进行考虑。旅游只是传统农业生产功能的补充，而不具有替代作用。任何希望通过发展旅游来替代传统农业系统生产功能的想法都会对农业文化遗产造成破坏。作者认为，农业文化遗产地的旅游发展着力点主要有两个：一是要依托传统农业与文化，二是要强调可持续性，既包括资源环境的可持续，也包括旅游自身发展的可持续。其次，报告介绍了农业文化遗产旅游的研究进展。近年来，农业文化遗产旅游发展迅速，以国内研究为主，国际研究较少。研究主要集中在旅游开发与发展模式、旅游影响、社区参与及适应、旅游认知和体验等方面。研究方法以定性描述为主，定量研究不足。目前，北京联合大学旅游学院团队基于农业文化遗产可持续旅游发展院士工作站正在进行的研究，如游客教育体系研究、旅游解说研究、传统饮食保护与遗产地旅游发展研究以及基于时间利用视角的农业文化遗产地旅游社区参与研究等，未来还将在农业文化遗产旅游的多个方面展开深入研究。

5.苏明明（中国人民大学，副教授），《价值视角下农业文化遗产旅游——以江苏兴化垛田为例》

伴随着世界范围的工业化和城市化进程，具有高度复合功能和多元价值的农业文化遗产在全球范围均受到了不同程度的威胁，面临多种挑战。农业文化遗产所体现出的人与自然和谐共生关系在城市化背景下具有高度的旅游吸引力，而旅

游作为农业文化遗产在新时代的重要拓展功能之一，具有促进传统农业和文化传承的能力，也承担了遗产保护和区域可持续发展的重任。然而，现阶段农业文化遗产地旅游发展未能充分发挥其遗产保护和社区发展的潜力。因此，依托旅游系统特征，将农业文化遗产的多元价值与旅游系统要素进行有效嵌套，构建融合发展路径，提升旅游发展的积极效应，对于农业文化遗产保护和农村社区可持续发展至关重要。报告系统地梳理了农业文化遗产的多元价值构成，构建了以存在价值、使用价值和战略价值为主线的农业文化遗产多元价值体系，并分析了旅游发展与多元价值的互动和融合发展路径。同时，报告以江苏垛田全球重要农业文化遗产为例，选取兴化市"千垛菜花"景区所在地东旺村为案例点，通过文献调研、问卷调查和实地访谈的方法，依托农业文化遗产多元价值体系分析了不同价值在旅游需求与供给之间的匹配关系。研究表明，江苏垛田现阶段主要依托春季农业景观为主要吸引物，具有很强的季节性。现阶段旅游供给未能围绕垛田农业文化遗产的历史、社会、文化、教育和研究等多元价值提供多样的旅游体验，一方面不能有效满足旅游者的休闲需求，另一方面也缺乏社区参与拓展方式，使得生计价值的提升受到制约。研究建议，农业文化遗产旅游有必要在旅游业与农业文化遗产的多元价值之间构建多样化的连接路径，以增强旅游业对遗产保护和社区发展的贡献。

6. 刘弘涛（西南交通大学，副教授），《乡村遗产的保护利用与乡村振兴》

乡村遗产是一个复合遗产，除了具有一般文化遗产的"纪念物"属性外，还与非物质遗产、建筑和人有着紧密关联。其中，传统民居、村落是乡村遗产的构成主体，农业景观、山水环境、传统文化等是农业文化遗产构成要素的重要组成部分。乡村遗产的保护与活化利用是乡村振兴背景下的重要课题。报告结合国内外典型案例，探讨了乡村遗产在保护与利用过程中传统民居、村落遗产的具体问题，旨在通过乡村遗产的保护与利用，促进乡村振兴和区域旅游发展。作者从乡村遗产的概念入手，讲述了乡村遗产保护利用中的问题，并以日本著名世界遗产白川乡的保护与发展为例，介绍了国际上较为成功的乡村遗产保护与发展经验。同时，通过介绍西南交通

大学世界遗产国际研究中心近些年在四川羌族聚居地通过建筑遗产保护与利用带动当地乡村振兴和区域旅游发展的实践，分析了国内乡村遗产保护与利用所面临的具体问题和解决途径。

7.罗文斌（湖南师范大学，副教授），《土地、旅游及对可持续生计的影响机理——一个乡村振兴的研究思考》

中国乡村发展进入到乡村振兴战略新时期，深入研究农村土地利用、乡村旅游以及农户生计之间的关系，对构建新时期"土地－产业－生计"可持续发展模式及探索乡村振兴战略的实现路径具有重大意义。报告基于农户调查问卷数据，应用可持续生计框架和结构方程模型对土地整理、乡村旅游与农户生计的影响机理进行了实证研究。研究发现：①农村土地整理对乡村旅游和生计策略产生了显著正向影响，为乡村旅游提供资源支持，且增加了农户的生计选择；②乡村旅游生计资本对生计策略产生了显著影响，尤以社会资本最为明显；③农村土地整理既能直接影响农户的生活水平和就业情况，又可以通过影响农户生计选择，进而影响到农地的资源利用；④多样化和非农化的生计选择对农户增加收入、农地资源保护等生计结果产生了显著正向影响。同时，作者最后提出了促进三者融合发展的政策建议：①建立乡村旅游导向型的土地整理新模式；②完善农户的职业培训和金融贷款扶持体系；③推动土地整理和乡村旅游发展的可持续生计制度建设；④探索土地资源利用－农村新产业发展－农户生计可持续的乡村振兴实现路径。

8.张永勋（中国农业科学院农业经济与发展研究所，助理研究员），《福建安溪铁观音茶产业类型、组织形式及多方参与机制研究》

我国重要农业文化遗产主要分布在山区，其中40%以上位于贫困地区。农业文化遗产地普遍存在人均耕地少、营销能力和市场谈判能力弱、劳动力外流严重等特点，如

何通过产业发展推动遗产保护是一个亟待解决的难题。位于山区的安溪县，依靠铁观音茶产业的发展，实现了安溪从"国定贫困县"到"全国百强县"，成为我国依靠产业发展实现脱贫的典型案例，其茶产业发展推动遗产保护的经验具有重要借鉴意义。报告采用文献研究和田野调查相结合的方法对安溪茶产业类型、组织经营形式和多方参与机制进行研究。研究结果表明，安溪铁观音鲜叶和由其加工制成的成品茶是"福建安溪铁观音茶文化系统"的最主要产品，同时形成了由茶包装、茶配套、茶创意、茶食品等组成的延伸产业，以及茶含片、茶粉、茶水饮料、茶酥糖、茶水饮料、茶挂面、茶酒加工组成的深加工产业，使得农户人均茶叶收入达到8481元，占农民人均可支配入的56%；茶产业组织形式以"企业＋基地＋农户"与"农户独自经营"两种形式为主，其中农户独自经营呈现茶业生产由"无劳动分工→无明显分工→家庭劳动力分工→雇用工人制茶的专业分工"的演化过程。安溪茶产业成功的关键在于形成了一种政府、企业、科研机构、农民、民间组织通力合作，惠益共享的多方参与机制。

9.张爱平（扬州大学，讲师），《农业文化遗产旅游地农户生计与农地利用的耦合研究》

农业文化遗产是人与环境长期协同发展中创造并延续至今的活态农业系统，这类遗产是基于农民的生产生活实现活态的传承，其中传统农业生产得以良好维持是农业文化遗产保护的关键。随着社会经济的快速发展以及人们对物质生活要求的提高，农户生计多样化与维持

传统农业生产之间的矛盾是当前遗产保护的核心问题，旅游发展被认为是弥合二者关系的有效路径。农业文化遗产旅游地农户生计与农地利用问题研究，可以从实践层面揭示旅游发展环境下农户生计变化对农业生产的影响。报告基于云南省元阳县的相关研究表明：①劳动力就业呈现非农化转移，农户生计由此形成了务农主导、务工主导、均衡兼营、旅游参与、旅游主导5种类型；②非农化发展总体上对农地保护与利用形成负面影响，对旱地的利用变化主要表现在种植结构上，对水梯田的利用变化则表现在弃耕撂荒、农地流转、劳动力投入等多个方面；③不同类型农户的农地利用行为改变存在差异，生计旅游化转

型的农户其传统农业生产维持不及留守务农农户，劳动力投入与省工性的物质要素投入行为改变明显，但在农地保有与劳动力投入方面优于外出务工农户；④旅游的弥合效应与遗产保护学界的理论构想存在差异，研究区弥合效应仅在旅游从业农群体中有所体现，这类农户根据旅游从业特点、遗产保护要求形成了旅游化兼业模式，生计力下对家庭劳动力的充分利用促成了农户兼顾传统农业生产。

10.谢新梅（长沙理工大学，讲师），《谢冰莹故乡的村落文化遗产保护对策研究》

谢冰莹故乡铎山镇的文化遗产主要包括谢冰莹名人文化、谢氏祠堂文化、乡贤"园"文化、茶与公益文化、小桥流水文化、傩戏文化和饮食文化7个方面，其保护发展都存在巨大的提升空间。第一，谢冰莹名人文化在本村的知名度不高，其文学作品多被翻译为英日等国语言并珍藏。谢冰莹故居虽然已成功申请省级文保，但管理的实质性级别还属于粗放型状态。第二，谢氏祠堂作为乡村重大事宜的聚集地以及学堂，为地域社会发展贡献了力量。但目前也处于待修缮状态，失去了原有的功能。第三，乡贤"园"基本荒弃，乡贤多被驱出。第四，福善亭虽做了初步修缮，但是原来的公益活动还没有恢复。第五，小桥流水文化已经被堤岸风景等现代建筑所替代。第六，傩戏文化虽然存活下来，但是与时俱进的提质空间还很大。第七，牛全席的饮食文化虽已小有名气，但是距离高端品质的路还很长。作者自2018年开始，经过2年的持续调研和助推工作，提出以下几点建议：①中央政府需明确下文定性谢冰莹名人文化与故居的地位，以促进地方政府做出改善；②现行的土地政策如何恢复乡贤"园"文化发展，是目前湖南很多地方急需解决的重大问题之一；③尽快提升地方末端政府如县镇村的组织功能有效性；④探索并建立地方政府与高校、企业协同助推全面小康的可行制度。

11.王树清（黑龙江省拜泉县生态文化博物馆，馆长），《重要旱作农业文化遗产保护地系统、自然资源保护地体系建设与绿色革命同行》

发展现代高效有机生态农业，不仅是乡村产业兴旺的基础工程，更是从根本上解决水土流失、防风固沙、土壤污染、循环发展、食品安全的民生工程。通双流域、老头票水库旱作梯田位于新生乡境内，开垦于20世纪50年代末，是中国东北修筑最早的大型梯田群之一。第一，山水田林湖草综合治理，粮牧企经庭全面发展。乡村振兴是面向新时代中国乡村从生产到生活、从生态到文化的系统发展战略。经过一代代拜泉人的辛勤耕作和一百多年的文化积淀，兴安梯田、老头票水库、久胜小流域等逐渐形成了特有的有机农耕文化。作者强调，把保护自然文化遗产工作分解动作做到位，致力于推进中国自然文化遗产实现绿色发展。当务之急，应挂牌警示，立碑保护，铁规重戒处理。第二，自然资源保护地体系建设。黑龙江仙洞山野生梅花鹿自然保护区、双阳河灌木丛湿地自然保护区和拜泉林场，通过3条生态廊道、复式结构农田防护林网进行有效对接，与123万亩人工林形成了网带片、乔灌草浑然一体的生态保护圈，原核心区由5076公顷增加到26000公顷。第三，建议积极完善自然生态系统保护制度。法律的生命在于实施，与绿色革命同行。

第七届全国农业文化遗产大会

一、会议概况

由中国农学会农业文化遗产分会、云南省红河哈尼族彝族自治州人民政府、中国科学院地理科学与资源研究所主办，云南省红河哈尼族彝族自治州人民政府、元阳县人民政府、中国科学院地理科学与资源研究所自然与文化遗产研究中心承办的第七届全国农业文化遗产大会于2023年12月1—4日在云南省元阳县举办。大会主题为"挖掘农业文化遗产价值，促进全面乡村振兴"。来自农业农村部、中国农学会、中国科学院地理科学与资源研究所、北京大学、北京师范大学、中国农科院农业经济与发展研究所、中国农科院作物科学研究所、中国农业博物馆、中国农业大学等47家科研院所与高校，以及云南红河州、浙江湖州与青田、江苏兴化、内蒙古敖汉与阿鲁科尔沁旗、河北涉县、福建福州与安溪等我国重要农业文化遗产地的技术人员，媒体记者等180余人参加了会议。

会议开幕式由中国农学会农业文化遗产分会副主任委员李先德主持，分会主任委员闵庆文致开幕词，中共元阳县委书记张喆致欢迎辞，农业农村部国际交流服务中心助理研究员王宏磊、中国农学会体系建设处处长包书政及中国科学院地理科学与资源研究所党委副书记王生林分别致贺词。

大会包括主旨演讲、分会场、专题论坛、研究生论坛、海报展示以及研究生论坛高水平报告颁奖仪式几个部分。国务院发展研究中心《管理世界》杂志社苏杨研究员分析了农业文化遗产通过绿色发展来促进保护的共性难点和对策；吉首大学罗康隆教授介绍了"四生观"视域下的农业文化遗产研究；中国农科

院作物科学研究所张卫建研究员剖析了中国传统农耕的生态低碳智慧；中央民族大学龙春林教授剖析了农业生物多样性及其在农业文化遗产中的重要性；知识产权出版社龙文教授分享了原产地地理标志保护助力农业文化遗产传承的成功案例；中国科学院地理科学与资源研究所刘某承副研究员剖析了农业文化遗产生态产品价值实现路径；世界遗产哈尼梯田元阳管理委员会专职副主任徐忠亮带领与会代表领略了四素同构的哈尼美景，讲述了绿水青山生真金的哈尼故事。中央广播电视总台农业农村节目中心专题节目部许伟副主任、福建春伦集团有限公司傅晓萍副总裁、红河哈尼梯田文化传承学校杨钰尼校长和安溪铁观音女茶师非遗传习所何环珠所长等分别以媒体人、企业家、传承者和女性守护者等不同身份讲述了其与农业文化遗产保护间的动人故事。

来自北京大学、中国科学院地理科学与资源研究所、中国农科院等39家科研院所与高校的47位专家，围绕"农业文化遗产地生态资产核算与生态产品价值实现""农业文化遗产地旅游资源评价与景观休闲农业发展""传统农业系统助力生物多样性保护实践""哈尼梯田文化景观多样性及其传承保护"等议题，作学术报告。与会科研院所与高校的研究生们围绕农业文化遗产生态系统服务、遗产地生物多样性价值权衡、元阳哈尼梯田土地覆盖类型遥感提取、农业文化遗产保护对农户收入和福祉影响、旅游视角下农业文化遗产地居民景观化研究等议题进行了讨论与交流。

二、领导致辞

（一）中国农学会农业文化遗产分会主任委员闵庆文致开幕词

时隔4年，我们也期盼了4年，终于得以重聚。首先，请允许我代表本次会议的所有主办、承办和协办单位，向克服各种困难前来参加本次大会的各位领

导、各位专家、各位同仁表示衷心的感谢！代表中国农学会农业文化遗产分会，向长期以来关心支持分会各项工作的中国农学会、中国科学院地理科学与资源研究所、农业农村部国际交流服务中心表示衷心的感谢！向为本次大会召开给予大力支持的红河哈尼族彝族自治州人民政府、红河哈尼梯田世界文化遗产管理局、元阳县人民政府以及所有协办单位表示衷心的感谢！

"吃水不忘挖井人"。在我们再一次相聚，共同研讨农业文化遗产及其保护中的重大问题，交流农业文化遗产及其保护的最新学术成果，分享农业文化遗产保护与发展的成功经验的时候，我们更加怀念著名生态学家、我国农业文化遗产保护事业的开拓者、中国农学会农业文化遗产分会奠基人——李文华院士。再过20天，就是李文华院士逝世一周年的日子。在这里我提议，大家起立，为李文华院士默哀一分钟。请大家起立……

默哀毕，请大家就坐。谢谢大家！

经过20多年的发展，国际农业文化遗产保护事业取得了长足进步，这其中有多方面的原因，也包括在座各位领导和专家的共同努力。科学研究是农业文化遗产学科建设与发展的基础，科技支撑是农业文化遗产保护事业得以健康发展的关键，而学术团体及其学术会议是推进成果交流和科学普及、提供保护与发展科技支撑的重要平台。在中国农学会及其秘书处，农业农村部国际合作司、社会发展促进司、国际交流服务中心等的关心指导下，在分会挂靠单位中国科学院地理资源所和有关地方政府、学术机构和产业机构的大力支持下，自2014年1月中国农学会第十届三次常务理事会批准成立农业文化遗产分会起，我们已经先后在云南省昆明市、浙江省青田县、河北省涉县、重庆市石柱县、内蒙古自治区阿鲁科尔沁旗、四川省成都市郫都区组织召开了6次会议。每年一度的全国农业文化遗产大会已经成为参加单位和人数最多、学科领域覆盖面最广、学术影响力和社会影响力最大的全国性农业文化遗产学术交流和经验分享平台。为推动农业文化遗产学科发展和农业文化遗产发掘、保护、利用、传承做出了积极贡献。

分会还组织了一系列政策咨询、专题论坛、科学普及等活动，部分委员多次参与联合国粮农组织及其他国际性申报评审、考察咨询、研讨交流等活动，多数委员作为农业农村部或有关省份的农业文化遗产专家组成员，通过项目、咨询、科普等各种形式，为国家和各地农业文化遗产发挥了重要作用。

同时，中国农学会农业文化遗产分会作为东亚地区农业文化遗产研究会中国秘书处机构，牵头或参与组织了在江苏省兴化市、日本新潟县佐渡市、韩国忠清南道锦山郡、浙江省湖州市、日本和歌山县、韩国庆尚南道河东郡、浙江省庆元县的7次会议，东亚地区农业文化遗产研究会已成为国际上最有影响力的区域性农业文化遗产合作交流平台，也为推动中日韩三国农业文化遗产发掘保护和学术交流、经验分享做出了重要贡献。

受新冠疫情影响，原定于2020年召开的会议不得不一再推迟，但我们在元阳举办一次大会的决心一直没有改变。既有疫情之后的强烈反弹因素，更因为近年来投身农业文化遗产及其保护研究的人员越来越多、研究越来越深入、成果越来越丰富，可能还因为红河哈尼梯田作为我国首个全球重要农业文化遗产和世界文化遗产双重身份的强大影响力，和历经1300多年不断发展、历久弥新的美丽梯田景观、浓郁民族文化的吸引力，本次会议报名人数达到312人。但因各方面条件限制，我们只好对报名人员一减再减，在这里也向无法现场参会的各位专家表示歉意，同时也希望不会因为这个原因而影响他们投身农业文化遗产领域的积极性。

本次大会的主题为"挖掘农业文化遗产价值促进全面乡村振兴"。除安排了大会报告外，还设立了"农业文化遗产地生态资产核算与生态产品价值实现""农业文化遗产地旅游资源评价与景观休闲农业发展""传统农业系统助力生物多样性保护实践"等3个分会场，设立了面向会议举办地的"哈尼梯田文化景观多样性及其传承保护"专题论坛，专门为我们未来发展最为倚重的研究生们设立了"研究生论坛"。未来，我们还将积极探索举办针对农业文化遗产保护不同利益相关方的企业家论坛、管理者论坛、新农人论坛，等等。

借此机会，我想再次强调一下，农业文化遗产是与一般意义上的自然或文化遗产有着很大区别的特殊遗产类型，最主要的在于其三个基本特性。

一是"系统性"。农业文化遗产最典型的特征是其系统性和动态性。联合国粮农组织全球重要农业文化遗产的英文全称为"Globally Important Agricultural Heritage Systcms"，最初名称中为"Globally Important Ingenious Agricultural Heritage Systems"，中国重要农业文化遗产的英文名称为"China Nationally Important Agricultural Heritage Systems"。虽然中文名称没有"系统"但我们不要忘了其系统性特征，避免出现目前一些地方已经出现的，甚至在一些专家或管理者眼里过分强调的"名特产品化"现象！也不能因为中文名称里有"文化"而忽略了其本初的"Ingenious"这一"智慧的、巧夺天工的"含义，不应简单理解为一些人时常表达出的"农业非物质文化遗产"！

二是"动态性"。农业文化遗产是起源于历史时期但又随着社会经济发展、科学技术进步和自然条件变化而不断变化的农业生产系统，唯一不变的是其核心价值，即"人与自然和谐共生的发展理念"。这种生态文明理念驱使各地人们通过生物保护维护了生态系统健康，通过物种选育维持了食品供给和生计安全，通过生产活动创造了环境友好而具有绿色低碳特征的生态农业技术、地域特色鲜明并有强大社会和谐功能的民族与民俗文化、结构合理且功能完善的乡村田园景观。

我最近时常在思考，过去两周先后应邀参加了韩国农业文化遗产10周年纪念和交流活动、日本农业文化遗产保护与美丽优雅乡村建设研讨会，并与一些专家进行了交流，我们谈得最多的话题就是如何认识农业文化遗产的原真性、核心价值、地理边界以及动态保护、适应性管理等。我们说农业文化遗产以及世界文化遗产中的农业类型遗产是"人与自然共同创造的杰作"，农业文化遗产系统蕴含着人类适应自然、与自然和谐共生的生态智慧。那么，随着自然条件变化、社会经济发展、消费需求升级、科学技术进步，我们要保护的肯定不会是系统全部，我们要研究系统可持续发展机制以及确保可持续发展前提下的结构、过程、功能、价值及系统组成要素的"变"与"不变"。因此，从某种意义上说，我们不仅在承接前人的创造，还应当因时制宜、因地制宜地为子孙后代"创造未来的遗产"。农业文化遗产不仅是历史的，还是现代的，更是未来的。大量实践表明，只有"在发掘中保护、在利用中传承"，将农业文化遗产的核心理念和生物、技术、文化基因保护下来，并与现代科学技术、管理理念相结合，才能实现农业文化遗产的"创造性转化、创新性发展"，才能使农业文化遗产得以有效地保护和传承。

三是"活态性"。对于一般意义上文物和非物质文化遗产，我们经常说"让文化遗产活起来"，但农业文化遗产来源于"活"的农业生产，也要靠"活"的农业生产才能得以保护和传承。因此，农业文化遗产不存在"活起来"的问题，留存在记忆里，或以遗址、遗迹存在的是文化、文物部门关注的文化遗产，但不是农业部门关注的系统性农业文化遗产。

但农业文化遗产存在如何"火起来"的问题。农业文化遗产所创造的远不止农产品，还有生态产品和文化产品；而且其农产品也远不是一般意义上的农产品，而因为蕴含着巨大的生态与文化价值而成为"有文化内涵的生态农产品"。只有推动农业文化遗产的生态与文化产品价值实现，才能让农产品增值，才能促进产业真正融合，也才能让农业文化遗产"火起来"。我心目中的农业文化遗产地是：农耕文明发展演化的"生态博物馆"与科普教育基地，农业与乡村可持续发展的生物、文化与技术"基因库"和"综合实验室"，休闲、观光、康养、度假、研学、科普等多种业态的"旅游目的地"，有显著地域特色的文化产品的"创作基地"，有丰富文化内涵的生态农产品的"生产基地"。

借此机会，我还想就农业文化遗产科学研究谈点看法。因为多次参与申报评审、论文评审、实地考察，我感到当前特别需要做的是农业文化遗产价值的科学解读、发掘与保护的科技支撑，而且是需要多学科共同发力。请注意，我在这里用的是"多学科"而不是"跨学科"。因为在审阅文本、阅读文献、开会交流中经常发现，申报文本与保护规划雷同，甚至简单照搬的现象十分严重，价值解读不严谨、不深入，规划编制没有针对性、缺乏可操作性，其根源在于"所用非所学"。一些地方上有"重申报、轻管理"、过分重视"拿牌子"的短期行为现象，我们的科研工作中也存在着缺乏多学科深入研究、缺乏长期跟踪研究的现象。我认为，农业文化遗产及其保护中的不同学科问题需要不同专业领域的专家的深入研究，一个地方农业文化遗产的发掘与申报需要多学科专家组成的综合性团队的协同努力，一个农业文化遗产项目的保护与发展需要不同领域的科学家团队的长期跟踪和支持。

昨天大家实地考察了哈尼梯田，这可以说是中国乃至世界农业文化遗产的一个最为经典的案例。相信大家肯定会记住哈尼梯田的美景、哈尼族人的热情，还希望大家能够记住这样的"美景"是生活虽不富裕但始终表现出乐观、豁达、热情、和善的哈尼族人在农业生产劳动中创造出来的，而且必须用农业生产劳动所保护与传承。认识哈尼梯田，不仅要知道它是世界文化遗产，还是全球重要农业文化遗产，还是全国重点文物保护单位、中国重要农业文化遗产、国家湿地公园、国家4A级景区、中国天然氧吧、绿水青山就是金山银山创新实践基地。周边还分布着国家级或省级自然保护区，里面有一批中国传统村落和国家级、省市级非物质文化遗产，所在的4个县曾经全部是国家级贫困县，红河州还是民族团结进步示范区。

习近平总书记对哈尼梯田的保护和农耕文化的传承发展寄予厚望。2013年12月23日，习近平总书记在中央农村工作会议上指出："农耕文化是我国农业的宝贵财富，是中华文化的重要组成部分，不仅不能丢，而且要不断发扬光大。如果连种地的人都没有了，靠谁来传承农耕文化？我听说，在云南哈尼梯田所在地，农村会唱《哈尼族四季生产调》等古歌、会跳哈尼乐作舞的人越来越少。不能因为搞现代化，就把老祖宗的好东西弄丢了！"习近平总书记在这里不仅强调了哈尼古歌、乐作舞这些非物质文化遗产，还强调了"种地的人"。显然，保护传承农业文化遗产不应当只是靠记录而应是在农业生产劳动中的活态传承，我们所需要的不只是几个传承人而是更多"种地的人"！

习近平主席在致全球重要农业文化遗产大会的贺信为农业文化遗产发掘与保护指明了方向、提供了根本遵循："人类在历史长河中创造了璀璨的农耕文明，保护农业文化遗产是人类共同的责任。中国积极响应联合国粮农组织全球重要农业文化遗产倡议，坚持"在发掘中保护、在利用中传承"，不断推进农业文化遗产保护实践。中方愿同国际社会一道，共同加强农业文化遗产保护，进一步挖掘其经济、社会、文化、生态、科技等方面价值，助力落实联合国2030年可持续发展议程，推动构建人类命运共同体。"

各位领导、各位专家，齐心协力才能更好谋划发展，坚守初心才能更好地走向未来。让我们一起努力，认真学习领悟习近平生态文明思想、文化思想及关于"三农"问题重要论述，特别是关于农耕文化和农业文化遗产的指示与批示，为推进我国农业文化遗产保护事业健康发展做出我们应有的贡献，为世界农业文化遗产保护提供"中国智慧"和"中国方案"！

最后，预祝本次会议取得圆满成功！祝各位领导、各位专家身体健康、家庭幸福、工作顺利！

谢谢大家！

（二）云南省元阳县委书记张喆致辞

尊敬的各位专家、学者，女士们、先生们：

大家上午好！

12月的元阳，"赏哈尼梯田之美、享河谷阳光之暖"。今天，我们相聚在元阳这个全国首个以农耕、稻作为主题，以民族名称命名的遗产地，隆重召开第七届全国农业文化遗产大会。在此，我代表中共元阳县委、元阳县人民政府及全县 46 万各族群众，向会议的召开，表示诚挚的祝贺，向来自国内外的各位专家学者表示热烈的欢迎和崇高的敬意！向大家长期以来对世界文化遗产哈尼梯田的关心、重视、支持，表示衷心的感谢！

在横断山脉东缘莽莽哀牢山深处，层层梯田似一块块形态各异的明镜镶嵌在连绵不断的青山绿水间，哈尼族传统"蘑菇房"在云雾缭绕的绿树丛中若隐若现，这就是世界文化遗产红河哈尼梯田。哈尼梯田是一套延续 1300 多年的生态农耕系统，是人类嵌入自然、保护自然、顺应自然、利用自然的典范，是生活于此的各民族在漫长的历史积淀中形成的天人合一、和谐共生的智慧理念，尊重规律、自强不息的奋斗精神，守望相助、手足情深的中华民族共同体意识，开放包容、美美与共的文化态度。

千年哈尼梯田是一部古老的史诗，是山与水、天与地、人与自然的交响乐；这里的每一帧，都是大自然最神奇的杰作；每一秒，都是无法再复制的心动和美丽，惊艳了千年时光。哈尼梯田文化景观所呈现的森林、水系、梯田和村寨"四素同构"系统，以奇绝的景观、悠久的历史和保存良好的传统农业系统而举世闻名，完整准确全面地展现了"绿水青山是水库、粮库、钱库、碳库、文库"的"活态"文化遗产，具有不可替代的研究、保护和开发价值。元阳哈尼梯田文化景观先后荣获全球重要农业文化遗产、第七批国家级文物保护单位、中国重要农业文化遗产、中国国家湿地公园、国家 4A 级旅游景区、绿水青山就是金山银山实践创新基地、中国天然氧吧、全国休闲农业重点县、中国生态红米之乡等殊荣，是人与自然和谐共生的典范，是世界农耕文明的典范。

召开第七届全国农业文化遗产大会，旨在以"挖掘农业文化遗产价值，促进全面乡村振兴"为主题，积极研究我国农业文化遗产保护的重点与途径，促进农业文化遗产保护事业持续健康发展。我们相信，通过这次会议，将为哈尼梯田可持续发展提供更多的理论参考和智力支持，将带动更多的群体来关心关注哈尼梯田的可持续发展，将推动哈尼梯田文化走向世界，进一步提升中华民族文化的国际影响力和竞争力。

各位专家、学者，女士们、先生们，元阳县拥有世界上最为震撼的哈尼梯田文化景观和丰富多彩的民族文化旅游资源，是一方承载厚重历史的文化沃土，更是一个洋溢生机活力的创业乐园。希望今天莅临现场的各位朋友，多到元阳乡村走一走，多在元阳梯田看一看，进一步感受元阳魅力，共话元阳发展。

最后，预祝大会取得圆满成功！祝愿各位来宾、朋友们身体健康！万事如意！谢谢大家！

（三）农业农村部国际交流与服务中心助理研究员王宏磊致辞

各位专家，各位代表：

大家上午好！很高兴与大家相聚在美丽的云南红河州元阳县，共同参加第七届全国农业文化遗产大会。去年是全球重要农业文化遗产（GIAHS）倡议提出20周年，农业农村部举办了全球重要农业文化遗产大会，习近平主席为大会致贺信，强调保护农业文化遗产是人类共同的责任，表示我们愿与国际社会一道加强农业文化遗产保护，进一步挖掘其经济、社会、文化、生态、科技等方面价值，推动构建人类命运共同体。大会的成功召开是中国GIAHS发展的重要里程碑，让我们倍感振奋，催人奋进。在这里，结合习近平总书记农遗大会贺信精神和全球重要农业文化遗产发展新形势、新问题、新要求，我将跟大家汇报3个方面的内容。

第一，我国农遗保护与发展事业取得新成效。近年来，我们大胆创新、勇于探索，秉持在发掘中保护、在利用中传承的理念，不断丰富农业文化遗产保护与发展的理论和实践，并取得了新成效。一是成功举办全球重要农业文化遗产大会，习近平总书记向农遗大会致贺信，这是联合国粮农组织提出GIAHS倡议以来，首次由遗产地所在国举办的以农业文化遗产为主题的国际盛会，标志着全球农遗工作迈向高质量发展新阶段。二是加强顶层设计，与社会事业促进司一道，推动农业文化遗产保护利用有关内容写入2023年中央一号文件，强化了农遗工作的政策指引。三是完善GIAHS申报梯队建设，遴选了新一批候选项目，并着手筹备下一批预备名单工作。四是近期成功推动"河北宽城传统板栗栽培系统""安徽铜陵白姜种植系统"和"浙江仙居古杨梅群复合种养系统"3项遗产通过联合国粮农组织认定，我国全球农遗总数增至22项，数量位居世界首位。五是组织新入选的4项遗产地代表集体赴罗马参加了FAO举办的GIAHS授牌活动，并现场进行了展览展示和图文宣传。

第二，当前农遗事业发展面临的新形势。截至目前，已有来自全球26个国家的86项遗产被认定为GIAHS，随着全球农遗事业的不断发展，我国GIAHS工作面临新形势、新任务。一是GIAHS全球分布呈现出相对集中的现状，中日韩三国GIAHS数量占到全球总量的50%以上（中国22项、日本17项、韩国7项），中国后续申报GAIHS的难度将进一步加大。二是围绕全面推进乡村振兴和加快建设农业强国，如何更好挖掘GIAHS蕴含的传统农耕智慧、探索独具特色的和美乡村发展模式，迫切需要以更务实的举措推动新阶段农业文化遗产事业高质量发展。

第三，下一步重点工作。

1.扎实做好GIAHS申报推动工作。一是在农业农村部国际合作司的指导下，稳步推进GIAHS候选项目遴选工作，补充预备名单，强化申报梯队建设。二是有序推动新一轮遗产正式申报工作，鼓励更多省份挖掘其农业文化遗产经济价值、文化价值、生态价值，积极参与GIAHS申报，优化我国GIAHS区域布局、类型布局。

2.进一步完善GIAHS保护与管理机制。一是加强重要理论问题研究，与专家一道，围绕农业文化遗产核心价值和保护利用关键问题开展课题研究，深入挖掘农业文化遗产的内涵和外延，厘清农业文化遗产与乡村振兴、生态文明、文化传承等方面的联系，为农业文化遗产事业发展提供坚实的理论支撑。目前，我中心正在进行2024年度全球重要农业文化遗产（GIAHS）课题征集工作，还请各位专家踊跃申报，积极支持。二是强化监测评估，按照FAO要求，加强对遗产地核心区进行动态监测，确保文化遗产守得住、守得牢。三是加强GIAHS专家委员会管理，充分发挥GIAHS专家委员会作用，打造多领域GIAHS专家队伍，持续实施"专家＋遗产地深耕行动"，在GIAHS规划咨询、监测评估和能力建设等方面提供了更有力的智力支撑。四是引导遗产地切实履行主体责任，因地制宜编制保护利用发展规划，有机融入地区经济社会综合发展规划，做好农遗保护后半篇文章。

3.以GIAHS事业高质量发展助力乡村振兴。一是鼓励遗产地抓住产业融合发展的关键路径，推动产业向后端延伸，向下游拓展，促进遗产地产品增值、产业增效、农民增收。二是支持遗产地开展多种形式的宣传推广活动，打造本地GIAHS公共品牌和产品品牌，不断提升GIAHS的认可度、知名度以及中国GIAHS品牌价值。三是充分发挥市场主体的带动作用，引入盒马鲜生等高端商超，助推遗产地农产品市场对接。

4.加强GIAHS国际合作。一是鼓励支持各遗产地与世界其他类型相似遗产"结对子"，加强横向经验分享交流。二是通过举办高级别国际论坛、培训研讨、展览展示、考察交流等活动，搭建GIAHS国际交流合作的平台，加强宣传和推介。

今天，大家齐聚一堂，共话农遗保护与发展大计。希望在座的各位专家、同仁发挥专业优势，为农业文化遗产的保护、挖掘、利用贡献智慧与力量，推动农遗事业高质量发展。最后，预祝大会圆满成功，谢谢大家！

（四）中国农学会体系建设处处长包书政致辞

尊敬的王生林书记、张喆书记，各位领导，各位专家：

大家上午好！今天我们齐聚全球重要农业文化遗产"云南红河哈尼稻作梯田系统"的元阳县参加第七届全国农业文化遗产大会，在此我代表中国农学会对本次大会的召开表示热烈的祝贺，对各位嘉宾的到来表示诚挚的问候。

中国的农业历史源远流长，孕育了独特灿烂的农耕文化。农耕文化是我国农业的宝贵财富，是中华文化的重要组成部分。当前，在我国全面推进乡村振兴、加快建设农业强国的背景下，传承农耕文化，加强重要农业文化遗产发掘和保护还面临着诸多的问题和挑战，全国农业文化遗产大会通过深入开展农业文化遗产的学术交流，分享我国不同地区农业文化遗产的成功工作经验，将为中国农业文化遗产发掘与保护提供重要的参考和借鉴。

中国农学会十分重视农耕文化保护利用工作，2014年研究成立了农业文遗产分会，旨在联合不同学科的科学研究力量，有效推进我国农业文化遗产保护的理论研究与实践探索。近10年，农业文化遗产分会在第一届委员会主任委员李文华院士和第二任主任委员闵庆文研究员等专家的带领下，通过学术研讨、专家咨询、实地考察等多种形式，团结了来自农业、生态、环境、经济、历史、文化、社会等领域的专家和遗产地的基层管理人员，搭建了农业文化遗产研究和实践经验总结交流的平台，特别是在助力各地申报全球重要农业文化遗产，推动中国重要农业文化遗产的发掘和保护、利用等方面发挥了积极作用。希望今后分会能够进一步加强不同研究机构之间的联合，打造学术共同体，进一步培养青年人才，主动服务国家发展，注重成果转化，服务遗产地能力建设。习近平总书记高度重视农业文化遗产保护工作，提出要坚持在发掘中保护，在利用中传承，不断推进农业文化遗产保护实践。

习近平总书记在2022年全球重要农业文化遗产大会上指出，人类在历史长河中创造了璀璨的农耕文化，保护农业文化遗产是人类共同的责任。中国农业文化遗产保护事业还有很长的路要走，中国农学会作为百年老会，作为深耕"三农"的学术共同体，将充分发挥民间交流主体的作用，愿同有关各方一道加强合作，进一步挖掘农业文化遗产社会、经济、文化、生态、科技等方面的价值，共同为农业文化遗产保护事业做出新的、更大的贡献。

最后预祝大会圆满成功，谢谢大家！

（五）中国科学院地理科学与资源研究所书记王生林致辞

尊敬的各位嘉宾，各位代表：

大家上午好！首先，请允许我代表中国科学院地理科学与资源研究所，向第七届全国农业文化遗产大会的召开表示热烈的祝贺！作为主办单位之一，向莅临本次会议的所有嘉宾和代表表示热烈的欢迎！向为本次会议的胜利召开给予帮助的所有主办单位、承办单位、协办单位及各界人士表示衷心的感谢！

农业文化遗产的保护对于弘扬优秀传统文化、促进农村生态文明建设和美丽乡村建设都具有十分重要的意义。在当前党中央大力提倡建设优秀传统文化传承体系，弘扬中华优秀传统文化的时候，保护农业文化遗产的工作显得更加重要。

作为我国地理、资源与生态领域的重要研究机构，我所在农业地理、农业生态、农业环境、农业资源、农业经济、休闲农业、乡村旅游等领域有着坚实的研究基础。我所是国内最早参与联合国粮农组织全球重要农业文化遗产项目、最早为原农业部开展中国重要农业文化遗产发掘与保护工作提供技术支持的单位，为了支持农业文化遗产及其保护研究工作，我所于2006年成立了以著名生态学家李文华院士为主任、闵庆文研究员等为副主任的"自然与文化遗产研究中心"，并确立了"以农业文化遗产为突破口"的发展思路。

经过10多年的工作，我所的农业文化遗产研究队伍，在李文华院士、闵庆文研究员的带领下，在农业农村部国际合作司、原农产品加工局、农村社会事业促进司、中国农学会等有关部门和地方政府的支持下，联合国内外相关机构和专家，在农业文化遗产及其保护的科学研究、示范推广、科学普及、国际交流等方面开展了大量工作，在国内外产生了良好的影响。他们在推动联合国粮农组织农业文化遗产保护工作中发挥了重要作用，为中国农业文化遗产走上世界舞台做出了重要贡献，为我国重要农业文化遗产的挖掘、保护和利用提供了科学支撑，为促进农业文化遗产科学化与规范化管理打下了坚实基础。他们重视农业文化遗产及其保护的科普宣传与技术服务，探索出了所地合作的新思路。可以说，农业文化遗产已经成为一个颇具活力的学科生长点，也是我所国际合作和服务国家与地方发展的特色工作之一。

借此机会，我也向长期以来为给予支持和帮助的农业农村部、中国农学会、各兄弟单位、有关地方政府和各界人士表示诚挚的感谢！

全国农业文化遗产大会是农业文化遗产领域的盛事，为从事农业文化遗产及其保护研究的专家、学者提供了交流合作的平台。希望各位代表紧紧把握好当前农业文化遗产工作的良好机遇，聚焦农业文化遗产保护与利用的科学问题，齐心协力，将我国农业文化遗产及其保护研究与实践提高到一个新的水平。

最后，预祝本次大会圆满成功，祝各位嘉宾和代表身体健康、工作顺利！谢谢大家！

三、大会主旨报告

1.苏杨（国务院发展研究中心，研究员），《基于哈尼梯田案例的分析　谈农业文化遗产通过绿色发展来促进保护》

从国土空间功能看，活态文化遗产分布区域都是生产、生活、生态功能兼备的"三生"空间。如果保护对象主体本身就是生产资料和生产过程，则传统文物意义上的保护可能在某些方面反而是破坏。从产业角度看，农业文化遗产产品特色显著但产业链短，需要通过业态升级、产业串联提高单位土地面积的综合产出。农业文化遗产绿色发展可借鉴一些国内外经验。如法国国家公园产品品牌增值体系，在原住民参与和保护地友好的基础上，把资源环境的优势转化为产品品质的优势，通过品牌体系转化为价格和销量优势；云南凤庆滇红主产区通过取得政府品牌特许建立的红茶产业联盟及其自定标准体系对产业进行规范升级，确立了"产业联盟＋精制龙头＋初制所＋合作社＋基地＋农户"全链条组织化机制，联盟企业、初制所和合作社建立了稳定的合作关系。基于此，作者对哈尼梯田绿色发展提出了相关建议。

2.罗康隆（吉首大学，教授），《"四生观"视域下的农业文化遗产研究》

生活在世界上的人类按照所属的族群，在文化的指引下，从自身所处的环境出发，分别以独特的方法去确立认知体系与知识体系。农业文化遗产便是这一认知体系与知识体系的具体呈现。农业文化遗产是诞生于地方生产实践中的认识与经验，不仅指空间、时间、文化与实践等，通观人类农业文化遗产的发生、发展、演替历程，都被深深地打上了"共生观""敬生观""护生观""仿生观"的烙印。这"四生观"展现出农业文化遗产地民众的生态情境、认知情境、文化情境和实践情境等生态文

化思想，也包含着农业文化遗产地民众利用自然资源的文化策略。农业文化遗产地方性知识体系主要依靠作物及生态环境的自身理化作用，注重农业系统内部的生态调控和有序生产，是在与生态环境和谐共存中建构起来的。农业文化遗产更是包含着"四生观"作用下的农耕生产的文化体系，是人类永续发展的前提。

3.张卫健（中国农科院作物科学研究所，研究员），《农业文化遗产的低碳制度问题》

当代农业面临粮食和重要农产品能否稳定安全供给，农业可否高质量可持续发展，农业减排固碳是否助力"双碳"目标等挑战，以及受气候、疫情、国际关系等不稳定因素的影响，而我国传统农耕具有地尽其利、物尽其用、地力常新壮、道法自然和天人合一五大核心思想，如南方桑基鱼塘系统蕴含物质循环智慧、传统梯田系统蕴含综合规划智慧、传统稻田种养蕴含生态服务智慧、传统多样化种植蕴含绿色防控智慧等。我国传统农耕是气候韧性种质资源的活态基因宝库，包括传统稻作和绿肥种植减排固碳等模式，反映出秸秆还田等农业废弃物资源化利用的传统农耕固碳效应及农林和粮林复合等传统农耕的节能效应等。作者强调，要立足农耕文明的历史底蕴，建设中国特色的农业强国，要依靠自己力量端牢饭碗，依托统一与分散结合的双层经营体制，发展生态低碳农业，赓续农耕文明，扎实推进共同富裕。

4.龙春林（中央民族大学，教授），《农业生物多样性及其在农业文化遗产中的重要性》

农业生物多样性是指人类对自然生物多样性管理和利用而形成的野生采集种类、家化和半家化种类、品种、农业生态系统、土地管理类型的多样性，分为品种、物种、农业生态系统、资源管理类

型的多样性4个层次。农业生物多样性包括农业生态系统及其中的所有生命形式。农业生物多样性涉及遗传多样性、物种多样性、农业系统多样性和景观多样性。研究表明，农业生物多样性的持续丧失，对农业、粮食安全和人类福祉产生了深远影响。国内外高度关注生物多样性保护，但现有研究忽视了农家品种的在地保护和可持续利用。作者建议：①尽快推进我国农业文化遗产地的农业生物多样性本底调查；②保护和传承与生物多样性相关的传统知识，落实政策、资金和产业等；③研究遗产地的生物多样性保护、可持续利用和惠益分享；④对标GIAHS标准，确保农业遗产在农业生物多样性领域的国际地位。

5.王维奇（福建师范大学，教授），《农业文化遗产湿地生态保护和可持续的利用问题》

湿地类农业文化遗产是在遗产系统中以湿地作为重要载体和子系统组成，并蕴含着湿地生态功能与价值属性的农业文化遗产类型。福建省湿地类全球重要农业文化遗产具有悠久的发展历史，丰富的核心物种资源、农业生物多样性和支撑系统生物多样性，多样的生态功能，优美的立体景观，可持续的保护利用模式。湿地类GIAHS生态功能提升路径包括：挖掘遗产地关键物种资源基因，提升湿地碳汇功能，生态系统养分资源高效利用与增产协同优化与生态功能维系的补偿提升等。研究表明，①GIAHS助力湿地生态保育；②GIAHS助力湿地水土资源保护与利用；③GIAHS助力湿地生态文化内涵拓展；④GIAHS助力湿地生态功能提升；⑤GIAHS助力湿地生物多样性保护；⑥GIAHS助力湿地生态环境改善。我们应以GIAHS保护与发展为新的起点，进一步将湿地类农业文化遗产保护好、传承好、利用好，为GIAHS可持续管理贡献力量。

6.龙文（知识产权出版社，高级知识产权师），《原产地地理标志保护助力农业文化遗产传承创新》

地理标志是由一个地理区域的地名构成或包含该地名的任何标志，或者众所周知指称该地理区域的另一标志，该标志标示一项产品来源于该地理区域，而该产品的特定质量、声誉或其他特征主要由其地理来源决定。原产地认证依生产主体自愿进行。原产地地理标志产业是知识产权推动经济社会发展的重要支撑，对于带动地方发展特色产业、助力精准扶贫、促进乡村振兴具有重要作用，在推动区域特色经济发展中的资源整合与辐射带动作用愈加凸显。作者对地理标志产业原产地名称相关财产权利做了如下探讨：①集体权利方面，特定群体对原产地风土、技艺和物产等地理标志产业信息所享有的名称标示权。该权利依历史现实产生，自愿申请保护。②个人权利方面，原产地范围自然人和法人诚信实践地理标志产业信息的原产地名称标示使用权。该权利依诚信实践行为产生，不以登记为限。

7. 徐忠亮（红河县哈尼梯田管理委员会，专职副主任），《哈尼梯田保护利用》

"云南元阳哈尼梯田"动态保护途径包括：①坚持创新体制机制，坚决守护"绿水青山"。强化组织领导，健全完善体制机制；强化依法治理，不断完善法规体系；强化综合管理，大抓保护利用工作。②强化遗产要素保护，共建共享"绿水青山"。坚持保护森林，守住绿水青山；坚持保护村庄，夯实基础设施；坚持梯田保护，守住"两山"根基；坚持水系治理，推进持续发展。③着力培育致富产业，有效转化"金山银山"。用"稻鱼鸭"综合种养增加群众收入，用"乡村旅游"拓宽群众增收渠道，用"利益联结机制"激发群众内生动力，用"数字梯田赋能"促进哈尼梯田保护利用。未来，元阳县将始终坚持梯田保护与粮食安全并重、梯田保护与生态功能区并重、梯田保护与群众增收并重、政府主导与群众参与并重、政府投入与社会投入并重的原则，促进哈尼梯田世界文化遗产可持续发展。

8.许伟（中央广播电视总台农业农村节目中心专题节目部，副主任），《怎样讲好农业文化遗产故事》

首先，在对内宣传上：①打响"农遗"大品牌，增加"农遗"知名度，增加宣传力度，提高内功。②增强遗产地联合，打响宣传声量。让类型相似的遗产地联动起来，让更多的人、团体、行业参与进来。③让"农遗"破圈儿，寻找破圈儿代言人、破圈儿土特产和破圈儿的特色文化。④重视媒体的"鼓与呼"，根据不同遗产地的现状和自身条件做出对应的宣传方式。⑤让媒体成为表达的桥梁，各层级媒体共同宣传，形成宣传矩阵，更加深入、透彻地展现遗产地的魅力。其次，在对外宣传上：①以"桥梁"优势，促节目落地。从媒体角度，促进与其他遗产国的文化交流及相关节目的合作落地等。用媒体视角和语言讲述农业遗产。②转换优势，增强交流，将"数量"上的优势和宣传上的优势相结合，助推更多优质的节目产生。中国农业文化遗产，媒体一直在关注。乡村振兴，一路同行。

9.傅晓萍（福建春伦集团有限公司，副总裁），《农遗里的时尚力——创新推动传统茶饮新发展》

农业文化遗产具有丰富的农业生物多样性、完善的传统知识技术体系和独特的农业生态景观，展示了中华民族灿烂悠久的优秀农耕文化。2021年《春伦助力GIAHS"福建福州茉莉花与茶文化系统"开发减贫模式》入选全球最佳减贫案例，通过推行"公司＋基地＋农户"经营模式发展农业产业化。作者表示，传统茶饮向时尚转变途径包括：①团队。组建专门团队，研究开发新产品，让茶和时节对应起来，推陈出新，让年轻人有新鲜感，喜欢上喝茶。②空间。将传统文化结合时下潮流，注重东方美学与现代茶空间的融合表达，打造茶元素的美学空间。③文创。以茉莉花茶为核心

元素，开发衍生周边文创产品。④产品。以茉莉花茶为主线，承袭传统茉莉花茶冲泡工艺，开发各类创新茶饮。⑤时尚。打造"产品创新＋品鉴会＋跨界联名"模式，通过大众点评、小红书、抖音和微信公众号等平台，推出 ITEAMO mix 品牌。

10.杨钰尼（红河哈尼梯田文化传承学校，校长），《守护万亩哈尼梯田，传承千年农耕文化》

以国家级非遗乐作舞、多声部民歌、哈尼四季生产调为代表的哈尼梯田文化是祖先留给我们的财富。2013年12月23日，习近平总书记在中央农村工作会议上发表的重要讲话指出，"我听说，在云南哈尼梯田所在地，农村会唱《哈尼四季生产调》等古歌、会跳乐作舞的人越来越少。不能名为搞现代化，就把老祖宗的好东西弄丢了！作者将钰尼文化艺术传承中心打造成为民族文化融合及创新发展的艺术歌舞文化小载体，助力青少年哈尼艺术文化综合素质提升。中心通过服务、吸引、带动边疆基层群众参与文艺活动，激发乡村活力，助力边疆基层群众实现精神富有和文化自强，助力乡村振兴。中心累计学员3000余人，通过舞蹈艺术考上本科的学员50余人。同时，政府每年举办开秧门、姑娘节、哈尼长街宴等各具特色的地方民俗文化和旅游节庆活动，实现了各民族在文化上的兼收并蓄、经济上的相互依存、情感上的相互亲近，成为演绎民族团结进步、弘扬展示民族文化的重要平台。

11.何环珠（安溪铁观音女茶师非遗传习所，所长），《女茶师在全球重要农业文化遗产保护与传承中的作用》

在福建安溪，有数十万女性群体从事茶业工作，从种茶到售茶，从茶艺到教学，处处都有女性身影。女性细致、执着、坚韧，让安溪铁观音更加柔美、馥郁芬芳。女茶师是一支"技术富民"的重要队伍，是一道"文化兴茶"的美丽风景线，是一支乡村振兴不可忽视的生力军。

种植茶叶能够为女性带来福祉，女性茶产业从业人员超过70%，茶产业发展离不开女性的特殊作用。作者认为，发挥女茶师在农遗传承中的使命，应从以下几方面展开：①建好女茶师非遗传习所，持续培养非遗人才，充分发挥女性示范带动作用；②申报女茶师科技特派员团队，开展农遗调研、保护和传承工作；③组织编写相关乡土教材和培训教材，保护和传承茶文化相关的传统技术、工艺和知识；④建设茶科技小院，为推进"三茶"统筹发展提供服务载体；⑤以茶会友，行走"一带一路"，讲述"东方树叶"故事。

四、其他报告

（一）分会场一：农业文化遗产地生态资产核算与生态产品价值实现

1.唐海萍（北京师范大学地理科学学部自然资源学院，教授），《基于生态产品的生态系统服务与农牧户福祉关系研究》

建立健全生态产品价值，实现机制是践行绿水青山就是金山银山理念的关键路径，对推动经济社会发展全面绿色转型具有重要意义。探究生态系统服务与人类福祉的关系，在宏观层面对于解决21世纪初以来出现的自然环境破坏、实现全球可持续发展具有重要影响。作者于2022年7月在青藏高原三江并流区干热河谷进行实地调研，使用结构化的调查问卷，以面对面问卷调查的形式收集农牧户的数据。研究结果表明，生态系统服务对农牧户的影响包括两部分。直接影响包括提供食物和水资源，维持土壤肥力和水质，以及防治草地和森林等资源供农牧业生产使用，对农牧户的收入和生计具有重要意义；间接影响包括调节气候，保护农作物和牲畜免受极端天气事件的影响，以及防治居住环境的洪涝灾害和风沙防治与保护。生态系统服务还可以提供优美景观和生态旅游机会，为农牧户创造额外的收入来源。

2.龚建周（广州大学地理科学与遥感学院，教授），《生态系统服务视角下，南岭山区生态网络构建研究及对乡村振兴的思考》

南岭山区作为国家生态安全框架的关键节点与区域发展重要生态屏障，发挥着重要的生态作用。长期以来，该区伴随着林区开垦种植、矿产资源无序开发、土壤污染退化等人类活动干扰，生态风险逐渐提升，人与自然环境的矛盾日益突出。南岭山区具有复杂的自然－社会－经济系统结构，系统划分山区区域并开展生态系统监测与评估研究是明晰区域本底和协调巩固资源的重要前提。研究以自然流域范围作为科学划定复杂系统结构单元的基础，以此量化界定与南岭山地具有强相关性的南岭山区范围，并保持其空间范围具有连续性与完整性；通过PLUS模型对未来南岭山区土地利用斑块的变化进行模拟预测，对2000—2040年南岭山区开展典型生态系统服务价值时空变化评估；最终，基于生态系统服务价值高值区构建南岭山区的生态网络并探讨优化建议，旨在推动南岭山区生态振兴，促进生态协调可持续发展。

3. 何帅（自然资源部第一海洋研究所，工程师），《世界遗产黄渤海候鸟栖息地生态服务和生态资产评价》

优良的生态资产产出高品质的生态服务，以生态保护红线为主体的生态系统是国家生态安全的重要保障。基于经济学的收益还原法，通过生态服务流量价值核算生态资产的存量价值。我国海岸线上唯一的世界自然遗产黄渤海候鸟栖息地生态资产面积2687平方公里。2019—2021年，该遗产地生态资产存量分别为2.67万亿元、2.61万亿元、2.83万亿元，年均增长率为3.00%，提供人类的生态服务价值分别为1310.08亿元、1281.01亿元、1388.40亿元。该遗产地属于RS生态利用型，调节服务和支持服务共同起主导作用，分别占总价值的46%～50%和41%～43%。2021年，遗产地生物多样性维持服务价值570.48亿元，占遗产地总服务价值的41%；遗产地生态服务总价值占盐城市陆海全域总生态服务价值的14.35%。黄渤海候鸟栖息地生态资产和生态服务的年增长率反映了盐城市生态保护工作的显著绩效，说明申请世界遗产工作夯实了海岸带地区的生态安全屏障。

4.贺超（北京林业大学，副教授），《以"两山"理念透视生态产品及其价值实现的学理逻辑》

生态产品价值实现是我国生态文明建设的创新实践，但也面临着基本概念内涵和价值运动规律认识不清的重大挑战。作者以"两山"理念透视辨析了生态产品的学理内涵，分析了生态产品的价值构成与实现过程，提出了生态产品价值实现机制的理论框架结构。研究认为：生态产品的本体是特定单元国土空间的优质生态环境系统，具备完全的使用价值属性，在特定条件下具有劳动价值，多数情况下体现为生产要素价值；生态产品价值实现就是其使用价值和（劳动和要素）价值获得适当表现的统一过程；应从构建生态产品的分类体系和等级标准、统计与价值核算体系，统筹国土空间规划与生态产品价值实现，强化生态产品保护修复、产权制度创新，完善生态产品向生态商品转化的政策和技术体系、多元化的生态系统服务付费机制等，加快建立健全生态产品价值实现机制的制度结构。

5.王树清（拜泉县生态文化博物馆，教授），《挖掘农业自然文化遗产价值促进全面乡村振兴——借鉴自然文化遗产理论看拜泉生态农业实践》

生态农业是现代农业的优秀模式，有利于实现粮食安全。要实现粮食安全，一方面，要保持人均粮食占有量及相应的农副产品产量，借鉴传统的生产方式采取不同农业生产工艺流程间的横向耦合，例如稻田养鱼、稻鸭共生、北方"四位一体"（即：可再生能源、大棚、养猪、厕所）能源生态农业模式。另一方面，在源头实施生态工程建设，尽量缓解化肥、农药、畜禽粪便等污染土壤和水的可能性，实现立体种植、立体养殖、立体种养相结合的纵向闭合，保证动植物在没有污染的环境中生长，变污染负效益为资源正效益。习近平总书记在2023年全国农村工作会议上提出要"发展

低碳生态农业，赓续农耕文明"。生态农业是方向标、试金石、基因库、策源地。生态农业给现代农业注入了强大的稳定预期，给风险型、弱质产业不确定性带来确定性、稳定性、可持续性。生态农业可以把灾害打入生产计划，在生态自觉下实行山水田林湖草沙综合治理。

6. 曹茂（云南农业大学马克思主义学院，副教授），《洱源果梅农业文化遗产研究》

梅的原产地在中国，大理白族自治州洱源县被誉为"中国梅子之乡"和"中国古梅之乡"。洱源县在长期的种梅食梅的历史过程中，形成了脉络清晰的梅利用历史发展体系。梅在洱源县有着悠久的生长史，当地的古梅资源丰富。洱源县野梅和半野生梅树，与周边古梅园和生态梅园一起，构成了梅树起源、演化、被人类发现利用、驯化栽培的演化链条。从而进一步证明了云南西部的大理州是梅的原产地且变异类型丰富。此外，洱源县梅园中呈现出复合种养的典型特征。在梅林下或梅林旁栽培有其他农作物或养殖家禽家畜，使各种生物之间相互作用，形成接近于自然生态系统的状态。洱源果梅农业文化遗产有着鲜明的农业特征、生态特征、景观特征和技术体系，正在新时代散发着农业文化遗产的迷人魅力。2023年6月，"云南大理州洱源古梅园与梅文化系统"被列入云南省农业文化遗产后备名录库。

7. 谢萍（华南农业大学，副教授），《农业文化遗产视阈下英德红茶历史及价值探析》

英德市位于南岭山脉东南部，具有悠久的产茶制茶历史，享有"中国红茶之乡"的美誉。红茶产业作为当地的特色支柱性产业，在改善生态环境、提高茶农收入及文化输出中均具有独特的作用。英德茶产历史悠久，在近60年的时间迅速发展，成为了中国红茶的先进代表，

打造了中国红茶的高端品牌。其中，英德红茶通过工艺改革，提高了红碎茶的品质，开创了新中国茶叶生产的"四化"重要模式，即"标准化、工厂化、机械化与产业化"，推动了我国茶叶生产由传统向现代的提升。同时，研发了各种国内领先的机械制茶设备，获得多项国家级奖项。此外，英德红茶种植方式具有生态性，通过间作观赏性树种的方式改善了田间环境，并且减少了病虫害，形成了美丽的茶园景观和风光，促进了生态旅游的发展。英德红茶文化璀璨多姿，融合了华侨文化、知青文化、干校文化、瑶族文化、海丝文化等内涵。

8.杨丽韫（北京科技大学，教授），《构建以农业文化遗产产品为核心的价值实现路径》

农业文化遗产是我国农耕文明的活化载体，其作为一种典型的"社会－生态"系统，具有丰富的生态系统服务价值以及潜在的经济价值和社会价值。以农业文化遗产产品为核心构建生态产业体系，可有效促进农村一二三产业融合，实现乡村振兴。在一产种植养殖方面，遗产地要保持有地方特色的农业生产，重视传统优质品种的推广利用，保护农业良种资源并提高生物多样性，还要和绿色有机产品充分结合，在生产过程中体现绿色有机种植的相关指标。在第二、第三产业方面，遗产地除发展农产品保鲜储藏和深加工技术外，还要充分挖掘遗产地产品的历史传承和文化故事，开发能够体现历史传承和生态优势的文化创意产品，实现产品的产地、文化和食品安全追溯。此外，还需进一步联合大众熟知的电商，开辟农业文化遗产地产品的网络销售平台，充分宣传产品的文化传承、绿色和生态优势，提高其市场竞争力。

9.丁志远（中国丽水"两山"学院"两山转化"研究院，院长），《"两山转化"：农业文化遗产的传承、发展、时代性》

"两山"理念构建了新时代中国社会经济发展的全新逻辑，使得生态产品价值实现的路径得到了极大的拓展，重构了传统的乡村价值。农业文化遗产作为人类最早的系统化生态产品价值实现路径体系，从以生存为目的的人与自然的对抗，到人与自然的原始和谐共生，再到以人民对美好生活的追求为目的的人对自然的利用与开发，从而实现了符合"两山转化"的人与自然的新的和谐共生关系。在当前的历史阶段，农业文化遗产也被赋予了更多维度的功能和复合型的社会经济价值。农业文化遗产的保护利用，要在现实社会中延续文物和文化遗产所承载的民族精神血脉，更好地传承和弘扬中华文化，建设中华民族现代文明。农业文化遗产的活化应用不仅能够成为"两山转化"的素材，也能够成为"两山转化"的创新路径，在百年未有之大变局中焕发全新的活力，成为主流社会经济活动中的重要环节。

10.王福昌（华南农业大学，教授），《广州南沙区沙田：传统水土综合利用的典范》

沙田作为岭南地区的主要土地利用方式，在珠江三角洲农业中具有无可替代的重要性和代表性。广州市南沙区位于西江、北江、东江三江汇集之处，聚集了丰富优质的沙田资源，开发历史逾千年。沙田农业创造了灿烂辉煌的沙田农耕文明和沙田复合生产系统，在改良沙

田土质、水利建设、土地利用、种植方式、水产养殖方面形成了完整的技术体系，以及以疍家文化为核心和主体的独特水乡文化，另外，铸造出了勤劳智慧、敢于拼搏、不断进取、人海和谐的沙田精神。南沙沙田是岭南传统农业的典范，体现了岭南人因地制宜、巧用水土、科学种植、人海和谐的聪明才智和勤劳、拼搏、进取的开拓精神。今日，南沙区作为广州重点发展区域，正在快速实现工业化、城镇化和现代化。沙田生产和沙田文化急剧消失，因此保护沙田不仅必要，而且迫切，是实现南沙农业高质量发展的重要途径之一。

11.蒋怡辰（广东工业大学，副教授），《基于文化基因理论的广州市农业文化遗产保护活化研究》

城镇化是农业文化遗产活态传承的主要威胁因素之一。广州是岭南农耕文

明的中心地域，然而当前常住人口平均城镇化率高达 86.48%，农业传统知识及文化的传承保护情况不容乐观。作者以城市文化基因理论为导向，着重针对广州 3 个中国重要农业文化遗产——"广东岭南荔枝种植系统（增城）""广东增城丝苗米文化系统"和"广东海珠高畦深沟传统农业系统"进行深入解读。通过构建农业文化基因综合评价体系，对 3 个农业文化遗产地进行整合性评价，较为客观精确地对农业文化遗产显性文化因子及隐性文化因子的现状进行分类归纳。在此基础上，通过专家赋值统计出了广州市域内 3 个遗产地文化基因的表达差异，并分别提出了 3 个遗产地未来保护活化的方式，以及广州市农业文化保护发扬的建设性策略。其结果对于如何将 3 个遗产地的文化基因进行提取和保护发展具有指导作用，进而推动广州文化体系的整体性活化传承。

（二）分会场二：农业文化遗产地旅游资源评价与景观休闲农业发展

1. 杨艳（大理大学和滇西社会治理乡村振兴研究院，教授），《农业文化遗产赋能乡村振兴的日常生活逻辑：基于对"云南漾濞核桃作物复合栽培系统"农业文化遗产实践的田野调查》

作为日常生活不可分割的一部分，农业生产活动是劳动人民在长期生产生活实践中沉淀积累下来的文化类型。作者以 NIAHS "云南漾濞核桃作物复合栽培系统"为例，对其农耕文化实践进行了田野调查。分别从经济、社会、文化 3 个维度，阐释了农业文化遗产赋能乡村振兴的日常生产生活逻辑，即基于日常农业生产构建本土现代产业体系夯实乡村振兴的物质基础，依托日常农村生活推动乡村社区互嵌共生、筑牢乡村振兴的社会基础，源于日常文化生活形成地方传统智慧、孕育乡村振兴的价值共识。作者认为，探讨农业文化遗产在乡村振兴中的作用机理和实践，阐释农耕文化实

践中的日常生活逻辑，能更好地去关注活态农业文化遗产传承保护中的本真性和原生价值。将日常生活理论引入农业文化遗产研究，能为乡村振兴和农业文化遗产研究提供理论补充，亦能为农学研究提供西南边疆样本。

2.谭凯炎（中国气象科学院，研究员），《重要农业文化遗产地气候适宜旅游期时空分宜》

天气气候条件是左右人们旅游出行的重要因素，它影响着旅游目的地的选择和景点旅游季的长短。旅游气候适宜性一般通过气候舒适度来衡量，具体是指在适时调节衣着的情况下，低强度活动的健康人群在环境气象条件综合作用下感觉的热舒适程度。作者基于中国气候特征和人体热舒适感受的室外天气舒适指数等，选取了我国22项全球重要农业文化遗产地作为研究对象，基于各地1991—2020年每日的气象数据，计算了室外天气舒适指数并划分了不同舒适等级，统计了各遗产地近30年平均天气舒适度与舒适日数、极不舒适天气频率，分析了各地气候舒适度年内变化特征和气候适宜旅游期分布，讨论了不利天气现象对当地旅游的影响，并提出了不同季节条件下适宜的遗产旅游地。本研究结果可为游客选择赴农业文化遗产地的旅游时间提供指导，为农业文化遗产地评估旅游资源潜力和制定旅游业发展规划提供参考。

3.赵飞（华南农业大学，副教授），《低洼地农田的一种选择：亚洲热带和亚热带地区的高畦深沟系统》

高床作物栽培（HBLD）系统自古就有，如今在旱地和灌溉生产系统中仍发挥着重要作用。鉴于亚洲HBLD系统在农业文化遗产领域尚未得到足够的重视，作者全面查阅文献后发现，该系统具有以下特点：①按一定比例开挖深沟，利用沟泥加高床面，并长期保持沟内水层。②高地耕作，主要在床面上种植蔬菜和果树。③种植水稻/水生蔬菜，或在

沟内养鱼/养虾。④大部分结构保持稳定。HBLD 系统具有显著的区域特征，对气候变化和极端气候事件具有很强的抵抗力。通过 HBLD 系统种植反季节、高价值作物或在沟渠中种植水生蔬菜和养殖鱼类，可为农户带来更高的市场价格。HBLD 系统是具有全球意义的重要农业文化遗产，应加以妥善保护和利用，以实现其在生态系统服务和历史文化方面的重要功能。亚洲 HBLD 系统的实践亦充分证明了农业生物多样性对人类的重要性，这也是我们需要传达的核心价值观。

4.修宇（北京联合大学，副教授），《关于农业文化遗产中饮食文化资源的保护与开发路径研究的思考》

饮食是农业文化遗产地的重要旅游资源。饮食文化是人类食事活动发明创造、积累传承的，具有历史、科学及人文价值的物质与非物质文化综合体系。饮食文化是历史的沉淀，是一个民族应对它所在环境的自然体现。饮食文化是动态发展的，反映了人类不断地对自然改

观，是对人类个体与群体素质的不断提高和完善。美食旅游的兴起属于文化旅游，是部分群体对食物、饮料以及饮食兴趣驱动的目的地选择，源于人们对地方饮食资源的了解、欣赏和消费体验。因此，要有意图、有探索性和反思性地参与饮食活动。另外，除饮食品鉴外，仍需其他形式（与饮食相关）的旅游体验支撑。在饮食资源开发利用中，我们应关注：①建立旅游目的地的饮食资源评价指标体系，以明确饮食资源在该地区旅游开发中的潜力值，进而制定相应的饮食资源发展策略。②需在旅游目的地饮食资源发展中加强对旅游资源的原真性保护。

5.孙梦阳（北京联合大学，教授），《农业文化遗产旅游形象建构研究》

在乡村振兴背景下，农业文化遗产从世代相传的农业生产方式转化为独特的旅游资源，具有综合性和多元化特征，旅游品牌形象建构与传播是发展和促进农业文化遗产旅游不可或缺的关键环节。作者采用扎根理论的编码思路，对近30个

月的 GIAHS 相关新闻报道进行了筛选分析，发现形象建构重点工作是：①提升旅游资源认知度，塑造旅游品牌形象；②重视农遗资源整合，推出特色旅游产品；③优化旅游服务与设施，提升旅游市场成熟度；④推出旅游形象符号，融合多元媒介传播形象。旅游形象建构存在特色定位不够突出、旅游品牌建设的系统性和持续性不强、高效整合多渠道和多平台传播策略不足等问题。作者建议从提升公众对农业文化遗产的认知度、打造农业文化遗产旅游的感知形象、开展系统化目的地形象推广工作、强化旅游形象传播者的专业素养等几个方面进行提升。

6.孙业红（北京联合大学，教授），《农业文化遗产地居民角色认同差异》

农业文化遗产地社区居民是农业文化遗产的所有者和创造者，是遗产保护和传承的主体，扮演着农业文化遗产传承者的角色。作者选取"云南红河哈尼稻作梯田系统"元阳县新街镇大鱼塘村和箐口村，利用时间日志法、参与式观察和半结构式访谈法对居民日常活动、时间利用情况、遗产认知和保护态度、旅游参与态度及其他相关内容进行访谈。研究发现：基于时间利用的居民可以分为强参与、次强参与、弱参与和未参与4类。从认知层面，4类居民对农业文化遗产都有一定的了解，说明近年来遗产地宣传的作用显著；从情感层面，强参与、次强参与、弱参与旅游的居民分别有71.43%、88.89%和45.45%表现出一定的地方依恋感，但未参与旅游的居民中有66.67%在一定程度上表现出排斥感和无关感。基于此，居民角色认同类型可总结为"守护型"居民、"利用型"居民、"边缘型"居民和"无关型"居民。

7.梁雪梅（红河学院，副教授），《作为交往实框架的"非遗工坊"——以元阳南沙干巴制作技非遗工坊为例》

通过框架分析对非物质文化遗产共享和多元参与问题进行研究，有助于突破非物质文化遗产保护理论，实现对非遗边界的超越。非遗工坊是指依托非遗代表性项目或传统手工艺开展非遗保护传

承工作，带动当地人群就地就近就业的各类经营主体和生产加工点。昆明回族食品寻甸牛干巴被列为昆明市非物质文化遗产，红河元阳南沙干巴制作技艺被列为"非遗伴手礼"等，这些现象均表征着各地区、各民族的文化与商品、精神与物质的交流意义重大。非遗工坊是非遗传承保护融入国家战略，融入人民生活的真实写照。"非遗工坊"能避免非物质文化遗产保护走向"画地为牢"，是实现传统技艺创新性发展、创造性转化的一种灵活策略。非物质文化遗产得以在开放式、共享式的交往实践框架中被审视，有助于促进各民族物质与精神的交融，推动非遗传承发展的中国式现代化，从而实现美美与共和共同富裕。

8.陈永邺（红河学院，副教授），《哈尼梯田的景观美学与当地社区的生活方式：一种文化生态学的解读》

哈尼梯田是哈尼族人经过数千年辛勤劳作，创造出的一项伟大奇迹。它不仅是农业生产的场所，更是和谐共生的哲学象征。作者从文化生态学的高度，探究了哈尼梯田所蕴含的景观美学和社区生活方式。哈尼梯田不仅解决了山地耕种的问题，还展示了文化如何适应生态环境。梯田的建设有助于保护生态系统和生物多样性，且哈尼族的传统知识和实践是保证梯田可持续发展的关键。梯田依赖于精心设计的水系统，确保农作物的繁荣和生态系统的平衡。哈尼梯田不仅是壮阔的农业景观，更体现了生态、文化和经济在同一系统里的完美交织，是传统知识与现代生态保护的相互融合，体现了哈尼族与大自然的和谐共生。通过文化生态学的系统解读，我们能更好地理解这一非物质文化遗产的珍贵之处。保护哈尼梯田不仅是为了保护这一独特的文化生态系统，也是维护人类与自然和谐共处之道。

9.唐彩玲（云南大学，讲师），《农旅融合促进乡村振兴的机制和路径研究》

农旅融合完美契合了乡村振兴战略对新时代乡村发展的总要求，是实现乡村振兴战略的重要选择。作者根据乡村振兴的最终目标——"农业强、农村美、农民富"，依次解析农旅融合对农村产业结构优化升级的促进机制、农旅融合促进农业生态建设的提升机制和农旅融合促进农民富裕的影响机制，并分析了这些机制的具体实现路径和影响因素。同时，作者以云南腾冲司莫拉佤族村寨农旅融合发展为例，剖析了其农旅融合发展推动组织振兴、产业振兴和文化振兴、人才振兴的具体实现路径，并基于此提出了农旅融合促进乡村振兴的政策机制：①加强政府的宏观引导和微观支持，提高农村居民素质；②推进农业和旅游业在经济、生态和文化三方面的融合；③发展集体经济，推动工商资本下乡，以农民公共利益为导向，促进农民富裕；④打造"互联网 + 农旅融合"模式，盘活农村耕地资本。

10.卫丽（西北农林科技大学，副教授），《黄河流域传统果园农法体系中的天、地、人》

黄河流域作为传统农业经济区和重要的生态屏障，分布着为数众多的古老果木经济林，是典型的"社会−经济−自然"复合生态系统。188项GIAHS中，林果类共有50项。现有研究更多的是从农业文化遗产地的旅游资源、发展模式、遗产价值与保护、乡村振兴与可持续利用等问题进行探索，对于农业文化遗产地得以长期可持续发展的技术奥秘与农耕智慧研究仍然不足，而后者才是农业文化遗产地进行动态保护与开发的前提与基础。黄河流域传统果园历经千百年不衰，正是一种"永续农业"的生态发展模式，与黄河流域生态保护和高质量发展、农业可持续发展的主旨并行不悖。黄河流域传统果园农法体系从根本上体现了中国传统农业哲学中的天、地、人宇宙系统论，即"三才论"，是重新理解农业文化遗产的一种框架。通过"三才论"可以使我们对于黄河流域传统果园农业文化遗产延续数百上千年的奥秘和智慧有所认识。

11.沈琳（安徽农业大学，教授），《可持续旅游视角下 农业文化遗产保护与利用机制研究——基于安徽农业文化遗产地旅游发展的考察》

旅游对于农业文化遗产地发展是一把双刃剑，旅游发展促进了遗产地环境、经济和社会的良性发展，但对遗产保护造成一定程度的负面影响。因此有必要引入可持续发展的理念研究农业文化遗产保护和利用。目前，农业文化遗产地面临环境压力、文化冲突、传统经济可持续性、社区参与和认同等多重挑战，解决这些挑战需要农户、旅游企业、政府、社会组织和游客之间建立合作机制，综合考虑利益相关者的合作、推广、营销和管理等方面因素，通过建立农业文化遗产地政策管理机制、利益相关者合作机制、监测和评估机制等可持续性旅游发展机制，加强对农业文化遗产地可持续旅游发展理念的教育与适应性管理，实现社区参与和跨部门合作，确定农业文化遗产地可持续性旅游发展效果的指标和方法，进而推动农业文化遗产地旅游产业可持续发展，实现农业文化遗产地经济、社会和环境的共赢。

（三）分会场三：传统农业系统助力生物多样性保护实践

1.孙金荣（山东农业大学，教授），《农业遗产地种质资源保护制度研究》

种子对粮食安全及农业可持续发展具有重要意义。农业文化遗产地是传

统种质资源的富集区，对延续种质基因多样性、保障粮食安全具有重要意义。在现有制度框架下，我国农业文化遗产地种质资源管理采取的是"保护单一对象的损害应对模式"，存在保护模式要素化、保护手段静态化、保护责任条块化、保护对象同质化等现实问题。为此，作者认为，农业文化遗产地种质资源保护可以引入整体主义生态观，建立"保护整体系统的风险治理模式"。进而，从宏观与微观两个面向展开完善路径设计。宏观面向，制定专门性《农业文化遗产地保护法》，明确农业文化遗产地的法律

性质与保护原则，将种质资源保护纳入农业文化遗产地保护的整体范畴；微观面向，细化动态保护制度、联席保护制度、名录保护制度、协议保护制度的运用。最终，系统性构建农业文化遗产地种质资源保护的制度体系。

2.王颐姗（中国农业博物馆，助理研究员），《与自然携手：农业文化遗产中基于自然的解决方案》

作者以星球城市化及其衍生的非城市中心星球思维为切入点，架构了立足乡村又不局限于乡村边界的农遗图景，将其置于全新的城乡关系下来理解。作者梳理了评述星球城市化及其相关理论，探索城乡理论的转型与重构。在城乡不断交织重塑彼此的星球时代语境下，城乡关系呈现出前所未有的复杂、开放、交织的状态。我们无法在一个封闭体系内获得对农业文化遗产的全面理解。同时，非城市中心的星球视角对于重塑、弘扬乡村多元价值带来了新的契机。通过分析浙江湖州围绕农遗开设的研学旅行课程，作者呈现了农业文化遗产作为一种沟通城乡、具有教化意义的生产实践如何激发城市和乡村创新发展的合力，尤其是乡村价值如何突破边界传导到城市。作者呼吁在保护与活化利用农业文化遗产时，要看到新时代城市与乡村在不同尺度上的交互，纠偏"城强乡弱"格局的重要价值，以此推动学科讨论和争鸣。

3.梁洛辉（中国科学院地理科学与资源研究所，客座研究员），《借鉴传统农业智慧，发展生物多样性友好型农业》

农业生产大规模扩张导致生物多样性流失，野生动植物栖息地被破坏和替代。因此，农业生产与生物多样性保护通常都被认为是不可兼得的两项目标。然而，通过对全球传统农业和土地资源管理实际的广泛研究发现，许多农业生产系统利用生物多样性以促进农业生产，特别是应对各种自然和人为风险，提升农业生产的韧性。为了提升对这些生物

多样性友好型农业生产系统的认识，FAO创立了"全球重要农业文化遗产"，通过认定以表彰这些独特的农业生产系统及农业景观。同样，联合国生物多样性公约相关条款要求维持和推广生物多样性保护和可持续利用相关的传统知识、创新和实践。作者通过传统轮歇农业系统及茶林系统两个案例研究，讨论了农业生产与生物多样性保护如何做到相辅相成，而不是通常认为的对立关系，并展示了如何借鉴这两种传统的生态农业智慧，发展生物多样性友好型农业。

4. 贺献林（河北涉县农业农村局，高级农艺师），《"河北涉县旱作石堰梯田系统"生物多样性的保护实践》

生物多样性是指地球上所有生物体及其所包含的基因及其赖以生存的生态环境的多样化和变异性。全球重要农业文化遗产"河北涉县旱作石堰梯田系统"的生物多样性不仅表现在拥有丰富多样的农业生态系统，其在保护水土改变应对气候变化中发挥了重要作用；而且该系统拥有丰富的物种多样性，使"河北涉县旱作石堰梯田系统"在千百年的传承中，持续保障了涉县百姓的多元膳食结构，丰富了人们的食药物体系；更表现为旱作石堰梯田系统拥有多样化遗传多样性，帮助人类持续推进粮食体系转型，以应对气候变化、新的病虫害发生以及不断变化的生态条件。自2018年以来，涉县通过组织当地农民成立涉县旱作梯田保护与利用协会，持续开展梯田资源普查，建立农民种子银行及其传统作物品种保护与种子繁育基地、传统农耕文化科普基地和科技园区等，促进了当地农业生物多样性的保护与利用。

5. 胡若成（北京大学，博士研究生），《中国农业生物多样性保护：现状，机遇与展望》

农业主导的土地利用变化正在威胁全球生物多样性。在全球范围内，有科学家提出了"土地共享和土地分离"假说，即在空间格局上优化农业土地利用，加大单位面积产出，以减少农业土地利用的设

想，但这个假说仍存在很多争议。在中国，由于农业发展的历史格局和严格的土地管理及粮食安全保护政策出于生物多样性保护而大规模缩小农业土地利用空间格局的想法难以实现，甚至近年来农业土地扩张及格局改变对环境造成了巨大影响。在我国尝试探索农田与生物多样性共享土地，建立自然友好的农业生产体系，是一个现实而有意义的举措，不仅有助于实现生物多样性保护的主流化，减少农业温室气体排放，促进农业的可持续性，而且对构建一个健康、多功能的食物体系具有重要意义。与此同时，在一些高生物多样性产出的地区尝试建立农业OECM体系，也对我国昆明−蒙特利尔框架下3030目标的实现大有裨益。

6. 周江菊（凯里学院，教授），《稻鱼鸭综合种养模式下香禾糯遗传多样性的评价与保护实践》

稻鱼鸭综合种养模式至今在湘黔桂交界处的苗族、侗族地区被完整保存。香禾糯作为GIAHS"贵州从江侗乡稻鱼鸭系统"的核心元素，在苗侗民族传统生计、文化、精神和信仰中占据着非常重要的位置。多样性传统文化利用下维持物种品种多样性，对于稻鱼鸭系统可持续发展至关重要。随着现代社会、经济和文化的快速发展，"贵州从江侗乡稻鱼鸭系统"的多功能价值保护与利用面临着严峻挑战。系统核心作物香禾糯具有丰富的表型多样和遗传多样性。香禾糯在苗侗民族传统文化中具有非常重要的地位，除环境因素外，传统文化和耕作制度是维系香禾糯种质遗传多样性的重要因素。系统种质资源多样性保护亟须生物学家、农学家、政府决策者、原住民及其他利益相关者的联合，积极谋划有利于促进苗侗民族地区经济、社会和文化发展的措施和对策，保护民族地区地方传统作物的种质资源的多样性。

7. 郭爱云（北京农学院，副教授），《北京市农业文化遗产系统的监测与管理》

北京市积极组织和推动农业文化遗产挖掘、申报和管理制度建设等方面工作，并取得了较大进展，目前共拥有48项系统性农业文化遗产。系统性农业文化遗产作为具有潜在保护价值的传统农业生产系统，是申报重要农业文化遗产的资源储备，也是农业文化遗产保护与发展的重要内容。实施监测与评估有助于提升农业文化遗产的管理能力，促进农业文化遗产动态保护与发展。作者借鉴全球重要农业文化遗产监测指标体系框架，基于北京市农业文化遗产现状与特点，从遗产基本情况、经济发展、生态状况、社会维系、科研科普和管理服务等多个维度构建了系统性农业文化遗产保护与发展监测评估分析框架，并设计了36个二级指标，为系统性农业文化遗

产资源的跟踪调查和监测评估提供技术支撑，以便及时掌握北京市农业文化遗产保护发展工作情况及成效，为未来农业文化遗产保护和发展利用提供建议。

8.李茂林（河南大学，副教授），《中国水域立体农业文化遗产的生态智慧及其保护传承》

当前国内外农业发展弊端使农业文化遗产的经验与智慧备受重视。中国传统农业历来注重促进人与自然和谐共生，形成的经验积累与实践品质使中国不少地区孕育、传承并维系了大量的水域立体循环生态农业实践，一些实践模式构成或衍生为水域立体农业文化遗产，并且

留存至今。水域立体农业文化遗产是山水林田湖草生命共同体的样板，涵盖渔业、种植业、林业、畜牧业、副业中的2～5个行业，通过良好的水循环与农业废弃物利用，实现了多元复合生态经济系统的多功能化与价值最大化。得益于适应性管理、复合农业生态系统管理等生态智慧的薪火相传，这些遗产经过千百年发展变迁始终保持其内核与特质。但目前这些遗产面临现代经济社会多元冲击而濒危，亟须通过建立生态博物馆与活态博物馆、构建传统－遗产重要传承人制度、发展在地化自然教育－乡土教育耦合体等来传承其生态智慧。

9.陈彩霞（广东省科学院广州地理研究所，助理研究员），《珠江三角洲基塘农业系统遗产地社会生态记忆传承机制研究》

社会生态记忆是社会生态系统理论用以解释系统演变的关键变量，目前较少应用于农业文化遗产研究领域。作者通过界定社会生态记忆分类并评估其现状特征，探索了社会生态记忆传承的可能机制。遗产地核心区较好地维持了桑基鱼塘、花基鱼塘等传统种养景观，但与以村落为载体的社会记忆缺乏有效联系。核心区以外的遗产地，以鳗鱼、加州鲈鱼、黄骨鱼等优质鱼养殖为主，系统结构弱化为单一的集约化淡水养殖。从区域景观层面，由土地利用遗留效应决定的"塘－涌－闸－堤围－外江"生态记忆仍得以延续，并依托七星、朝山、儒溪、岭西4个村落的社区自组织管理，形成了相对匹配的社会生态记忆载体。总体来看，土地利用遗留效应保持生态记忆与社会记忆的空间联系是社会生态记忆传承的关键。研究为岭南地区传统农业生态系统保护、优化农业文化遗产动态保护政策制定提供了理论依据。

10.曹文侠（甘肃农业大学草业学院，教授），《祁连山山地牧业与河西走廊荒漠绿洲农业耦合系统》

祁连山－河西走廊处于内陆河涵养与黄河产流区分界处，我国西部三大高原在此交会，区位特色鲜明，山水林田湖草沙生命共同体系统完整，生态服务功能的重要性与生态环境脆弱性并存。受祁连山水源滋养的河西走廊荒漠绿洲现代农业成就了我国最大的种业生产基地和优质牧草生产基地。祁连山与河西走廊农牧业自然交错，草原文化与农耕文化相互交融，茶马古道与丝绸之路交会，人文历史资源荟萃，区域生态保护与产业发展矛盾交织，是我国草业科学研究的天然实验室。这里人文历史素材与文化元素丰富，以习近平总书记生态文明思想为指导，深入研究和挖掘祁连山

山地牧业与河西走廊荒漠绿洲农业耦合系统的文化元素与农业文化遗产价值，对于促进草原文化与农耕文化系统的融合与系统耦合、释放产业发展潜力和新动能、推动乡村振兴和实现区域经济与社会全面发展有重要且深远的意义。

11.王玏（华中农业大学，副教授），《生物文化新路径下的农业文化遗产地功能区划方法研究：以湖北恩施玉露茶文化系统为例》

农业文化遗产作为持续演进的遗产类型，是人类农耕活动与自然地理环境之间相互作用的结果，记录了文化和生物的层积过程，是结合了农业生物多样性、韧性生态系统以及传统文化的遗产类型。作者基于农业文化遗产地生物多样性与文化多样性的互馈原理，提取了乡土植物多样性、野生动物多样性、生境空间异质性、传统知识丰富度、文化景观丰富度和传统社区聚集度作为生物文化多样性评价的关键指标，运用综合指数法和耦合协调度模型，进行生物文化耦合协调关系分析，建立基于生物文化多样性评价的农业文化遗产地保护区划方法，并以"湖北恩施玉露茶文化系统"为研究对象，结合生物文化多样性评价结果，得出多向融合型、主导融合型和初级融合型三类保护区，并针对不同保护区的生物文化作用关系和演化阶段特征提出了功能优化建议，为农业文化遗产动态保护与适应性管理提供决策建议。

12.冯玥怡（广东工贸职业技术学院，助教），《上海金山蟠桃栽培系统的特点、价值及保护研究》

"上海金山蟠桃栽培系统"是当前上海唯一的中国重要农业文化遗产和全国第二个桃类重要农业文化遗产。作者采用实地调查、深度访谈等方法，对"上海金山蟠桃栽培系统"特点、价值及保护途径进行了总结。"上海金山蟠桃栽培系统"地处高度城镇化的上海，在生态服务、社会经济、历史文化、示范推广、科普教育等方面具有重要价值。面对城

镇化与现代农业冲击严重、人力成本高、遗产价值认知不足等威胁，作者提出了加强桃种质资源保护与利用、提升"三产"融合发展水平、加强传统种养模式的价值发掘与示范推广、开展桃文化研究与对外交流等建议。与枣、梨、柑橘等大宗水果相比，桃类农业文化遗产的发掘与保护仍处于滞后位置。上海是我国最具代表性的南方桃品种群生产地之一，"上海金山蟠桃栽培系统"保护模式探索对于推动中国乃至全球桃类农业文化遗产保护具有重要参考价值。

（四）专题论坛：哈尼梯田文化景观多样性及其传承保护

1.黄绍文（红河学院民族文化遗产研究中心，教授），《哈尼梯田稻作品种生物多样性及其助推乡村振兴》

云南红河哈尼稻作梯田先后荣获了FAO授予的全球重要农业文化遗产（2010年6月）和UNESCO授予的世界文化景观遗产（2013年6月）。水稻种植是哈尼梯田活态遗产的重要标志，稻作传统品种多样性不仅体现了生物多样性的价值，而且其生产的红米及其绿色产品将助推遗产地的乡村振兴。但自21世纪以来，杂交稻新品种的冲击和劳务输出导致梯田耕作劳动力锐减，加之梯田产出效益与投入劳动力价值倒挂等，导致具有生物多样性意义的梯田稻作品种正在以惊人的速度消失。哈尼梯田所在县之一的元阳县，改革开放初期还有243个传统品种，但目前还在种植的传统品种不足30个。传统种质资源丧失、品种单一化导致抑制病虫害的功能下降，梯田稻作生物多样性价值被削弱。对策是在哈尼梯田遗产区建设国家公园，以农户为基础建立种质资源库，抢救性收集珍稀古老的传统稻作品种，传承好千年梯田农耕生态环境。

2.华红莲（云南师范大学，副教授），《治理变迁与旅游驱动下哈尼梯田遗产地村寨间社会关系的变迁及对梯田保护的影响》

红河哈尼梯田作为活态遗产，传统村寨所承载的社会网络关系及其对资源的分配制约是哈尼梯田持续存在的基石。作者基于哈尼梯田地区居民的日常生活联系，运用社会网络分析技术，从"点度中心性""中介中心性""接近中心性"3个方面呈现了当地村寨间的社会网络特征。研究发现：具有血缘关系的村寨成为一个整体，共享水资源，协作生产；摩匹仍然是哈尼族的权威，对加固村寨间的认同具有重要作用；咪谷作为传统村寨的领袖，具有重要"中介"作用，对梯田保护具有强制性和约束性；传统生计的改变导致"沟长"核心作用开始衰退，而有经济和知识的人开始整合进入社会网络中，成为人们日常"接近"的中心，重塑并强化了村寨的内部关系，弱化了与其他村寨的关联。针对当前遗产保护和旅游开发从单一村寨着手

的现状，作者建议遗产的发展需以村寨网络为基本单元进行整体性保护与开发。

3.洪亮（云南师范大学，教授），《基于Sentinel-2与GF-2遥感数据的哈尼梯田提取》

利用遥感技术快速准确获取哈尼梯田信息对世界文化遗产的保护与发展至关重要。但单一遥感影像数据源受时间分辨率与空间分辨率相互制约的影响，难以同时综合梯田的关键物候信息和空间细节信息对梯田进行准确提取。作者使用GF-2和时序Sentinel-2遥感影像

以面向对象的方法提取梯田，基于GF-2遥感影像进行多尺度分割提取梯田对象的纹理特征、几何特征和时序NDWI特征与NDVI特征，利用交叉验证递归特征消除法优化梯田的纹理特征与几何特征，并以分离指数基于时序NDWI特征与NDVI特征获取梯田的关键物候特征，将优化后的所有特征集分别利用随机森林分类器与支持向量机提取梯田信息，最后以哈尼梯田的核心区为样本区验证该实验的可靠性。结果表明，作者提出的方法提取精度更高，基于随机森林分类器的方法获得的最高Kappa系数与总体精度分别为89.45％与94.73％。也就是说，基于GF-2与时序Sentinel-2遥感影像可以实现梯田的高精度提取。

4.张永勋（中国农业科学院农业经济与发展研究所，副研究员），《哈尼梯田可持续发展机制与面临的挑战》

"云南红河哈尼稻作梯田系统"在自然与社会经济发展变化的挑战面前表现出了极强的韧性，但从环境-经济-社会复合系统角度对哈尼梯田可持续机制开展的研究还较为匮乏。作者对哈尼梯田可持续性进行了较为全面的分析，发现山区农业可持续发展依赖于充足的水土

资源和基于这些资源多样化带来的就业机会；环境稳定性依赖于合理的景观结构、丰富的生物多样性和生态的农业耕作方式；社会稳定性依赖于良好的社会结构、高效的管理制度、相关的文化约束与引导。其中，传统知识与文化对梯田景观稳定性的维持具有积极作用，但其作用随着工业化和城镇化的发展逐渐被削弱。作者基于计划行为理论，系统诠释了以经济和社会为驱动因素，农户在农业社会向工业社会转型的过程中山地农业系统的动态演化机制，为社会经济转型阶段重建可持续山地农业系统提供了丰富的地方经验与理论分析框架。

5.王琳（云南大学，博士研究生），《哈尼族元典在铸牢中华民族共同体意识的作用——基于哈尼古歌的解析》

国家级非物质文化遗产"哈尼哈巴"中的创世神话《窝果策尼果》、迁徙史《哈尼阿培聪波波》以及吟唱生产生活的《四季生产调》是哈尼族不依傍其他典籍而为其他典籍所依傍的经典。这些作品可以作为哈尼元典。哈尼元典的内容从一个侧面体现了中华民族共同体意

识的建构过程，也为当下进一步铸牢共同体意识提供坚实的文化根基。创世神话为万物和谐共生奠定了伦理基础，为人的发展搭建了时空秩序框架。寻找更加丰富的自然资源，拓展与其他民族交往关系的迁徙史，历时性地呈现了哈尼族探寻人与自然的和谐相处之道以及建造与其他民族和谐共处秩序的过程。通

过有关生产生活的吟唱充分肯定了梯田耕种时期各民族取长补短、互助互爱的积极意义。哈尼元典"哈尼哈巴"的内容从一个侧面体现了构筑中华民族共同体意识的过程，也为当下进一步铸牢共同体意识提供坚实的文化根基。

6.覃奕（中国农业博物馆，助理研究员），《哈尼梯田绿色治理体系探赜》

作者主要从社会治理的视角，解读了哈尼梯田自然资源在传统哈尼社区管理时期、哈尼社区计划经济时期和哈尼社区现代转型时期等不同时期的使用者权属、资源管理方式、哈尼梯田生产组织形式以及集体共享的规则约束等，梳理了哈尼梯田绿色治理体系的演变进程线索，归纳和挖掘其中变迁和坚守的规律，总结了哈尼梯田绿色治理体系形成、演变的经验和启示，揭示了哈尼梯田绿色治理的底层逻辑、梯田耕作延续传承的关键链条、哈尼梯田稳定运作的传统基石以及哈尼梯田延续和发展的重要保障。研究明确指出了在农业现代化背景下，哈尼梯田绿色治理体系演变的经验启示，即：四素同构与三象协和的内在关联是哈尼梯田绿色治理的底层逻辑，文化与社会的勾连是梯田耕作延续传承的关键链条，长老意识与习惯法是哈尼梯田稳定运作的传统基石，多元协作、多层共治是哈尼梯田延续和发展的重要保障。

7.郑佳佳（昆明理工大学，副教授），《"箭垛效应"及其超越：基于阿者科模式的讨论》

人们生活的集体性与丰富性催生了"箭垛式"人物。事实上，"箭垛式效应"已经弥散到社会文化生活的诸多方面。特定的经济发展、社会生活、历史文化以及生态环境等条件，因政府主导、竞争叙事而促使一些传统村落成为"明星"，从而产生各种荣誉聚集于一身的"箭垛式"效应。云南省元阳县阿者科村因缔造哈尼梯田，当地民众、当地政府大量的项目投入以及诸多学者的辛勤付出使哈尼梯田成为世界文化遗产、农业文

化遗产双遗产地中的独特"箭垛"。成为"箭垛"意味着阿者科村因形象闪耀而会被模仿。然而，集中各种力量打造"箭垛"本身也意味着其不可简单复制。超越箭垛意味着双遗产地的各个村落在突出自身特点、寻找新的发展路径方面必须具有更大的创造力。当地百姓、政府以及各种智力资源在新的历史条件下进行真正意义上的创新性发展是"箭垛式"村落留给人们的唯一启示。

8. 卢鹏（红河学院，教授），《哈尼族咪谷的式微与传承保护研究》

"咪谷"哈尼语又称为"昂玛阿伟""普玛阿波"等，意思是"大地需要者"，可引申为献祭大地的主祭者。咪谷在哈尼族传统文化中扮演着极其重要的作用。他们不仅是哈尼族传统节日的组织者、主祭者，也是哈尼族村寨传统秩序的维护者、哈尼族精神世界的守护者、哈尼传

统文化的传承者。咪谷作为哈尼族历史上鬼主制度在村寨层面的余绪，在主持村寨层面祭祀活动的同时，仍兼有头人管理村寨日常事务的部分职责。对于哈尼族来说，咪谷牵涉到整个村寨的福祉，因而向来备受村民尊崇。以咪谷为内核形成的咪谷文化是哈尼族传统文化的显著特点。但是当前咪谷的更替在部分哈尼村寨出现了断代现象，咪谷文化的传承也面临严重困境。咪谷文化衰微的深层次原因是难以逆转的哈尼族传统生产方式的改变。如若不在此基础上形成新的生存土壤，咪谷文化最终必将消亡。

9. 角媛梅（云南师范大学，教授），《哈尼聚落文化景观生态与地理研究》

聚落是人类活动的中心。聚落景观是人为活动创造的叠加于自然景观之上的文化景观，其意象表现为一定地域人群所创造的村落文化的空间形象，代表一定地域人群的文化思想。聚落研究主要包括地理位置、人口、土地利用、市场中心和服务范围等的特征、类型、演变

和形成原因等，研究方法注重定量与定性相结合，参与式农村评估被运用到乡

村聚落资料搜集和聚落发展领域。21 世纪后，乡村聚落研究扩展到民居分层利用格局、民居形态与布局、聚落景观要素及其空间格局、聚落景观演变及其驱动力、聚落生态系统服务等。哈尼梯田关键要素之一是以蘑菇房为主体的多民族聚落景观，亟须多学科研究以促进其持续发展。因此，对哈尼族聚落文化景观的组成要素、空间分布、时间演变及驱动力，以及变化后的生态、环境、社会、遗产保护等复合效应开展研究，才能提出适宜该文化景观遗产的空间管控规划和措施。

10.张红榛（红河学院，教授），《哈尼梯田文化景观的多样性与保护传承》

"云南红河哈尼稻作梯田系统"作为农业类文化景观，是自然与农耕文化相互作用的结果，呈现出丰富的多样性。植物多样性为文化丰富性提供了保障，文化的传承又促进了生物多样性的可持续发展。基于此，作者提出充分挖掘、系统保护哈尼梯田文化景观中的生物多样性和传统农耕文化体系，以确保文化景观的可持续，促进边疆民族地区新一轮的乡村振兴。具体路径包括：①活态保护，抓住核心要素，用系统的方法促进保护。②系统保护，农耕系统和文化系统两手抓，相互支撑。③分类措施，根据不同遗产元素，给予不同的保护策略。④就地保护，对遗产地传统生产和文化活动予以引导和支持。同时建议：①加强生物多样性与文化多样性保护的相关研究。②充分挖掘遗产内涵和品牌价值，讲好梯田故事。③加强对生物多样性尤其是可食可用多样性的利用，丰富传统文化生活。

11.吴静（浙大城市学院国土空间规划学院，科研助理），《基于场景理论的农业文化遗产保护：红河哈尼梯田的纵向案例研究》

农业文化遗产为乡村振兴提供了新型生态农业现代化、农民增收致富与乡村精神复归的可行之路。遗产地可以通过对农业、文化保护及旅游业开发，在传承文化的同时丰富产业结构。但目前遗产地产业发展与文化传承的活力与持续动力

仍显不足，无法形成一二三产业的深度融合发展。作者借助场景理论研究视角，以哈尼稻作梯田系统为例，探讨农业文化遗产的文化场景建构及其背后的发展历程，从场景建构出发，为遗产保护发展提出建设策略：①根据遗产异质性提取文化价值，形成民族文化与农业文化的复合。②以文化价值再生产联结本土居民和外来人群，形成生产性消费与生活性消费的良性互动。③推动遗产融入县（市）、省域，以平衡多域、多主体的发展需求。④接通遗产实体场景和虚拟场景，构建以人为核心的消费场景。⑤创新遗产文化内涵与体验模式，发挥遗产文化价值的凝聚作用。

（五）研究生论坛

1.苏伯儒（中国科学院地理科学与资源研究所），《如何公平有效地管理生态系统服务》

报告详细介绍了如何公平有效地管理生态系统服务，从研究背景、文献评述到拟解决的科学问题展开。在生态系统服务管理方面，中国研究者提出了驱动力调控和情景模拟两类策略，但现有策略在效率性和公平性方面存在不足。为了解决这些问题，报告提出了理论框架，包括管理生态系统服务供给间权衡和管理需求间权衡，以提高群体和个体的生态系统服务惠益。在方法框架上，报告构建了针对生态系统服务的分析模式，通过驱动力调控工具包和补偿方案构建工具包提出了管理策略。以桑基鱼塘为例，研究评估了不同塘泥上基模式下的生态系统服务供给，以及个体和群体的偏好。通过双因素方差分析，揭示了塘泥上基厚度与频率对生态系统服务供给的驱动机制，提出了小输大赢、双赢和单赢策略。最后，报告强调了优化供给间权衡和需求间权衡，以提高生态系统服务管理的效率性和公平性。提出了激励上基频率的管理措施以优化供给权衡，并计算了私人赢家向私人输家的补偿比例。最终得出的结论包括优化供给权衡、持续激励上基频率以提高群体惠益，以及确定合理的补偿比例以保证公平。报告为生态系统服务管理提供了具体的管理策略和方向，为实现公平有效的生态系统服务管理提供了有益的参考。

2.杨帅琦（云南师范地理学部），《赤水河流域（云南段）碳固存与生物多样性服务权衡协同研究》

报告重点关注全球气候变暖和生物多样性消失的研究。通过突出自然生态系统的碳汇能力，该项目有望积极应对气候变暖挑战。基于云南省在生态文明建设中的领先地位，研究选址于昭通市的赤水河流域，涉及镇雄县和威信县。

研究主要关注赤水河流域的碳固存与生物多样性服务时空格局，以及两者权衡协同效应。方法包括核算不同土地利用类型的碳固存服务，考虑物种多样性、生态系统多样性和景观多样性，并赋予不同权重以综合测算生物多样性。权衡协同关系采用生态系统服务价值量的差值变化构建权衡协同指数，并运用地理探测器和MGWR模型研究驱动因子及空间作用状态。研究结果展示了2012—2021年碳库存和生物多样性服务的时空格局变化，以及权衡协同关系的正向和负向协同。根据强弱指数，对乡镇权衡协同等级进行划分，提供优先保护策略。在协同管理方面，通过冷热点分析划分热点区域为管控区、修复区和保护区，以优先保护正向协同区域。未来研究可以结合因果模型深入解析驱动机制，这项研究为探讨生态系统服务与生物多样性的关系提供了重要见解，为保护和管理赤水河流域的生态系统提供了科学依据和决策支持。

3. 饶滴滴（中国科学院地理科学与资源研究所），《面向对象的耦合阈值和随机森林算法的土地覆盖类型遥感提取》

报告以元阳哈尼梯田地区为例。研究背景包括哈尼梯田地区土地利用覆盖变化，监测对生态系统服务功能至关重要。遥感监测存在不足，如数据粗糙度和分类方法僵硬。利用2015年欧空局哨兵二号数据和面向对象分类算法为优化提供可能性。研究选择元阳县为研究区，构建适用于多云雨稻作梯田地区的土地覆盖类型遥感解译方法。数据预处理包括云量统计和对时段特征分析，确定最优解译时间窗口。基于多元遥感数据源构建解译标志库，采用多尺度分割和随机森林算法进行分类。结果经目视判读、手动修改和精度验证，总体分类精度达96.67%，满足后续研究需求。结论包括方法适用性和效率高、对地类遥感解译具有借鉴意义，未来可优化专题指标选取并进行多种算法对比研究。整体报告展示了对土地覆盖类型遥感提取的系统性研究，为哈尼梯田地区的土地利用管理提供了重要参考。

4. 于周图（中国科学院地理科学与资源研究所），《小农生产模式下茶叶生产碳足迹研究》

报告探讨了在小农生产模式下茶叶生产碳足迹的研究，以凤凰单枞茶为例。研究区位于广东省潮州市凤凰镇，这里主要生产凤凰单枞茶，这是当地人主要的经济来源。区分高山茶园和中低山茶园，高山茶园采春茶、有古茶园；中低山茶园现代化、树龄短、售价低。研究关注两者管理差异对环境的影响，以碳排放为切入点。通过生命周期碳足迹方法，研究从茶叶种植到加工阶段计算碳足迹。结果显示肥料是种植阶段的主要贡献者，电力是加工阶段的主要组成部分。中低山茶园碳足迹是高山茶园的两倍以上，有更多减排潜力。管理措施影响茶叶生产碳足迹，高山茶园具有更低的碳排放和更好的经济效益。结论指出肥料和电力是主要碳排放来源，中低山茶园碳足迹高于高山茶园。管理措施直接影响碳排放，需考虑经济利益，提出施用有机肥补贴或绿色产品认证等政策来降低碳排放。

5.刘吉龙（中国农科院农经所），《农业文化遗产保护对农户收入和福祉的影响——基于两大茶类文化系统的比较分析》

报告研究了《农业文化遗产保护对农户收入和福祉的影响——基于两大茶类文化系统的比较分析》。首先，提及农业文化遗产对乡村振兴的重要性，强调农民参与对保护与传承的必要性。经济效应主要包括经济影响、遗产认定的影响以及动态保护的影响。具体到农户收入和福祉的影响，研究选择了"福建安溪铁观音茶文化系统"和"福建福鼎白茶文化系统"进行比较分析。提出了三方面的假说，探讨遗产保护行为对农户生计资本、收入和福祉的影响。研究区域选择、调查方法和模型建立都经过了详细描述。在模型估计方面，通过结构方程模型评价发现，农户遗产保护行为对生计资本有促进作用，同时生计资本对农户收入和福祉也有显著作用，且遗产保护行为对农户收入和福祉有正向影响，其中对福祉的影响更为显著。最后，提出了政策建议，包括支持设计参与制度、重视农户扶植和发挥社区参与主体作用。报告也指出研究的不足之处，包括变量选择和模型分析方面的限制，提出了进一步完善模型和解释研究结果的方向。

6.马逸姣（扬州大学），《农业文化遗产旅游地回流农民的职业转换与家乡再适应研究》

报告研究了农业文化遗产旅游地回流农民的职业转换与家乡再适应问题。劳动力外流对遗产保护构成挑战，但旅游业为农民提供了新的职业选择。调查发现，参与农业文化旅游的农民具有外出工作经历，对于他们进入旅游业具有一定助益。研究关注回流农民返乡后的再就业和再适应问题，调查了江苏兴化地区267户农户，得出了一些结论。农民回流率与旅游发展水平相关，不同村庄回流率存在差异，与当地经济状况相关。研究构建了职业类型体系，指出农民回流可扩大遗产保护力量。职业转换路径包括本地化和跨领域转换，受到资本积累、职业地位和适应水平影响。经济适应和职业转换相关，不同类型回流农民表现出不同适应水平。研究强调职业选择对经济适应、生活适应和心理适应的影响。整体研究结果表明旅游发展环境为回流农民提供了良好的职业发展条件，但是也指出存在的一些挑战和改进空间。

7.李淑洁（华南农业大学中国农业历史遗产研究所），《农业文化遗产视阈下云南呈贡宝珠梨历史及价值探析》

报告围绕呈贡宝珠梨的历史、农业文化遗产价值和未来发展进行阐述。位于滇中的呈贡地区，气候适宜梨树生长，培育出国家地理标志产品宝珠梨，自古便盛产梨树。呈贡梨在历史上备受重视，清代已有相关记载，且在民国时期成为云南名贵礼品。文中还探讨了宝珠梨的形成时期及其在当时的重要地位。关于农业文化遗产的价值，呈贡宝珠梨被誉为"果中君子"，具有科学、经济和生态价值。其种植和加工系统完善，贮藏技术独到，品质优良，曾广泛输出至苏联等地。宝珠梨不仅带动了当地经济，还承载了丰富的文化内涵，产生了许多相关文学作品和传说。呈贡地区借助宝珠梨发展旅游活动，呼吁对其农业文化遗产进行保护和传承。为了保护这一珍贵遗产，当地政府积极展开保护工作，计划将其申报为中国重要农业文化遗产，以延续宝珠梨的历史传承和文化意义。

8.李静怡（中国科学院大学地理科学与资源研究所），《农业文化遗产认定后是否促进了县域经济增长：基于中国县域数据的实证分析》

自2002年全球重要农业文化遗产试点项目开展以来，我国积极响应并最早开展了国家级农业文化遗产评选。研究认为农业文化遗产认定可促进遗产地农业、旅游业和相关产业链的发展，形成品牌效应，有利于经济增长。报告选择多期双重差分模型分析这种影响，排除其他因素干扰。研究结果表明，农业文化遗产认定后，县域经济出现显著增长，全球重要农业文化遗产的影响更大。认定后影响经济增长的时间存在差异，对西部地区经济增长促进作用最大，对贫困县地区的促进效果更显著。研究根据核心农产品来源将重要农业文化遗产分为不同类型进行分析，结果显示粮食作物类和混合种植养殖类在遗产认定后对经济发展的促进作用显著。全球重要农业文化遗产认定后的带动效应更强。最后，报告讨论了认定后对不同产业和经济增长要素的影响机制，并提出政策建议，包括积极申报重要农业文化遗产地，建立专业组织完善管理制度，提高认定门槛，注重认定后的保护与发展，以推动县域经济发展。

9.董蕾（云南大学），《基于游客感知的元阳哈尼梯田生态系统文化服务空间分布的研究》

报告涵盖了一个基于游客感知的元阳哈尼梯田生态系统文化服务空间分布的研究。哈尼梯田作为全球重要的农业文化遗产，提供多种生态系统服务，具有经济、文化和生态方面的价值。研究发现哈尼梯田的文化服务特征具有主观性和无形性，从而导致相关研究方法一直欠缺。研究采用社交媒体数据和问卷调查数据进行分析，构建了文化服务的分类指标体系，如游憩价值、美学价值、科教价值、文化遗产价值和文化多样性价值。研究结果表明，游客普遍感知到哈尼梯田的游憩和美学价值较高，而文化遗产价值稍高于科教价值。空间分布显示美学价值主要分布在特定地点，而文化遗产和多样性价值分布较广。结论部分指出社交媒体数据更广泛地反映生态系统文化服务的空间分布，提出政策建议包括改善交通通达性以提高游客体验，加强文化多样性的展示和传承。不足之处包括数据分辨率和来源的限制，建议提升数据精度和拓展数据来源以完善研究。

10.杨一鸣（云南师范大学），《高原山地河流健康评价——以大理苍山十八溪为例》

汇报介绍了河流健康评价的背景和国内外相关工作。研究区为云南省大理市的苍山十八溪，作为洱海的清洁水源地之一，其评估具有重要性。研究方法采用了层次分析法，构建了水文、水质、河流形态、河岸带、社会服务五大指标体系。分析结果显示整体上入湖口健康状况优于出山口和中间点，这与湿地净化有关。在具体溪流方面，南部人口密集地区、旅游业集中地区以及受人为改造影响的溪流健康状况较差。讨论部分强调了人类对河流的影响会导致健康状况的不同。报告总结了大理苍山十八溪的评价结果，强调了不同区域的差异性。

11.刘佳丽（云南师范大学），《高原农业流域地下水－地表水水化学和稳定同位素及其影响因素》

报告以苍山十八溪为例，研究背景指出水资源稀缺，地下水在水资源中的地位提升，且山区地表水和地下水具有时空差异。稳定同位素研究可追踪地下水来源。采样方案包括雨水、地表水和地下水的采集，并使用离子色谱和氢氧稳定同位素分析仪器。结果显示地下水的特征小于地表水和降水，且地表水与地下水有相同来源。地下水和地表水在不同区域存在显著差异，入湖口带离子浓度高于出山口带，且碳酸氢根和钙离子为主要成分。研究指出地下水和地表水受到不同影响，提出了保护山区水资源的重要性。

12.王颖（云南师范大学地理学部），《泉水补给水源的滞留时间及其稳定性对哈尼梯田农业的影响》

报告提到哈尼梯田是中国南方水稻梯田的独特遗产，背风坡全福庄流域的泉水补给对其稳定性至关重要。在研究区域的数据收集中，我们观察到泉水的上升和下降特性，通过收集降水、田水和泉水样本，并进行实验分析，得出了精确的同位素测试结果。研究方法包括平均滞留时间和同位素混合模型。同位素分析显示当地水源充足，而滞留时间研究显示泉水补给稳定性来源，包括不同时间的降水和水源影响。结果部分展示了同位素组成的变化规律，年内补给时间变化和年际效应。地下水排泄比例显示了种植期和翻耕期对水源的影响。最终，我们得出结论，泉水补给的稳定性对哈尼梯田农业的供给和维持至关重要，确保了当地农业的持续性和遗产的永续性。这项研究为理解水资源在不同尺度下的影响提供了重要见解，为哈尼梯田的可持续发展提供了科学依据。

13.常国旭（云南师范大学），《哈尼梯田区域生态系统－资产流转－补偿研究进展与展望》

报告指出经济发展与资源开发引发的生态问题，生态补偿成为平衡生态与经济关系的重要政策工具。哈尼梯田对生态环境有双重影响，需要补偿农户转变生产方式的损失。研究过程包括总结梯田生态系统服务的资产流转，生态系统服务及哈尼梯田生态系统服务的分类。生态服务导致生态资产流转，维持稳定需要减少化肥农药使用并补偿农户损失。研究主要围绕补偿机制、生态补偿和利益相关者协调展开。结论包括生态系统服务跨越多学科，区域生态系统服务－资产流转－生态补偿研究涉及梯田管理、服务价值等，研究演化与政府政策和文化遗产相关。未来研究应关注生态补偿标准核算、贫困与生态问题关系、利益相关者与政府博弈、生态补偿效益评估。展望生态补偿研究的进一步深入和发展。

14.付娟（北京联合大学），《农业文化遗产地人的景观化研究述评及展望》

景观化是一普遍现象，如旅游者将居民及生活方式视为旅游景观。农业文化遗产地居民至关重要，关系到遗产地的可持续发展。报告综述了景观化及人的景观化相关文献，提出了对农业文化遗产地人的景观化的思考。景观起源于地理学，后融合其他学科，人类学视域认为环境赋予的意义构成景观，强调文化概念、地方认同和权力象征。景观化是将普通景观转变为旅游景观的过程，涉及各利益相关者的博弈。研究由城乡空间景观化向旅游空间景观化转变，从物的景观化到人、居民景观化，研究方法多为定性。对物的景观化研究较多，而人的景观化较少，主要从游客体验和建构过程角度研究。居民作为旅游资源受到关注，性别景观等特殊作用也有研究。未来需从多角度分析人的景观化，探索居民景观化的内涵和形成过程。关于居民景观化可能带来的结果，可考虑适度景观化、良性景观化和过渡景观化，需要客观界定这些范围，可能需要更丰富的理论和方法。

15.杜海霞（北京农学院），《农业文化遗产保护生态补偿评价》

报告解释了为何需要进行生态补偿，指出该农业文化遗产对当地经济、生态环境和文化传承的重要性。其次，报告描述了当前的情况，包括文玩核桃市场状况下滑导致农户收益减少，但仍需保护遗产地的要求增加了农户的成本负担，因此需要政策补贴来激励农户的保护行为。在确定补偿金额方面，通过对熊儿寨乡的收入水平进行评估，结合农户的受偿意愿计算得出每亩补偿金额为653元，总额约为130.6万元。最后，针对补偿方式，报告提出国家财政支出仍是主要方式，但仍存在缺口，建议引导更多资源投入，结合遗产地特点促进农民增收，激发他们的保护热情，实现遗产地的长期可持续发展。

16.黄小莉（华南大学），《连山多民族梯田生产系统的历史特色与价值探析》

报告介绍了连山的地理环境和著名梯田景点，如欧家梯田和黑山梯田。报告着重从村落史和瑶族历史考证了连山梯田的历史渊源，强调了其作为农业生态宝贵历史财富的重要性。在讨论连山梯田的生态价值和经济价值时，指出其丰富的农业生物多样性和优质农产品生产，以及梯田生态系统的独特之处，如稻鸭共作和灌溉方式。同时，强调了连山梯田在生态旅游和农民增收方面的积极作用。然而，报告也指出连山梯田所面临的挑战，包括劳动力老龄化、流失以及梯田被遗弃等问题，强调了对其农业文化遗产的传承与保护的紧迫性。为此，提出了通过强化宣传教育、申报文化遗产等途径来实现连山梯田的可持续发展和保护。总的来说，这份报告全面阐述了连山梯田的历史、特色和价值，强调了其在生态、文化和经济方面的重要性，同时呼吁采取措施以确保其传承和可持续发展。

中国农学会农业文化遗产分会
历年学术活动概览

2014年

4月7—10日，第一届东亚地区农业文化遗产学术研讨会，东亚地区农业文化遗产研究会（ERAHS）、中国工程院农业学部、中国农学会农业文化遗产分会、江苏省兴化市人民政府、中国科学院地理科学与资源研究所、联合国粮农组织（FAO）全球重要农业文化遗产（GIAHS）中国项目办公室联合主办。

7月22日，山东夏津黄河故道古桑树群农业文化遗产保护与发展研讨会，中国农学会农业文化遗产分会主办，山东省夏津县人民政府和中国科学院地理科学与资源研究所自然与文化遗产研究中心联合承办。

11月15—16日，中国农学会农业文化遗产分会成立暨学术研讨会，中国农学会农业文化遗产分会主办。

2015年

4月13日，农业文化遗产分会常务理事会暨全球/中国重要农业文化遗产专家委员会工作会议，中国农学会农业文化遗产分会主办。

5月22—25日，第十三届东亚农业史国际学术研讨会暨第三届中华农耕文化研讨会，中国农业历史学会、日本农业历史学会、韩国农业历史学会主办，南京农业大学中华农业文明研究院承办，江苏省农史研究会、中国科学技术史学会农学史专业委员会、中国农学会农业文化遗产分会、江苏省农学会农业文化遗产分会协办。

9月17—18日，第二届世界小米起源与发展会议，中国社会科学院考古研究所、中国农业大学新农村发展研究所、中国作物学会粟类作物专业委员会、中国农学会农业文化遗产分会、敖汉旗政府联合主办。

10月10—13日，第二届全国农业文化遗产学术研讨会，中国农学会农业文化遗产分会、中国工程院农业学部主办，中国科学院地理科学与资源研究所自然与文化遗产研究中心、农业部国际交流服务中心和青田县农业局承办。

2016年

2月24—25日，农业文化遗产保护国际研讨会，海南省农业厅、农业部国际交流服务中心、东亚地区农业文化遗产研究会、中国农学会农业文化遗产分会联合主办，海南省农业对外交流合作中心承办。

6月14—16日，第三届东亚地区农业文化遗产学术研讨会，东亚地区农业文化遗产研究会、韩国乡村遗产协会、韩国忠清南道锦山郡政府主办，中国农学会农业文化遗产分会、联合国大学、日本全球重要农业文化遗产网络协办。

9月8日，农业文化遗产保护经验交流会，农业部国际交流服务中心、中国农学会农业文化遗产分会指导，兴化市农业局主办。

9月20—22日，第三届世界小米起源与发展国际会议，中国社会科学院考古研究所、中国农业大学、中国农学会农业文化遗产分会、中国作物协会粟类专业委员会、内蒙古小米（谷子）产业技术创新战略联盟、敖汉旗人民政府联合主办。

10月19—21日，第三届全国农业文化遗产学术研讨会，中国农学会农业文化遗产分会、中国科学院地理科学与资源研究所、河北省涉县人民政府联合主办。

2017年

6月27日，全球重要农业文化遗产与地理标志产品研讨会，联合国粮农组织主办，中国科学院地理科学与资源研究所、农业部国际交流服务中心、中国农学会农业文化遗产分会承办。

7月11—13日，第四届东亚地区农业文化遗产学术研讨会，东亚地区农业文化遗产研究会、浙江省湖州市人民政府主办，中国农学会农业文化遗产分会、浙江省湖州市农业局、浙江省湖州市南浔区人民政府和中国科学院地理科学与资源研究所联合承办，联合国大学、日本农业文化遗产网络、韩国乡村遗产研究会、湖州农业文化遗产保护与发展院士专家工作站和湖州陆羽茶文化研究会协办。

11月6—8日，第四届全国农业文化遗产学术研讨会，中国农学会农业文化遗产分会、重庆市石柱土家族自治县人民政府主办，中国科学院地理科学与资源研究所、石柱土家族自治县农业委员会和石柱土家族自治县农业特色产业发展中心联合承办。

2018年

7月16—18日，内蒙古阿鲁科尔沁旗游牧系统保护与发展专家咨询会，内蒙古自治区赤峰市阿鲁科尔沁旗人民政府、中国农学会农业文化遗产分会主办。

7月19—21日，第五届全国农业文化遗产学术研讨会，中国农学会农业文化遗产分会、赤峰市阿鲁科尔沁旗人民政府主办，中国科学院地理资源所自然与文化遗产研究中心、赤峰市阿鲁科尔沁旗草原游牧系统管委会承办，《世界遗产》杂志、《遗产与保护研究》杂志、《中国投资》杂志和中国农业出版社协办。

11月16日，"四川郫都自流灌区水旱轮作系统与川西林盘景观"申报中国重要农业文化遗产专家咨询会，中国农学会农业文化遗产分会、四川省成都市郫都区人民政府主办。

2019年

5月19—22日，第六届东亚地区农业文化遗产学术研讨会，韩国河东郡政府、韩国乡村遗产研究会主办，中国科学院地理科学与资源研究所、中国农学会农业文化遗产分会和日本世界农业遗产网络协办。

6月10—16日，2019年农业文化遗产地乡村青年研修班暨青年学子研习营，中国农业大学人文与发展学院主办，中国科学院地理科学与资源研究所自然与文化遗产研究中心和中国农学会农业文化遗产分会协办。

8月3—4日，河北涉县太行山旱作梯田系统申报GIAHS国际研讨会，中国农学会农业文化遗产分会和河北省涉县人民政府主办。

10月21—23日，第六届全国农业文化遗产大会暨首届四川郫都林盘农耕文化系统保护与发展研讨会，中国农学会农业文化遗产分会、中国科学院地理科学与资源研究所、四川省成都市农业农村局、四川省成都市郫都区人民政府主办，中国科学院地理科学与资源研究所自然与文化遗产研究中心、四川省成都市郫都区农业农村和林业局承办。

2020年

9月22—23日，青田县庆祝中国农民丰收节暨青田稻鱼共生系统入选全球重要农业文化遗产15周年系列活动，中国农学会农业文化遗产分会、青田县人民政府主办。

10月18—20日，首届万年稻作论坛，中国作物学会、江西省上饶市人民政府主办，江西省上饶市万年县人民政府、中国作物学会水稻专业委员会、中国农学会农业文化遗产分会、中国考古学会植物考古专业委员会承办。其间，分会承办了"稻作农业文化遗产保护与利用"分论坛。

11月27—28日，黄河流域农业文化遗产动态保护与国际发展交流论坛，中国农学会农业文化遗产分会主办，山东省农业对外经济合作中心、乐陵市人民政府、中科院地理资源所自然与文化遗产研究中心、山东泰山文化和旅游规划设计院联合承办。

2021年

6月6日，"全球重要农业文化遗产与'农·文·旅'融合发展研讨会暨第二届德州市旅游发展大会"，中国农学会农业文化遗产分会、中国丝绸桑蚕品牌集群、中国优质农产品开发服务协会主办，夏津县人民政府和北京中桑科技有限公司承办。

11月23日，自然与文化遗产保护论坛（二十七），中国科学院地理科学与资源研究所自然与文化遗产研究中心、中国农学会农业文化遗产分会、中国自然资源学会国家公园与自然保护地体系研究分会主办。

12月7日，自然与文化遗产保护论坛（二十八），中国科学院地理科学与资源研究所自然与文化遗产研究中心、中国农学会农业文化遗产分会、中国自然资源学会国家公园与自然保护地体系研究分会主办。

12月21日，自然与文化遗产保护论坛（二十九），中国科学院地理科学与资源研究所自然与文化遗产研究中心、中国农学会农业文化遗产分会、中国自然资源学会国家公园与自然保护地体系研究分会主办。

2022年

1月4日，自然与文化遗产保护论坛（三十），中国科学院地理科学与资源研究所自然与文化遗产研究中心、中国农学会农业文化遗产分会、中国自然资源学会国家公园与自然保护地体系研究分会主办。

4月27日，"农业文化遗产及其保护的理论与实践"专题学术论坛，中国农学会农业文化遗产分会主办，中国科学院地理科学与资源研究所自然与文化遗产研究中心、《自然资源学报》编辑部协办。

6月11日，自然与文化遗产保护论坛（三十一）暨纪念GIAHS倡议20周年活动，中国科学院地理科学与资源研究所自然与文化遗产研究中心、中国农学会农业文化遗产分会以及中国自然资源学会国家公园与自然保护地体系研究分会主办。

7月28—29日，首届全球农遗·安溪铁观音茶文化系统保护与发展论坛，中共安溪县委员会、安溪县人民政府、泉州市农业农村局主办，中国农学会农业文化遗产分会等承办。其间，分会主办了"深入学习习近平主席贺信精神，推进农业文化遗产保护与发展"宣讲活动（一）。

8月10日，自然与文化遗产保护论坛（三十二）暨福建福州茉莉花与茶文化系统保护与发展论坛，中国农学会农业文化遗产分会、福州市人民政府主办。

其间，分会主办了"深入学习习近平主席贺信精神，推进农业文化遗产保护与发展"宣讲活动（二）。

8月31日，"深入学习习近平主席贺信精神，推进农业文化遗产保护与发展"宣讲活动暨庆元县委理论学习中心组（扩大）会议，中国农学会农业文化遗产分会、中共庆元县委员会、庆元县人民政府主办。

9月23日，湖州第五届鱼桑丰收节，湖州市南浔区农业农村局、和孚镇人民政府主办，湖州市农业农村局、中国蚕桑学会、中国农学会农业文化遗产分会指导，湖州市桑基鱼塘产业协会、湖州南太湖农业文化遗产保护与发展研究中心、院士专家工作站、湖州荻港桑基鱼塘建设管理有限公司、湖州荻港徐缘生态旅游开发有限公司联合承办。

11月18日，桑基鱼塘产业发展论坛，中国蚕学会、中国农学会农业文化遗产分会指导，湖州市农业农村局主办。

12月4日，中国国外农业经济研究会2022年会暨学术研讨会，中国国外农业经济研究会、中国社会科学院农村发展研究所主办，中国农学会农业文化遗产分会协办。其间，分会承办了"全球重要农业文化遗产与农业生态系统"分论坛。

12月27日，第九届世界小米起源与发展会议，中国社会科学院考古研究所、中国科学院地理科学与资源研究所、中国作物学会粟类作物专业委员会、国家谷子高粱产业技术研发中心、中国农学会农业文化遗产分会、赤峰市人民政府、中共敖汉旗委员会、敖汉旗人民政府主办。

2023年

4月15—16日，安徽休宁山泉流水养鱼系统保护与发展大会，安徽省农业农村厅、黄山市人民政府主办，休宁县人民政府承办，中国农学会农业文化遗产分会支持。

5月19日，山东省中国重要农业文化遗产座谈会，中国农学会农业文化遗产分会、德州市农业农村局、夏津县人民政府主办。

6月4—8日，第七届东亚地区农业文化遗产大会，东亚地区农业文化遗产研究会、浙江省农业农村厅、丽水市人民政府主办，中国农学会农业文化遗产分会、中国科学院地理科学与资源研究所、浙江省丽水市农业农村局、浙江省庆元县人民政府承办，日本农业文化遗产网络、韩国乡村遗产研究会、北京联合大学旅游学院、中国自然资源学会国家公园与自然保护地体系研究分会协办。

6月5日，中国·丽水农业文化遗产保护日启动仪式，联合国粮农组织驻中国办事处、东亚地区农业文化遗产研究会、浙江省农业农村厅、丽水市人民政府联合主办，中国农学会农业文化遗产分会、中国科学院地理科学与资源研究所、丽水市农业农村局、庆元县人民政府承办。

10月21日，全球农遗·中国稻作文化影像展，中国艺术摄影学会、中国农产品流通经纪人协会、中国农学会农业文化遗产分会、北京国际文化艺术保护中心主办。

12月1—4日，第七届全国农业文化遗产大会，中国农学会农业文化遗产分会、云南省红河哈尼族彝族自治州人民政府、中国科学院地理科学与资源研究所主办，云南省红河哈尼族彝族自治州人民政府、元阳县人民政府、中国科学院地理科学与资源研究所自然与文化遗产研究中心承办。

2024年

5月15日，湿地农业文化遗产保护与兴化垛田和美乡村建设学术圆桌会，江苏省兴化市人民政府、中国农学会农业文化遗产分会主办。

6月3—4日，西藏自治区农业文化遗产管理业务培训暨西藏重要农业文化遗产挖掘保护与传承利用研讨班，西藏自治区农业农村厅、中国农学会农业文化遗产分会主办。

6月5日起，《农民日报》开设"农业文化遗产"专版，中国科学院地理科学与资源研究所、中国农学会农业文化遗产分会协办。

7月17日，浙江青田稻鱼共生系统保护回顾与前瞻座谈会，青田县人民政府主办、中国农学会农业文化遗产分会协办。

8月7—9日，第八届东亚地区农业文化遗产大会，东亚地区农业文化遗产研究会（ERAHS）、日本岐阜县政府和全球重要农业文化遗产（GIAHS）"长良川香鱼系统"促进委员会主办，日本GIAHS网络、中国农学会农业文化遗产分会和韩国农渔村遗产学会协办。

9月7日和18日，《中国农业文化遗产》系列专题片第6集《福建福鼎白茶文化系统》和第7集《江苏兴化垛田传统农业系统》分别播出，中国农学会农业文化遗产分会、欧洲华文电视台、福鼎市茶产业发展领导小组办公室、福鼎市茶产业发展中心和江苏省兴化市农业农村局共同打造。

9月9日，"敖汉小米"大会，中国农学会农业文化遗产分会、国家谷子高粱产业技术研发中心、中共赤峰市委员会、赤峰市人民政府、中共敖汉旗委员会、敖汉旗人民政府主办。

中国农学会农业文化遗产分会部分委员相关成果概览[*]

＊ 此部分内容通过征集分会委员的成果汇编而成，难免有所疏漏，请各位读者谅解。

┃ 省部级以上科研项目

2010—2020年，《子海》整理与研究。国家社会科学基金重大项目。课题负责人：孙金荣。

2011—2014年，栽培大豆的起源和早期耕作技术研究。国家文物局指南针计划项目。课题负责人：赵志军。

2011—2014年，北方旱作农业的形成过程。国家文物局文物保护科学与技术研究课题。课题负责人：赵志军。

2012—2015年，农业文化遗产地旅游社区灾害风险社区及适应过程研究。国家自然科学基金青年项目。项目负责人：孙业红。

2012—2015年，生态环境恢复目标导向的稻田生态补偿标准研究。国家自然科学基金青年项目。项目负责人：刘某承。

2013—2014年，全球重要农业文化遗产管理办法。农业部国际交流服务中心委托项目。项目负责人：刘某承。

2013—2015年，中国重要农业文化遗产保护与发展战略研究。中国工程院重点咨询研究项目。项目负责人：李文华。

2013—2015年，中华文明探源及其相关文物保护技术研究（三），中华文明形成过程中的资源、技术和生业研究。科学技术部国家科技支撑计划项目。课题负责人：赵志军。

2013—2016年，《齐民要术》研究。山东省社科规划办一般项目。课题负责人：孙金荣。

2014年，2014年中国的全球重要农业文化遗产评估。农业农村部国际交流与合作项目。项目负责人：闵庆文。

2014—2016年，宁夏农业文化遗产调查与保护利用研究。宁夏社会科学基金重点项目。项目负责人：梁勇。

2014—2020年，西北民族地区重要农业文化遗产保护与利用研究。国家社会科学基金西部项目。项目负责人：梁勇。

2015年，2015年中国的全球重要农业文化遗产保护。农业农村部国际交流与合作项目。项目负责人：闵庆文。

2015—2016年，增城区农业文化遗产保护与发展战略研究。广州市科协 广州市建设国家级科技思想库研究课题。项目负责人：倪根金。

2015—2019年，近现代以来中国农村变迁史论。清华大学中国农村研究院重大项目。子课题负责人：孙金荣。

2016年，2016年中国的全球重要农业文化遗产保护。农业农村部国际交流与合作项目。项目负责人：闵庆文。

2016—2022年，岭南动植物农产史料集成汇考与综合研究。国家社会科学基金重大项目。首席专家：倪根金。

2017年，2017年中国的全球重要农业文化遗产保护技术支撑。农业农村部国际交流与合作项目。项目负责人：闵庆文。

2017—2020年，国家重要生态保护地生态功能协同提升与综合管控技术研究与示范。科学技术部重点研发项目。项目负责人：闵庆文。

2017—2021年，贫困地区农业文化遗产活态保护与产业扶贫协同路径研究。国家社会科学基金青年项目。课题负责人：张灿强。

2017—2021年，山东省重要农业文化遗产调查与保护开发利用研究。山东省社科规划办重点项目。课题负责人：孙金荣。

2018年，2018年中国的全球重要农业文化遗产保护。农业农村部国际交流与合作项目。项目负责人：闵庆文。

2018年，中国传统农耕文化保护与传承机制研究。农业农村部政府购买服务项目。项目负责人：闵庆文。

2018—2023年，方志物产知识发现与考证。国家社会科学基金重大项目子项目。子项目负责人：倪根金 。

2019年，2019年中国的全球重要农业文化遗产保护与研究。农业农村部国际交流与合作项目。项目负责人：闵庆文。

2019年，中国重要农业文化遗产筛选与认定。农业农村部政府购买服务项目。项目负责人：闵庆文。

2019年，重要农业文化遗产保护传承。农业农村部政府购买服务项目。项目负责人：闵庆文。

2019—2020年，基于综合效益比较的青田稻鱼共生系统农户补贴测算。青田县农业农村局委托项目。项目负责人：刘某承。

2019—2020年，"十四五"传承保护弘扬优秀农耕文化研究。农业农村部规划项目。项目负责人：孙庆忠。

2019—2021年，基于ESEF模型的传统农业系统生态足迹测算。国家自然科学基金青年项目。项目负责人：焦雯珺。

2020年，我国GIAHS保护与发展指数开发与设计。农业农村部国际交流服务中心委托项目。项目负责人：刘某承。

2020年，美丽乡村建设。中华农业科教基金会全国农业教育优秀教材资助项目。课题负责人：师荣光、郑顺安。

2020年，优秀农耕文化传承发展问题研究。农业农村部农村社会事业专家咨询委员会研究课题。课题负责人：朱冠楠。

2020年，江苏农业文化遗产保护的历史与文化研究。江苏省哲学社会科学规划办重点智库研究课题。课题负责人：朱冠楠。

2020年，全球重要农业文化遗产申报与管理支撑。农业农村部国际交流与合作项目。项目负责人：闵庆文。

2020年，繁荣发展乡村文化。农业农村部政府购买服务项目。项目负责人：闵庆文。

2020—2021年，中国2050年现代智慧生态农业战略研究与发展路线图。中国工程院重大咨询研究项目。项目负责人：李文华。

2020—2021年，云南茶类重要农业文化遗产影像志。云南省社科规划项目重点科普项目。项目负责人：曹茂。

2020—2023年，中国古代农业起源和早期发展。中国社会科学院"登峰战略"资深学科带头人资助项目。课题负责人：赵志军。

2020—2023年，《岭南文化辞典》科技板块研究。广东省社科规划办广东省哲学社会科学规划项目。项目负责人：倪根金。

2020—2024年，旅游扰动与农业文化遗产地韧性的互动响应关系研究。国家自然科学基金面上项目。项目负责人：孙业红。

2020—2025年，农业文化遗产保护与乡村可持续发展研究。国家社会科学基金重大项目。项目负责人：孙庆忠。

2021年，建立健全农耕文化保护传承机制和办法研究。农业农村部委托项目。项目负责人：孙庆忠。

2021—2023年，灌溉工程遗产保护理论与技术体系研究。国家文物局重点科研基地项目。项目负责人：李云鹏。

2021—2023年，高寒生态脆弱区农户生计的动态演变及机制研究。国家自然科学基金青年项目。项目负责人：杨伦。

2021—2025年，基于生态系统服务权衡的保护地生态补偿研究。国家自然科学基金面上项目。项目负责人：刘某承。

2021—2025年，生态补偿的市场机制和数字科技赋能研究。国家自然科学基金中德国际交流与合作项目。项目负责人：刘某承。

2022年，全球重要农业文化遗产专家委员会文件及技术支持。农业农村部国际交流与合作项目。项目负责人：闵庆文。

2022年，编制中国全球重要农业文化遗产2022年度发展报告。农业农村部国际交流服务中心委托项目。项目负责人：刘某承。

2022—2026年，农业文化遗产挖掘与利用技术岗位专家。现代农业产业技术体系北京市创新团队建设。岗位专家：刘某承。

2023年，中华优秀传统文化的文化基因识别与文创设计。教育部基金。课题负责人：张祖群。

2023—2025年，重要农业文化遗产融入涉农高校耕读教育的逻辑机理与实践路径研究。广东省教育科学规划课题高等教育专项项目。项目负责人：梁勇。

2023—2025年，我国重要农业文化遗产保护的社会效益统计监测研究。全国统计科学研究项目优选项目。项目负责人：梁勇。

2023—2026年，黄河流域农业文化遗产地人与自然和谐共生经验研究。国家社会科学基金重点项目。课题负责人：李茂林。

2023—2026年，民族地区农业文化遗产的农法认同研究。国家社会科学基金一般项目。课题负责人：朱冠楠。

2024—2027年，西南地区木本农业文化遗产与各民族交往交流交融研究。国家社会科学基金一般项目。课题负责人：何治民。

Ⅱ 省部级以上奖励荣誉

2014年，区域生态资产评估技术方法与应用研究。环境保护科学技术一等奖，李文华（2/15）。

2014年，中国科协全国优秀科技工作者，闵庆文。

2014年，中国农工民主党广东省委会成立60周年"先进个人"，倪根金。

2015年，中国生态交错带生态价值评估与恢复治理关键技术。国家科学技术进步奖二等奖，李文华（2/15）。

2015年，国家生态补偿方法与政策机制及其应用研究。环境保护科学技术进步奖一等奖，李文华（2/15），闵庆文（7/15），刘某承（12/15）。

2016年，广东省优秀社会科学普及专家，倪根金。

2016年，《关于推进粤海关博物馆建设、助力"一带一路"发展的提案》。政协广东委员会十一届四次会议优秀提案，倪根金（1/2）。

2016年，《中国抗日战争全景录（广东卷）》。广东省优秀社会科学普及作品，倪根金（1/3）。

2017年，中国生态学学会生态学优秀科技工作者，闵庆文。

2017年，中国农工民主党开展坚持和发展中国特色社会主义学习实践活动"先进个人"，倪根金。

2018年，中华人民共和国人与生物圈国家委员会成立四十周年杰出贡献奖，李文华。

2018年，中国文物保护基金会薪火相传——文化遗产筑梦者杰出个人，闵庆文。

2018年，《遗产地旅游发展利益网络治理研究》。2017年全国旅游优秀论文奖，孙业红（2/2）。

2019年，中国地理学会科学技术终身成就奖，李文华。

2019年，中国生态学学会"马世骏生态科学成就奖"，李文华。

2019年，中国生态学学会突出贡献奖，李文华。

2019年，《中国抗日战争全景录（广东卷）》。广东省哲学社会科学优秀成果二等奖，倪根金（1/3）。

2020年，《农业文化遗产旅游社区灾害风险认知与适应》。2019年文化和旅游优秀研究成果著作类二等奖，孙业红。

2020年，全国创新争先奖，闵庆文。

2023年，《中国历代蝗灾与治蝗研究》。全国古籍出版社会百佳图书（2022年）二等奖，倪根金（1/3）。

2023年，《全球/中国重要农业文化遗产：河北涉县旱作梯田系统丛书》（《梯馈珍馐：涉县旱作梯田系统食药物品种图鉴》《梯耕智慧：涉县旱作梯田系统研究文集》《梯秀太行：涉县旱作梯田系统图文解读》）。河北省2023年优秀科普图书作品，贺献林。

2023年，《品味安徽农业文化遗产（特产篇）》。2022—2023年度安徽省社会科学知识普及工作优秀读物，孙超。

2023年，《关于民族地区重要农业文化遗产系统性保护的调研报告》。2023年国家民委社会科学研究成果奖（调研报告类）三等奖，梁勇（1/5），闵庆文

（2/5），张永勋（4/5）。

2023年，四川省都江堰灌区续建配套与现代化改造规划（2021—2035）。2022—2023年度农业节水科技奖一等奖，李云鹏。

Ⅲ 代表性书籍

白艳莹，闵庆文主编。中国重要农业文化遗产系列读本——内蒙古敖汉旱作农业系统。中国农业出版社，2015。

何露，闵庆文主编。中国重要农业文化遗产系列读本——江西万年稻作文化系统。中国农业出版社，2015。

焦雯珺，闵庆文主编。中国重要农业文化遗产系列读本——浙江青田稻鱼共生系统。中国农业出版社，2015。

闵庆文，陈欣，刘某承等编著。稻田生态农业：典型案例研究。中国环境出版社，2015。

闵庆文，孟凡乔，韩永伟等编著。稻田生态农业：环境效应研究。中国环境出版社，2015。

闵庆文，田密主编。中国重要农业文化遗产系列读本——云南红河哈尼稻作梯田系统。中国农业出版社，2015。

孙金荣著。齐民要术研究。中国农业出版社，2015。

孙业红，闵庆文主编。中国重要农业文化遗产系列读本——河北宣化城市传统葡萄园。中国农业出版社，2015。

唐珂，闵庆文，窦鹏辉编。美丽乡村建设理论与实践。中国环境出版社，2015。

王斌，闵庆文主编。中国重要农业文化遗产系列读本——浙江绍兴会稽山古香榧群。中国农业出版社，2015。

袁正，闵庆文主编。中国重要农业文化遗产系列读本——云南普洱古茶园与茶文化系统。中国农业出版社，2015。

张丹，闵庆文主编。中国重要农业文化遗产系列读本——贵州从江侗乡稻－鱼－鸭系统。中国农业出版社，2015。

李文华主编。中国重要农业文化遗产保护与发展战略研究。科学出版社，2016。

Luo Shiming，Stephen Gliessman，Wang Jianwu，et al.，Agroecology in China-Sciences，Practices and sustainable management. CRC Press，Taylor and

Francis Gruop，2016.

白艳莹，闵庆文，左志锋主编。中国重要农业文化遗产系列读本——湖南新化紫鹊界梯田。中国农业出版社，2017。

焦雯珺，杜振东，闵庆文主编。中国重要农业文化遗产系列读本——北京京西稻作文化系统。中国农业出版社，2017。

梁勇，闵庆文，王海荣主编。中国重要农业文化遗产系列读本——宁夏中宁枸杞种植系统。中国农业出版社，2017。

刘某承，闵庆文，何惠民主编。中国重要农业文化遗产系列读本——甘肃迭部扎尕那农林牧复合系统。中国农业出版社，2017。

卢勇，唐晓云，闵庆文主编。中国重要农业文化遗产系列读本——广西龙胜龙脊梯田系统。中国农业出版社，2017。

闵庆文，王斌，才玉璞主编。中国重要农业文化遗产系列读本——山东夏津黄河故道古桑树群。中国农业出版社，2017。

闵庆文，闫晓军主编。北京市农业文化遗产普查报告。中国农业科技出版社，2017。

闵庆文，袁正，崔明昆，何露主编。澜沧江流域与大香格里拉地区农业文化遗产考察报告。科学出版社，2017。

王斌，闵庆文，柳林飞主编。中国重要农业文化遗产系列读本——浙江庆元香菇文化系统。中国农业出版社，2017。

杨波，闵庆文，刘春香主编。中国重要农业文化遗产系列读本——江西崇义客家梯田系统。中国农业出版社，2017。

袁正，闵庆文，李丽娜主编。中国重要农业文化遗产系列读本——云南双江勐库古茶园与茶文化系统。中国农业出版社，2017。

张灿强，闵庆文，吕娟主编。中国重要农业文化遗产系列读本——安徽寿县芍陂（安丰塘）及灌区农业系统。中国农业出版社，2017。

张永勋，闵庆文，安岩主编。中国重要农业文化遗产系列读本——新疆奇台旱作农业系统。中国农业出版社，2017。

焦雯珺著。茉莉仙子的礼物。中国农业出版社，2018。

焦雯珺著。小田鱼的好朋友。中国农业出版社，2018。

闵庆文，史媛媛主编。农业文化遗产及其动态保护前沿话题（三）。中国环境出版社，2018。

倪根金，陈志国编。民国农业调查报告辑刊（广东卷·第一辑）。世界图书出版公司，2018。

倪根金辑。中国古代护林碑刻辑存（上、下册）。凤凰出版社，2018。

孙庆忠主编。村史留痕：陕西佳县泥河沟村口述史。同济大学出版社，2018。

孙庆忠主编。乡村记忆：陕西佳县泥河沟村影像志。同济大学出版社，2018。

孙庆忠主编。枣缘社会：陕西佳县泥河沟村文化志。同济大学出版社，2018。

孙业红，焦雯珺著。小红米漂流记。中国农业出版社，2018。

孙业红，金令仪著。半城葡萄。北京出版社，2018。

孙业红著。爱美的小葡萄。中国农业出版社，2018。

Li Chengyun，Yang Jing，Luo Shiming，et al., Agroecological Rice Production in China: Restoring Biological Interactions. Food and Agricultural Organization of the United Nations，2018.

Min Qingwen，Li Heyao and Zhang Bitian eds. Dynamic Conservation and Adaptive Management of China's GIAHS: Theories and Practices（IV）. China Environmental Science Press，2018.

Min Qingwen，Zhang Bitian and Li Heyao. Dynamic Conservation and Adaptive Management of China's GIAHS: Theories and Practices（V）. China Environmental Science Press，2018.

曹幸穗，孙金荣主编。近现代以来中国农村变迁史论1911—1949。清华大学出版社，2019。

焦雯珺，陈斌，闵庆文主编。中国重要农业文化遗产系列丛书——江西南丰蜜橘栽培系统。中国农业出版社，2019。

焦雯珺，贺献林，闵庆文主编。中国重要农业文化遗产系列丛书——河北涉县旱作梯田系统。中国农业出版社，2019。

焦雯珺，孙业红，徐峰编著。内蒙古敖汉旗旱作农业系统保护与发展实践。中国农业出版社，2019。

焦雯珺著。小米王国的继承人。中国农业科学技术出版社，2019。

卢勇，张凤岐，冯培主编。中国重要农业文化遗产系列丛书——浙江仙居杨梅栽培系统。中国农业出版社，2019。

闵庆文著。如何保护农业文化遗产。中国农业科学技术出版社，2019。

闵庆文著。什么是农业文化遗产。中国农业科学技术出版社，2019。

闵庆文著。为什么保护农业文化遗产。中国农业科学技术出版社，2019。

施为民，倪根金，李炳球主编。中国茶史与当代中国茶业研究。广东人民出版社，2019。

孙庆忠著。枣韵千年。北京美术摄影出版社，2019。

孙业红，闵庆文，强占坡。中国重要农业文化遗产系列丛书——河北兴隆传统山楂栽培系统。中国农业出版社，2019。

谭砚文，倪根金，陈志国，赵艳萍主编。农耕文明的传承、保护与利用研究。世界图书出版公司，2019。

谭砚文，倪根金，陈志国，赵艳萍主编。乡贤、宗族与当代乡村文化建设研究。世界图书出版公司，2019。

王斌，闵庆文，周志方主编。中国重要农业文化遗产系列丛书——浙江德清淡水珍珠传统养殖与利用系统。中国农业出版社，2019。

许中旗，闵庆文主编。中国重要农业文化遗产系列丛书——河北宽城传统板栗栽培系统。中国农业出版社，2019。

闵庆文，杨东升，王斌主编。中国重要农业文化遗产系列丛书——四川郫都林盘农耕文化系统。中国农业出版社，2020。

闵庆文，张灿强，王斌主编。中国重要农业文化遗产系列丛书——海南海口羊山荔枝种植系统。中国农业出版社，2020。

张永勋，闵庆文，王维奇主编。中国重要农业文化遗产系列丛书——福建尤溪联合梯田。中国农业出版社，2020。

李文华主编。林下经济与农业复合生态系统管理。中国林业出版社，2021。

刘某承，庄稼祥，肖印章主编。中国重要农业文化遗产系列丛书——福建安溪铁观音茶文化系统。中国农业出版社，2021。

孙庆忠主编。农业文化遗产与年轻一代。中央编译出版社，2021。

孙庆忠主编。农业文化遗产与乡土中国。中央编译出版社，2021。

焦雯珺著。田鱼村的一年四季：走进浙江青田稻鱼共生系统。科学普及出版社，2022。

李云鹏，周波主编。中国的世界灌溉工程遗产。中国水利水电出版社，

2022。

闵庆文等著。国家公园综合管理的理论、方法与实践。科学出版社，2022。

闵庆文等著。自然保护地功能协同提升和国家公园综合管理的理论、技术与实践。科学出版社，2022。

闵庆文主编。人地和谐（农业湿地）/湿地中国科普丛书。中国林业出版社，2022。

倪根金，赵艳萍，胡卫等著。中国历代蝗灾与治蝗研究。齐鲁书社，2022。

孙金荣主编。山东省重要农业文化遗产调查与保护开发利用研究。中国农业出版社，2022。

孙庆忠等著。石街邻里：河北涉县旱作石堰梯田村落文化志。同济大学出版社，2023。

孙庆忠主编。全球重要农业文化遗产河北涉县旱作石堰梯田系统文化志丛书。同济大学出版社，2023。

王丰，倪根金（执行）主编。粤稻百年风华——广东省农业科学院水稻研究所发展史（1908—2020）。广东经济出版社，2023。

王明星，倪根金，刘少和主编。园治——乡村现代化暨休闲农业与乡村旅游研究辑刊。世界图书出版公司，2023。

闵庆文，焦雯珺主编。保护农业文化遗产，促进食物系统转型。中国农业出版社，2024。

闵庆文，孙业红主编。广东潮州单丛茶文化系统研究论文集。旅游教育出版社，2024。

闵庆文，张晓莉，孙业红，王静主编。2023中国乡村遗产旅游发展报告。中国社会科学文献出版社，2024。

Ⅳ 代表性文章

白艳莹，闵庆文，刘某承. 全球重要农业文化遗产国外成功经验及对中国的启示[J]. 世界农业，2014(6): 78-82.

何露，刘某承. 水资源利用 韩国青山岛板石梯田农作系统的启示[J]. 世界遗产，2014(9): 57-58.

洪传春，刘某承，李文华. 农业劳动力转移的动力机制及其对粮食安全的影响[J]. 兰州学刊，2014(9): 176-182.

李文华，刘某承，闵庆文. 农业文化遗产保护 带活生态农业[J]. 北京农业，

2014(14): 6-11.

李文华. 亚洲农业文化遗产的保护与发展[J]. 世界农业, 2014(6): 74-77 + 227.

梁勇, 胡远男, 刘某承, 等. 陕西佳县古枣园农业文化遗产保护与发展策略研究[J]. 农村经济与科技, 2014, 25(1): 21-25.

刘某承, 熊英, 伦飞, 等. 欧盟农业生态补偿对中国GIAHS保护的启示[J]. 世界农业, 2014(6): 83-88 + 103 + 227-228.

刘伟玮, 闵庆文, 白艳莹, 等. 农业文化遗产认定对农村发展的影响及对策研究——以浙江省青田县龙现村为例[J]. 世界农业, 2014(6): 89-93.

倪根金, 周米亚. 传统菊谱中的艺菊技术探析 [J]. 农业考古, 2014(1): 285-296.

张永勋, 刘某承, 闵庆文, 等. 陕西佳县枣林生态系统环境适应性及服务功能价值评估[J]. 干旱区研究, 2014, 31(3): 416-423.

赵飞, 倪根金, 章家恩. 历史时期增城乌榄的种植与利用研究 [J]. 农业考古, 2014(1): 216-221.

赵志军. 中国古代农业的形成过程——浮选出土植物遗存证据[J]. 第四纪研究, 2014, 34(1): 73-84.

Gross Briana, Zhijun Zhao. Rice domestication: Recent advances in archaeology and genetics[J]. Proceedings of the National Academy of Sciences, 2014, 111(17): 6190-6197.

Liu Moucheng, Xiong Ying, Yuan Zheng, Min Qing-wen, Sun Yehong, Anthony M. Fuller. Standards of Ecological Compensation for Traditional Eco-agriculture: Taking Rice-Fish System in Hani Terrace as an Example[J]. Journal of Mountain Science, 2014, 11(4): 1049-1059.

Yuan Zheng, Lun Fei, He Lu, Cao Zhi, Min Qingwen, Yanying Bai, Moucheng Liu, Shengkui Cheng, Wenhua Li and Anthony M. Fuller. Exploring the State of Retention of Traditional Ecological Knowledge (TEK) in a Hani Rice Terrace Village, Southwest China[J]. Sustainability, 2014, 6(7), 4497-4513.

Zhang Canqiang, Liu Moucheng. Challenges and Countermeasures for the Sustainable Development of Nationally Important Agricultural Heritage Systems in China[J]. Journal of Resources and Ecology, 2014, 5(4): 390-394.

Liu Weiwei, Li Wenhua, Liu Moucheng, Anthony M. Fuller. Traditional Agroforestry Systems: One Type of Globally Important Agricultural Heritage Systems[J]. Journal of Resources and Ecology, 2014, 5(4): 306-313.

Xu Ping, Yang Liyun, Liu Moucheng, Peng Fei. Soil Characteristics and Nutrients in Different Tea Garden Types in Fujian Province, China[J]. Journal of Resources and Ecology, 2014, 5(4): 356-363.

洪传春, 刘某承, 李文华. 农林复合经营: 中国生态农业发展的有效模式[J]. 农村经济, 2015(3): 37-41.

洪传春, 刘某承, 李文华. 我国化肥投入面源污染控制政策评估[J]. 干旱区资源与环境, 2015, 29(4): 1-6.

李静, 闵庆文, 杨伦, 等. 哈尼稻作梯田系统森林雨季水源涵养能力研究——以勐龙河流域为例[J]. 中央民族大学学报(自然科学版), 2015, 24(4): 48-57.

李文华, 孙庆忠. 全球重要农业文化遗产: 国际视野与中国实践——李文华院士访谈录[J]. 中国农业大学学报(社会科学版), 2015, 32(1): 5-18.

李文华. 农业文化遗产的保护与发展[J]. 农业环境科学学报, 2015, 34(1): 1-6.

李云鹏, 陈方舟, 王力, 等. 灌溉工程遗产特性、价值及其保护策略探讨——以丽水通济堰为例[J]. 中国水利, 2015(1): 61-64.

林惠凤, 刘某承, 洪传春, 等. 中国农业面源污染防治政策体系评估[J]. 环境污染与防治, 2015, 37(5): 90-95 + 109.

闵庆文, 刘某承, 李文华. 生态农业发展和农业文化遗产保护的推动者[J]. 世界农业, 2015, 11: 251-254.

庞世明, 孙业红, 魏云洁, 等. 农业文化遗产动态保护途径的经济学分析——以云南省哈尼梯田为例[J]. 世界农业, 2015, 11: 101-106 + 255-256.

孙雪萍, 刘某承, 王斌. 山东夏津黄河故道古桑树群生态系统服务功能分析[J]. 世界农业, 2015, 11: 107-113 + 256.

张永勋, 刘某承, 闵庆文, 等. 农业文化遗产地有机生产转换期农产品价格补偿测算——以云南省红河县哈尼梯田稻作系统为例[J]. 自然资源学报, 2015, 30(3): 374-383.

赵志军. 五谷初聚——二里头遗址植物考古的意义与成绩[J]. 世界遗产, 2015(45): 43-46.

赵志军.小麦传入中国的研究——植物考古资料[J].南方文物,2015(3):44-52.

朱冠楠,卢勇,李群.现代化背景下太湖传统生态养殖系统的传承与发展——基于农业文化遗产的视角[J].南京农业大学学报(社会科学版),2015,15(2):109-116+128.

陈列,王斌,刘某承.山东夏津黄河故道古桑树群的演变及其现实意义[J].南京林业大学学报(人文社会科学版),2016(2):76-83.

李文华,成升魁,梅旭荣,等.中国农业资源与环境可持续发展战略研究[J].中国工程科学,2016,18(1):56-64.

李云鹏,谭徐明,周长海,等.浙江诸暨桔槔井灌工程遗产及其价值研究[J].中国水利水电科学研究院学报,2016,14(6):437-442.

刘伟玮,刘某承,李文华,等.落叶松-人参复合系统的植物多样性和碳储量特征[J].林业科学,2016,52(9):124-132.

闵庆文,刘某承,焦雯珺.关于农业文化遗产普查与保护的思考[J].遗产与保护研究,2016,1(2):109-113.

赵志军,蒋乐平.浙江浦江上山遗址浮选出土植物遗存分析[J].南方文物,2016(3):109-116.

赵志军,汪景辉.双墩一号汉墓出土植物遗存的鉴定和分析[J].农业考古,2016(1):1-8.

Liu Weiwei, Liu Moucheng, Li Wenhua, et al. Influence of ginseng cultivation under larch plantations on plant diversity and soil properties in Liaoning Province, Northeast China[J]. Journal of Mountain Science, 2016, 13(9): 1598-1608.

Sun Xueping, Wang Bin, Liu Moucheng. The Ecosystem Service Function of Shandong Xiajin Yellow River Ancient Mulberry Trees System and Its Effect on Regional Ecosystem[J]. Journal of Resources and Ecology, 2016, 7(3): 223-230.

Sun Yehong, Zhou Hongjian, Geoffrey Wall, et al. Cognition of disaster risk in a tourism community: an agricultural heritage system perspective[J]. Journal of Sustainable Tourism, 2016, 25(4): 536–553.

Zhang Yongxun, Min Qingwen, Jiao Wenjun, et al. Values and Conservation of Honghe Hani Rice Terraces System as a GIAHS Site[J]. Journal of Resources and Ecology, 2016, 7(3): 197-204.

赖昌林,吴鸿,倪根金.中药广陈皮与新会皮药名出现年代考[J].中国中药杂志, 2017, 42(4): 789-794.

刘某承, 熊英, 白艳莹, 等. 生态功能改善目标导向的哈尼梯田生态补偿标准 [J]. 生态学报, 2017, 37(7): 2447-2454.

刘伟玮, 刘某承, 李文华, 等. 辽东山区林参复合经营土壤质量评价 [J]. 生态学报, 2017, 37(8): 2631-2641.

王斌, 秦一心, 闵庆文, 等. 海南海口羊山荔枝种植系统的遗产特征与价值分析 [J]. 中央民族大学学报 (自然科学版), 2017, 26(4): 16-21.

杨伦, 刘某承, 闵庆文, 等. 哈尼梯田地区农户粮食作物种植结构及驱动力分析 [J]. 自然资源学报, 2017, 32(1): 26-39.

杨伦, 闵庆文, 刘某承, 等. 韩国农业文化遗产的保护与发展经验 [J]. 世界农业, 2017(2): 4-8 + 218.

杨子江, 王玲玲, 刘某承, 等. 林渔复合经营产业支撑精准扶贫的调查分析——以皖南地区溪池型林渔复合经营为例 [J]. 西南林业大学学报 (社会科学), 2017, 1(2): 32-37.

张灿强, 闵庆文, 田密. 农户对农业文化遗产保护与发展的感知分析——来自云南哈尼梯田的调查 [J]. 南京农业大学学报 (社会科学版), 2017, 17(1): 128-135 + 148.

张灿强, 闵庆文, 张红榛, 等. 农业文化遗产保护目标下农户生计状况分析 [J]. 中国人口·资源与环境, 2017, 27(1): 169-176.

张永勋, 焦雯珺, 刘某承, 等. 日本农业文化遗产保护与发展经验及对中国的启示 [J]. 世界农业, 2017(3): 139-142.

赵志军, 杨金刚. 考古出土炭化大豆的鉴定标准和方法 [J]. 南方文物, 2017(3): 149-159.

赵志军. 仰韶文化时期农耕生产的发展和农业社会的建立——鱼化寨遗址浮选结果的分析 [J]. 江汉考古, 2017(6). 98-108.

Xiong Ying, Liu Moucheng, Pang Shiming. Study of Ecological Compensation for Paddy Fields: Oriented towards Eco-environmental Restoration[J]. Journal of Resources and Ecology, 2017, 8(6): 613-619.

Yang Lun, Liu Moucheng, Lun Fei, et al. An Analysis on Crops Choice and Its Driving Factors in Agricultural Heritage Systems——A Case of Honghe Hani Rice Terraces System[J]. Sustainability, 2017, 9(7): 1162.

Zhao Zhijun. Archaeobotanical Data for Research on the Introduction of Wheat into China[J]. Chinese Annals of History of Science and Technology, 2017, 1(1): 59-79.

陈志国, 倪根金, 周华. 海南黎族山兰稻的历史、价值及保护利用 [J]. 广西民族大学学报 (哲学社会科学版), 2018, 40(4): 82-87.

顾兴国, 刘某承, 闵庆文. 太湖南岸桑基鱼塘的起源与演变 [J]. 丝绸, 2018, 55(7): 97-104.

顾兴国, 楼黎静, 刘某承, 等. 基塘系统：研究回顾与展望 [J]. 自然资源学报, 2018, 33(4): 709-720.

李文华. 中国生态农业的回顾与展望 [J]. 农学学报, 2018, 8(1): 145-149.

刘某承, 杨伦. 从遗产保护中汲取养分 [J]. 中国投资 (中英文), 2018, 9(17): 71-73.

闵庆文, 刘某承, 杨伦, 等. 保护重要农业文化遗产 促进乡村振兴战略实施——"第五届全国农业文化遗产学术研讨会"综述 [J]. 古今农业, 2018(3): 112-117.

闵庆文, 刘某承, 杨伦. 黄河流域农业文化遗产的类型、价值与保护 [J]. 民主与科学, 2018(6): 26-28.

孙金荣, 孙文霞. 先秦农事诗与先秦农业——兼论文学起源问题 [J]. 中国农史, 2018, 37(1): 3-15.

孙金荣. 山东省传统村落的文化意蕴与价值 [J]. 农业考古, 2018, (6): 260-266.

张永勋, 闵庆文, 李先德. 红河哈尼稻作梯田旅游资源价值空间差异评价 [J]. 中国生态农业学报, 2018, 26(7): 971-979.

赵志军. 宋代远洋贸易商船"南海一号"出土植物遗存 [J]. 农业考古, 2018 (3): 7-17.

赵志军. 中国稻作农业起源研究的新认识 [J]. 农业考古, 2018(4): 7-17.

Liu Moucheng, Min Qingwen, Yang Lun. Rice Pricing during Organic Conversion of the Honghe Hani Rice Terrace System in China[J]. Sustainability, 2018, 10(1):183.

Liu Moucheng, Yang Lun, Bai Yanying, et al. The impacts of farmers' livelihood endowments on their participation in eco-compensation policies: Globally important agricultural heritage systems case studies from China[J]. Land Use Policy, 2018, 77: 231-239.

Liu Moucheng, Yang Lun, Min Qingwen, et al. Eco-compensation standards for agricultural water conservation: A case study of the paddy land-to-dry land program in China[J]. Agricultural Water Management, 2018, 204: 192-197.

Liu Moucheng, Yang Lun, Min Qingwen. Establishment of an eco-compensation fund based on eco-services consumption[J]. Journal of Environmental Management, 2018, 211:306-312.

Ren Weizheng, Hu Liangliang, Guo Liang, et al. Preservation of the genetic diversity of a local common carp in the agricultural heritage rice–fish system[J]. Proceedings of the National Academy of Sciences, 2018, 115(3): E546-554.

Wang Jiaran, Liu Moucheng, Yang Lun, et al. Factors Affecting the Willingness of Farmers to Accept Eco-compensation in the Qianxi Chestnut Agroforestry System, Hebei[J]. Journal of Resources and Ecology, 2018, 9(4): 407-415.

Yang Lun, Liu Moucheng, Lun Fei, et al. Livelihood Assets and Strategies among Rural Households: Comparative Analysis of Rice and Dryland Terrace Systems in China[J]. Sustainability, 2018, 10: 2525.

Yang Lun, Liu Moucheng, Min Qingwen, et al. Specialization or diversification? The situation and transition of households' livelihood in agricultural heritage systems[J]. International Journal of Agricultural Sustainability, 2018, 16(6): 1-17.

Zhang Yongxun, Li Xiande, Min Qingwen. How to balance the relationship between conservation of Important Agricultural Heritage Systems (IAHS) and socio-economic development? A theoretical framework of sustainable industrial integration development[J]. Journal of Cleaner Production, 2018, 204: 553-563.

Zhao Zhijun. When and how wheat come into China? In "*Far from the hearth-Essays in honour of Martin K. Jones*", McDonald Institute for Archeological Research[R], University of Cambridge, 2018: 199-210.

何思源, 丁陆彬, 闵庆文. 农业文化遗产保护与自然保护地体系建设[J]. 自然与文化遗产研究, 2019, 4(11): 34-38.

何思源, 李禾尧, 闵庆文. 基于价值认同的保护地管理途径研究——以兴化垛田全球重要农业文化遗产为例[J]. 遗产与保护研究, 2019, 4(1): 23-28.

洪传春, 刘某承, 牛丽君, 等. 长白山保护开发区林下经济发展战略选择——基于 AHP-SWOT 分析法[J]. 中南林业科技大学学报(社会科学版), 2019, 13(5):

66-72.

李禾尧，闵庆文，刘某承，等．全球重要农业文化遗产与可持续性社会——"第五届东亚地区农业文化遗产学术研讨会"综述与展望[J]．中国农业大学学报（社会科学版），2019，36(4)：131-136.

梁勇，闵庆文．宁夏重要农业文化遗产的保护与利用研究[J]．自然与文化遗产研究，2019，4(11)：96-100.

林惠凤，刘某承，焦雯珺，等．转换灌溉方式对农户种植决策和经济的影响——以河北省张北县为例[J]．中国生态农业学报（中英文），2019，27(8)：1293-1300.

刘某承，杨伦．迭部扎尕那农林牧复合系统[J]．中国投资（中英文），2019，4(7)：95-96.

刘某承，张丹．生态文明背景下农业文化遗产的传承利用[J]．中国生态文明，2019(2)：34-36.

倪根金，魏露苓．敦煌古藏文《医马经》中的医学和药学知识初探．见：李庆新主编．学海扬帆一甲子——广东省社会科学院历史与孙中山研究所（海洋史研究中心）成立六十周年纪念文集[M]．科学出版社，2019.

倪根金，周彦乔．民国广东蚕桑调查报告及其价值．见：陈建华主编．地方文献保护与整理出版研讨会论文集[M]．国家图书馆出版社，2019.

倪根金．林学家孙章鼎民国著述考论[J]．北京林业大学学报（社会科学版），2019，18(3)：7-13.

王斌，闵庆文．浙江省农业文化遗产保护与发展浅议[J]．自然与文化遗产研究，2019，4(11)：90-95.

杨伦，刘某承，闵庆文，等．农户生计策略转型及对环境的影响研究综述[J]．生态学报，2019，39(21)：8172-8182.

杨伦，马楠，王国萍，等．农业文化遗产中的传统知识：内涵与基本类型[J]．自然与文化遗产研究，2019，4(11)：48-52.

张灿强，龙文军．活态传承农业文化遗产助推脱贫攻坚及乡村振兴[J]．自然与文化遗产研究，2019，4(11)：30-33.

张永勋，闵庆文，徐明，等．农业文化遗产地"三产"融合度评价——以云南红河哈尼稻作梯田系统为例[J]．自然资源学报，2019，34(1)：116-127.

赵志军，刘昶．偃师二里头遗址浮选结果的分析和讨论[J]．农业考古，2019

(6): 7-20.

赵志军. 渭河平原古代农业的发展与变化——华县东阳遗址出土植物遗存分析 [J]. 华夏考古, 2019(5): 70-84.

赵志军. 植物考古概述 [J]. 南方文物, 2019(4): 13-22.

赵志军. 中国农业起源概述 [J]. 遗产与保护研究, 2019, 4(1): 1-7.

赵志军. 中国农业起源研究的新思考和新发现 [N]. 光明日报理论版, 2019-8-5(14).

Gu Xingguo, Lai Qixian, Liu Moucheng, et al. Sustainability Assessment of a Qingyuan Mushroom Culture System Based on Energy[J]. Sustainability, 2019, 11(18): 4863.

Liu Moucheng, Liu Weiwei, Yang Lun, et al. A dynamic eco-compensation standard for Hani Rice Terraces System in southwest China[J]. Ecosystem Services, 2019, 36: 100897.

Liu Moucheng, Yang Lun, Min Qingwen. Water-saving irrigation subsidy could increase regional water consumption[J]. Journal of Cleaner Production, 2019(213): 283-288.

Sun, Y., Timothy, D. J., Wang, Y., et al. Reflections on Agricultural Heritage Systems and Tourism in China[J]. Journal of China Tourism Research. 2019, 15(3), 359–378.

Yang Lun, Liu Moucheng, Lun Fei, et al. The impacts of farmers' livelihood capitals on planting decisions: A case study of Zhagana Agriculture-Forestry-Animal Husbandry Composite System[J]. Land use policy, 2019(86): 208-217.

Yang Lun, Liu Moucheng, Minqingwen. Natural Disasters, Public Policies, Family Characteristics, or Livelihood Assets? The Driving Factors of Farmers' Livelihood Strategy Choices in a Nature Reserve[J]. Sustainability, 2019, 11(19): 5423.

Zhang Yongxun, He Lulu, Li Xiande, et al. Why are the Longji Terraces in Southwest China maintained well? A conservation mechanism for agricultural landscapes based on agricultural multi-functions developed by multi-stakeholders[J]. Land Use Policy, 2019, 85:42-51.

Zhang Yongxun, Li Xiande, Min Qingwen. Transportation Accessibility of

Central Towns in Important Agricultural Heritage Systems Sites in Mountainous Areas and Its Impact on Local Economic Development: A Case Study of Honghe Hani Rice Terraced System, Yunnan[J]. Journal of Resources and Ecology. 2019, 10(1): 29-38.

Zhao Z. The Four Stages in the Origin of Rice Agriculture [J].Chinese Annals of History of Science and Technology, 2019, 3(1):1-20.

崔文超，焦雯珺，闵庆文，等．基于碳足迹的传统农业系统环境影响评价——以青田稻鱼共生系统为例[J]. 生态学报，2020, 40(13): 4362-4370.

崔文超，焦雯珺，闵庆文，等．土地流转背景下不同经营规模的青田稻鱼共生系统环境影响差异——基于碳足迹的实证研究[J]. 应用生态学报，2020, 31(12): 4125-4133.

何思源，丁陆彬，闵庆文．活态遗产的多元价值传播途径——兼论我国重要农业文化遗产科普宣教工作进展与展望[J]. 自然与文化遗产研究，2020, 5(6): 39-49.

何思源，李禾尧，闵庆文．农户视角下的重要农业文化遗产价值与保护主体[J]. 资源科学，2020, 42(5): 870-880.

何思源，闵庆文，李禾尧，等．重要农业文化遗产价值体系构建及评估（Ⅰ）：价值体系构建与评价方法研究[J]. 中国生态农业学报（中英文），2020, 28(9): 1314-1329.

洪传春，刘某承，张永勋．农业文化遗产地农户生计资本与生计策略关系研究——以宽城传统板栗栽培系统为例[J]. 原生态民族文化学刊，2020, 12(5): 101-109.

焦雯珺，赵贵根，闵庆文，等．基于世界遗产监测经验的全球重要农业文化遗产监测体系构建[J]. 中国生态农业学报（中英文），2020, 28(9): 1350-1360.

李禾尧，何思源，闵庆文，等．重要农业文化遗产价值体系构建及评估（Ⅱ）：江苏兴化垛田传统农业系统价值评估[J]. 中国生态农业学报（中英文），2020, 28(9): 1370-1381.

李云鹏．从灌溉工程遗产看中国传统灌溉技术特征[J]. 自然与文化遗产研究，2020, 5(4): 94-100.

李云鹏．世界灌溉工程遗产及其保护意义[J]. 中国水利，2020(5): 47-49 + 53.

李志东，饶滴滴，刘某承，等．基于地理探测器的农业文化遗产地人均纯收入差异驱动力研究——以赤峰市阿鲁科尔沁旗为例[J]. 中国生态农业学报（中英文), 2020, 28(9): 1425-1434.

梁勇, 闵庆文. 新疆察布查尔布哈农业系统及其农业文化遗产价值研究[J]. 伊犁师范学院学报(社会科学版), 2020, 38(3): 34-39.

刘某承, 白云霄, 杨伦, 等. 生态补偿标准对农户生产行为的影响——以云南省红河县哈尼稻作梯田为例[J]. 中国生态农业学报(中英文), 2020, 28(9): 1339-1349.

刘某承, 李禾尧, 闵庆文, 等. 重要农业文化遗产保护能力建设评估框架及其应用[J]. 自然与文化遗产研究, 2020, 5(6): 29-38.

闵庆文, 张碧天, 刘某承. 加强农业文化遗产保护研究助推脱贫攻坚和乡村振兴战略——"第六届全国农业文化遗产大会"综述[J]. 古今农业, 2020(1): 92-100.

王斌, 黄盛怡, 闵庆文, 等. 高复种指数区成都市郫都区农田土壤养分特征及其空间变异研究[J]. 生态科学, 2020, 39(3): 151-159.

王斌, 黄卫华, 陈俊良, 等. 庆元林－菇共育系统特征、价值及现实意义[J]. 环境生态学, 2020, 2(8): 28-32.

杨伦, 闵庆文, 刘某承, 等. 农业文化遗产视角下的黄河流域生态保护与高质量发展[J]. 环境生态学, 2020, 2(8): 1-8.

杨伦, 闵庆文, 刘某承, 等. 农业文化遗产视角下的黄河流域生态保护与高质量发展[J]. 环境生态学, 2020, 2(8): 1-8.

杨伦, 王国萍, 马楠, 等. 全球重要农业文化遗产的粮食与生计安全评估框架[J]. 中国生态农业学报(中英文), 2020, 28(9): 1330-1338.

杨伦, 王国萍, 马楠, 等. 全球重要农业文化遗产的粮食与生计安全评估框架[J]. 中国生态农业学报(中英文), 2020, 28(9): 1330-1338.

杨伦, 王国萍, 闵庆文. 从理论到实践·我国重要农业文化遗产保护的主要模式与典型经验[J]. 自然与文化遗产研究, 2020, 5(6): 10-18.

詹天宇, 孙建, 张振超, 等. 基于meta分析的放牧压力对内蒙古高原草地生态系统的影响[J]. 中国生态农业学报(中英文), 2020, 28(12): 1847-1858.

张灿强, 龙文军. 农耕文化遗产的保护困境与传承路径[J]. 中国农史, 2020, 39(4): 115-122.

赵志军, 赵朝洪, 郁金城, 等. 北京东胡林遗址植物遗存浮选结果及分析[J]. 考古, 2020(7): 99-106.

赵志军. 历史时期农牧交错带地区的生产经营方式复原——苍头河流域考古调查浮选出土植物遗存分析 [J]. 农业考古, 2020(4): 7-17.

赵志军. 新石器时代植物考古与农业起源研究(续)[J]. 中国农史, 2020, 39(4): 3-9.

赵志军. 新石器时代植物考古与农业起源研究 [J]. 中国农史, 2020, 39(3): 3-13.

朱冠楠, 闵庆文. 对农业文化遗产保护的历史与文化反思 [J]. 原生态民族文化学刊, 2020, 12(4): 130-135.

朱冠楠, 闵庆文. 庆元林－菇共育系统的生态机制和当代价值 [J]. 农业考古, 2020(6): 37-43.

He Siyuan, Li Heyao, Min Qingwen. Is GIAHS an Effective Instrument to Promote Agrosystem Con-servation? A Rural Community's Perceptions[J]. Journal of Resources and Ecology, 2020, 11(1):77-86.

Li Yunpeng, Deng Jun, Tan Xuming. Traditional Model of Ziquejie Mountain Terraces in China and Scientificities on Irrigation Heritage Perspective[J]. IOP Conference Series: Earth and Environmental Science, 2020, 580(1): 12071.

Li Yunpeng, Tan Xuming, Zhou Bo. Philosophy and value in irrigation heritage in China[J]. Irrigation and Drainage, 2020, 69(2): 153-160.

Liu Moucheng, Bai Yunxiao, Ma Nan, et al. Blood Transfusion or Hematopoiesis？ How to select between the subsidy mode and the long-term mode of eco-compensation[J]. Environmental Research Letters, 2020(15): 094059.

Liu Moucheng, Chen Cheng, Yang Lun, et al. Agricultural eco-compensation may not necessarily reduce chemical inputs[J]. Science of the total environment, 2020(741): 139847.

Liu Moucheng, Yang Lun, Min Qingwen, et al. Theoretical framework for eco-compensation to national parks in China[J]. Global Ecology and Conservation, 2020, (24): 1296.

Su M. M., Sun Y., Wall G., et al. Agricultural heritage conservation, tourism and community livelihood in the process of urbanization – Xuanhua Grape Garden, Hebei Province, China[J]. Asia Pacific Journal of Tourism Research, 2020, 25(3): 205-222.

焦雯珺, 崔文超, 闵庆文, 等. 农业文化遗产及其保护研究综述 [J]. 资源科学,

2021, 43(4): 823-837.

李云鹏, 郭姝姝. "文化灌区"建设的现代化意义及实施路径探讨 [J]. 中国水利, 2021(17): 30-32.

李志东, 刘某承. 我国草原生态保护补助奖励政策效应评价研究进展 [J]. 草地学报, 2021, 29(6): 1125-1135.

刘吉龙, 张永勋, 李先德. 认知对农户参与农业文化遗产保护行为的影响——以福建安溪铁观音茶文化系统为例 [J]. 中国生态农业学报(中英文), 2021, 29(8): 1442-1452.

王斌, 李正才, 黄盛怡, 等. 菇木林目标树择伐林窗的形成对土壤养分含量的影响 [J]. 中南林业科技大学学报, 2021, 41(2): 1-7.

谢萍, 魏露苓, 倪根金. 敦煌古藏文《驯马经》中的驯马技术研究 [J]. 农业考古, 2021(4): 201-205.

张灿强, 吴良. 中国重要农业文化遗产: 内涵再识、保护进展与难点突破 [J]. 华中农业大学学报(社会科学版), 2021(1): 148-155 + 181.

赵志军. 传说还是史实: 有关"五谷"的考古发现 [N]. 光明日报, 2021-7-10(10).

赵志军. 汉魏时期三江平原农业生产的考古证据——黑龙江友谊凤林古城遗址出土植物遗存及分析 [J]. 北方文物, 2021(1): 68-81.

赵志军. 农业起源与文明起源一脉相承 [N]. 人民日报, 2021-12-13.

朱冠楠, 闵庆文. 农业文化遗产地的文化资本与身份认同——以浙江庆元林-菇共育系统为例 [J]. 贵州社会科学, 2021(9): 57-62.

朱冠楠. 积极进行活态保护与活态利用——农业文化遗产故事性十足 [N]. 人民日报(海外版)世界遗产版, 2021-4-12.

朱冠楠. 农业文化遗产保护的时代背景、种质资源及传统技术价值 [J]. 农村工作通讯, 2021(10): 30-32.

朱冠楠. 为啥农业遗产总是丰收节上的明星——现在去兴化看看垛田 [N]. 人民日报(海外版)世界遗产版, 2021-3-22.

Bai Yunxiao, Liu Moucheng, Yang Lun. Calculation of Ecological Compensation Standards for Arable Land Based on the Value Flow of Support Services. Land, 2021 (10): 719.

He Siyuan, Ding Lubin, Min Qingwen. The Role of the Important Agricultural

Heritage Systems in the Construction of China's National Park System and the Optimisation of the Protected Area System [J]. Journal of Resources and Ecology, 2021, 12(4): 444-452.

Jiao Wenjun, Wang Bojie, Sun Yehong, et al. Design and Application of the Annual Report of Globally Important Agricultural Heritage Systems (GIAHS) Monitoring[J]. Journal of Resources and Ecology, 2021, 12(4): 498-512.

Li Zhidong, Rao Didi, Liu Moucheng. The Impact of China's Grassland Ecological Compensation Policy on the Income Gap between Herder Households? A Case Study from a Typical Pilot Area[J]. Land, 2021(10): 1405.

Liu Moucheng, Bai Yunxiao, Yang Lun, et al. Calculation of Ecological Compensation Standards for the Kuancheng Traditional Chestnut Cultivation System [J]. Journal of Resources and Ecology, 2021, 12(4): 471-479.

Liu Moucheng, Rao Didi, Yang Lun, et al. Subsidy, training or material supply? The impact path of eco-compensation method on farmers' livelihood assets[J]. Journal of Environmental Management, 2021(287): 112339.

Liu Moucheng, Yang Lun. Spatial pattern of China's agricultural carbon emission performance[J]. Ecological Indicators, 2021(133): 108345.

Wang Bin, Sun Yehong, Jiao Wenjun. Ecological Benefit Evaluation of Agricultural Heritage System Conservation——A Case Study of the Qingtian Rice-Fish Culture System [J]. Journal of Resources and Ecology, 2021, 12(4): 489-497.

Wang Guoping, Yang Lun, Liu Moucheng, et al. The Role of Local Knowledge in the Risk Management of Extreme Climates in Local Communities: A Case Study in a Nomadic NIAHS Site [J].Journal of Resources and Ecology, 2021, 12(4): 532-542.

Yang Lun, Sun Jing, Liu Moucheng, et al. Agricultural production under rural tourism on the Qinghai-Tibet Plateau: From the perspective of smallholder farmers[J]. Land Use Policy, 2021(103): 105329.

Yang Lun, Sun Jing, Min Qingwen, et al. Impacts of non-agricultural livelihood transformation of smallholder farmers on agricultural system in the Qinghai-Tibet Plateau[J].International Journal of Agricultural Sustainability, 2021, 20(3): 302-311.

Yang Lun, Yang Jianhui, Jiao Wenjun, et al. The Evaluation of Food and Livelihood Security in a Globally Important Agricultural Heritage Systems (GIAHS)

Site [J].Journal of Resources and Ecology, 2021, 12(4): 480-488.

Zhao Zhijun, Zhao Chaohong, Yu Jincheng, et al. Plant remains unearthed at the Donghulin site in Beijing: discussion on results of flotation[J].Chinese Archaeology, 2021, 21: 193-200.

Zhu Guannan, Li Xiande, Zhang Yunxun. Multi-Stakeholder Involvement Mechanism in Tourism Management for Maintaining Terraced Landscape in Important Agricultural Heritage Systems (IAHS) Sites: A Case Study of Dazhai Village in Longji Terraces, China[J]. Land, 2021, 10: 1146.

柏芸. 农业文化遗产中的农耕智慧[J]. 月读，2022(1): 61-65.

崔文超、焦雯珺、闵庆文. 不同土地经营模式的稻鱼共生系统环境影响评价[J]. 中国生态农业学报（中英文），2022, 30(4): 630-640.

何思源、焦雯珺、闵庆文. 自然受益目标下食物系统转型研究：基于全球重要农业文化遗产(GIAHS)的解决方案[J]. 生态与农村环境学报, 2022, 38(10): 1249-1257.

黑杰、李先德、刘吉龙，等. 轮作模式对农田土壤团聚体及碳氮含量的影响[J]. 中国水土保持科学（中英文），2022, 20(3): 126-134.

李云鹏. 保护好灌溉工程遗产是当代保护传承历史文化的重要责任[N]. 中国水利，2022-11-3(6).

李云鹏. 从传统灌溉农业文化中汲取发展智慧[N]. 人民日报, 2022-8-17(17).

李云鹏. 灌溉工程遗产——深厚而丰富的灌溉历史文化[N]. 人民日报，2022-9-3(7).

刘吉龙、李先德、张永勋，等. 风险冲击对农业文化遗产地农户可持续生计的影响：以安徽铜陵白姜(Zingiber officinale)种植系统为例[J]. 生态与农村环境学报, 2022, 38(12): 1514-1525.

刘某承、苏伯儒、闵庆文，等. 农业文化遗产助力乡村振兴：运行机制与实施路径[J]. 农业现代化研究, 2022, 43(4): 551-558.

刘旭、李文华、赵春江，等. 面向2050年我国现代智慧生态农业发展战略研究[J]. 中国工程科学, 2022, 24(1): 38-45.

闵庆文、骆世明、曹幸穗，等. 农业文化遗产：连接过去与未来的桥梁[J]. 农业资源与环境学报, 2022, 39(5): 856-868.

闵庆文、郑风田、倪根金. 彰显农业文化遗产的时代价值[N]. 广州日报，

2022-8-10.

倪根金，陈桃仪．历史上人们对鲎的认识、利用及其在岭南的地理分布变迁[J]．海洋史研究，2022(2)：180-200.

倪根金．根植土地的文化追寻——以农耕文化赋能乡村振兴．行走在岭南文化印记中——广东省政协委员传承弘扬中华优秀传统文化悦读札记[M]．广东：广东人民出版社，2022.

苏明明，杨伦，何思源．农业文化遗产地旅游发展与社区参与路径[J]．旅游学刊，2022，37(6)：9-11.

孙金荣，孙骥．黄河流域古枣林复合系统文化论略[J]．古今农业，2022(3)：98-108＋26.

王国萍，何思源，闵庆文，等．农户应对气候风险的适应策略研究综述[J]．生态与农村环境学报，2022，38(2)：137-146.

谢萍，倪根金，魏露苓．从采集到栽培：海南茶叶发展史论[J]．农业考古，2022(5)：222-230.

胥佳忆，李先德，刘吉龙，等．农业土地利用转变对土壤团聚体组成及碳、氮含量的影响[J]．环境科学学报，2022，42(8)：438-448.

阳祥，李先德，刘吉龙，等．不同轮作模式的土壤真菌群落结构及功能特征分析[J]．环境科学学报，2022，42(4)：432-442.

杨伦，闵庆文．德清生态农业实践的典型模式与发展建议[J]．农业资源与环境学报，2022，39(5)：878-884.

张灿强，林煜．农业景观价值及其旅游开发的农户利益关切[J]．中国农业大学学报(社会科学版)，2022，39(3)：131-140.

张灿强．从优秀农耕文化中汲取乡村振兴的精神力量[N]．光明日报，2022-12-3(11).

张灿强．习近平关于文化遗产保护重要论述的核心要义与实践价值[J]．理论视野，2022(5)：39-44.

张祖群，卢成钢，吴秋雨，等．农业文化遗产的乡村旅游发展报告[R]．北京：社会科学文献出版社，2022.

张祖群，王文江．试论饮食文化的"节气性"：基于二十四节气的讨论[J]．地方文化研究辑刊，2022(1)：268-282.

Li Zhidong, Liu Moucheng. Herder households' livelihood strategies as a response to payments for grassland ecosystem services in China[J]. Land Degradation & Development, 2022, 34(5): 1375-1389.

Li Zhidong, Liu Moucheng. Livelihood Diversification Helps Herder Households on the Mongolian Plateau Reduce Emissions: A Case Study of a Typical Pastoral Area[J]. Agronomy, 2022(12): 267.

Li Zhidong, Su Boru, Liu Moucheng. Research Progress on the Theory and Practice of Grassland Eco-Compensation in China[J]. Agriculture, 2022(12): 721.

Rao Didi, Wang Jiaran, Liu Moucheng, et al. Research on Ecological Compensation of National Parks Based on Tourism Concession Mechanism[J]. Sustainability, 2022(14): 6463.

Su Boru, Liu Moucheng. Study on extra services of integrated agricultural landscapes: A case studyconducted on the Coastal Bench Terrace System[J]. Ecological Indicators, 2022(145): 109634.

Yang Lun, Liu Moucheng, Yang Xiao, et al. A Review of the Contemporary Eco-Agricultural Technologies in China[J]. Journal of Resources and Ecology, 2022, 13(3): 511-517.

Zhang Yongxun, Li Xiande. Protecting Traditional Agricultural Landscapes by Promoting Industrial Integration Development: Practices from Important Agricultural Heritage Systems (IAHS) Sites in China[J]. Land, 2022, 11: 1286.

Zhu Guannan, Cao Xingsui, Wang Bin, et al. The Importance of Spiritual Ecology in the Qingyuan Forest Mushroom Co-Cultivation System[J]. Sustainability, 2022, 14(2): 14020865.

白云霄, 封雨晴, 刘某承. 农业文化遗产地潜在分布区域识别——以传统枣类种质资源为例[J]. 资源科学, 2023, 45(2): 441-449.

李云鹏. 灌溉工程遗产的内涵、特征与认定标准探讨[J]. 自然与文化遗产研究, 2023, 8(3): 3-12.

李云鹏. 水利遗产的内涵特性与多重价值挖掘[J]. 中国文化遗产, 2023(2): 16-18.

林少颖, 曾瑜, 陈金梅, 等. 施用秸秆和生物炭的茉莉园土壤微生物量及细菌多样性的差异[J]. 环境科学学报, 2023, 43(8): 383-395.

林少颖, 曾瑜, 杨文文, 等. 添加秸秆及其生物炭对茉莉植株与土壤碳氮磷生态化学计量特征的影响 [J]. 植物生态学报, 2023, 47(4): 530-545.

倪根金. 将农业文化遗产保护利用作为广东乡村振兴重要抓手 [J]. 南方, 2023(16): 60.

苏伯儒, 刘某承, 李志东. 农业文化遗产生态系统服务的复合增益——以浙江瑞安滨海塘河台田系统为例 [J]. 生态学报, 2023(3): 1-12.

王斌, 闵庆文, 薛镒涵. 鱼——蚌混养的原理、效益及影响因素分析 [J]. 环境生态学, 2023, 5(3): 66-69 + 98.

阳祥, 金强, 李先德, 等. 茶园管理模式对土壤团聚体稳定性与碳氮含量的影响 [J]. 中国水土保持科学 (中英文), 2023, 21(5): 81-89.

杨发峻, 王维奇, 吴梓炜, 等. 福建典型茶园土壤养分及其计量比对细菌群落结构的影响 [J]. 水土保持学报, 2023, 37(6): 209-218.

张永勋, 李先德, 张长水. 基于交易费用理论的新型农业经营主体与农户合作模式研究——以农业文化遗产地安溪为例 [J]. 自然资源学报, 2023, 38(5): 1150-1163.

张祖群, 卢成钢, 赵浩天. 信阳毛尖的历史品牌形成 [J]. 餐饮世界, 2023(1): 20-23.

张祖群. 《敖鲁古雅》驯鹿人的文化传承困境与民族志解析 [M]. 成都: 四川民族出版社, 2023.

赵志军. 农业起源研究的生物进化论视角——以稻作农业起源为例 [J]. 考古, 2023(2): 112-120.

朱冠楠, 王斌. 食用菌农业文化遗产——生动呈现人与自然的和谐共生 [N]. 人民日报 (文化遗产版), 2023-1-7(7).

朱冠楠, 姚鹏. 农业文化遗产生态位的时空要素与层级跃升辨析——基于浙江长兴紫笋茶的实证案例 [J]. 中国农史, 2023, 42(6): 133-141.

Jiao Wenjun, Cui Wencao, He Siyuan. Can agricultural heritage systems keep clean production in the context of modernization? A case study of Qingtian Rice-Fish Culture System of China based on carbon footprint[J]. Sustainability Science, 2023, 18(3): 1397-1414.

Su Boru, Liu Moucheng. An ecosystem service trade-off management framework based on key ecosystem services[J]. Ecological Indicators, 2023(154): 110894.

张祖群, 卢成钢, 李潘一. 2022—2023 年中国农业文化遗产旅游发展报告

[R]. 北京：社科文献出版社，2024.

张祖群，吴秋雨，赵浩天，等. 2022—2023 年北京市京西稻农业文化遗产旅游活化发展报告 [R]. 北京：社科文献出版社，2024.

赵志军. 旧-新石器过渡时期南北方生业的对比分析 [J]. 史前考古，2024，1.

Bai Yunxiao, Li Xiaoshuang, Feng Yuqing, et al. Preserving traditional systems: identification of agricultural heritage areas based on agro-biodiversity[J]. Plants, People, Planet, 2024: 10479.

Guo Xuan, Min Qingwen, Jiao Wenjun. Spatial distribution characteristics and differentiated management strategies of China Nationally Important Agricultural Heritage Systems[J].Journal of Geographical Sciences, 2024(3): 34.

Jiao Wenjun, Yang Xiao, Li Yuwei.Traditional knowledge's impact on soil and water conservation in mountain agricultural systems: A case study of Shexian Dryland stone terraced System, China[J].Ecological Indicators, 2024, 159: 111742.

Jiao Wenjun, Yu Zhounan, He Siyuan.Analyzing the policy-driven adaptation of Important Agriculture Heritage Systems to modernization from the resilience perspective: a case study of Qingtian Rice-Fish Culture System, China[J].Frontiers in Sustainable Food Systems. 2024(8): 1364075.

Liu Moucheng, Chen Xin, Jiao Xuanmei. Sustainable Agriculture: Theories, Methods, Practices and Policies[J]. Agriculture, 2024(14): 473.

Su Boru, Liu Moucheng. Coupling management ecosystem service supply-supply trade-offs and supply-demand trade-offs: Framework and practice[J]. Ecological indicators, 2024(166): 112258.

Su Boru, Liu Moucheng. How to manage the ecosystem services effectively and fairly[J]. Journal of Cleaner Production, 2024(458): 142477.

Yu Zhounan, Jiao Wenjun, Min Qingwen. Carbon footprints of tea production in smallholder plantations: A case study of Fenghuang Dancong tea in China[J]. Ecological Indicators, 2024, 158: 111305.

Ⅳ 重要科普讲座

骆世明，中国传统农业的秘密。2011，宁夏。

曹幸穗，农业文化遗产保护的现状与对策。2014，中国农业文化遗产展览。

闵庆文，《中国重要农业文化遗产》系列纪录片。2014，CCTV-7。

闵庆文，关乎未来的农业文化遗产。2014，科学人讲坛。

闵庆文，农业文化遗产之旅。2014，中国科学院第十届公众科学日。

曹幸穗，论农业文化遗产的"濒危性"。2015，农业文化遗产研讨会。

闵庆文，关乎未来的重要农业文化遗产。2015，国家图书馆"乡村，诗意的栖居"。

骆世明，The traditional wisdom lightens the future of sustainable agriculture。2016，贵州从江GIAHS国际培训班。

曹幸穗，广东连南排瑶古寨保护中的农业文化遗产。2016，古村落保护论坛。

曹幸穗，农业文化遗产普查相关问题辨析。2016，第三届中国农业文化遗产研讨会。

曹幸穗，农业文化遗产与农耕文明。2016，农业部（厦门）农业遗产地管理人员培训班。

孙庆忠，农业文化遗产保护与乡村建设。2016，中国社会学会农村社会学专业委员会主办"新农村建设与治理"研讨会。

曹幸穗，农业文化遗产申报和管理。2017，农业文化遗产培训课程。

曹幸穗，农业遗产里的渔文化。2017，全国休闲渔业培训暨研讨会。

骆世明，东西方农业传统的差异及其影响。2017，中国热带科学研究院。

孙金荣，传承农耕文明 培育农民精神。2014—2017，中组部、农业部农村实用人才带头人和大学生村官示范培训班（计17期）。

曹幸穗，"一带一路"源头的农业文化遗产。2018，全国大学生村官培训班。

曹幸穗，农业文化遗产保护与乡村振兴。2018，全国休闲农业和乡村旅游管理人员培训班。

孙庆忠，农业文化遗产保护与乡村可持续发展。2018，中国农业博物馆。

赵志军，五谷。2018，《一席》。

曹幸穗，农业文化遗产：面向未来的历史。2019，第二期农业文化遗产地乡村青年研修班讲座。

曹幸穗，农业文化遗产保护与发展2.0：当前的任务与对策。2019，全球重要农业文化遗产保护与发展促进乡村振兴国际研讨会。

骆世明，传统农业的智慧。2019，中国农业大学。

曹幸穗，农业文化遗产的价值认知和提炼升华。2020，琼中山兰稻作文化系统研讨会。

曹幸穗，中国的农业历史与农业遗产。2020，北京市"农研智库"讲座。

骆世明，中国传统农业的智慧与生态文明。2020，浙江台州。

闵庆文，千变万化的农遗。2020，CCTV-17《大地讲堂》。

闵庆文，中国重要农业文化遗产。2020，中央人民广播电台"中国乡村之声"《小康农家》《乡村讲堂》《三农早报》。

张祖群，从公约认知到文明互鉴——中国四条文化线路构筑的文化图景。2022，遗产保护与永续利用国际学术研讨会。

赵志军，解开小麦传入中国之谜。2020，首都科学讲堂。

赵志军，五谷的故事。2020，CCTV-1《考古公开课》。

曹幸穗，农业文化遗产传承与利用。2021，中国人民大学乡村风情与农村发展课程专题讲座。

曹幸穗，农业文化遗产与相关农业概念的区别与辨析。2021，农业文化遗产讲习班。

骆世明，The traditional wisdom helps。2021，GIAHS 线上泰国 GIAHS 培训讲座。

闵庆文，农业文化遗产保护与美丽乡村建设。2021，北京市基层农技推广体系骨干人员素质提升培训班直播课。

孙庆忠，播厥百谷，藏种于民——中国重要农业文化遗产摄影展之"种子"。2021，中国农业大学文化艺术馆。

曹幸穗，对农业文化遗产的认识升华。2022，GIAHS 大会新闻组的采访。

曹幸穗，绿色低碳 共富共美—农业文化遗产助力乡村振兴的路径与实践。2023，农业文化遗产传承与发展新路径论坛。

曹幸穗，挖掘农耕文化精华，焕发乡村文化创新发展活力。2022，中国农民丰收节论坛。

李云鹏，灌溉工程遗产保护的理论与实践。2022，浙江省水利厅2022年"水文化月月谈"。

骆世明，Can traditional wisdom used in the future? 2022，全球重要农业文化遗产研讨会。

骆世明，农业文化传统与农业未来。2022，福建安溪铁观音全球重要农业文化遗产会议。

闵庆文，农业文化遗产不是关于过去的，而是关乎人类未来。2022，中国科学院"格致论道讲坛"。

闵庆文，农遗在中国。2022，今日头条（头条三农）。

闵庆文，中国古老农业文明变迁的历史与故事。2022，CCTV-1《开讲啦》。

孙金荣，重要农业文化遗产保护与开发利用。2022，山东省农业农村厅"中华文化体验廊道乡村振兴点位填报培训班"。

孙庆忠策划，中国梯田——全球重要农业文化遗产摄影展。2022，中国农业大学文化艺术馆。

赵志军，五谷丰登与中华文明。2022，CCTV-1《开讲了》。

曹幸穗，丝带海路：夏津桑文化溯源。2023，第十六届中国·夏津黄河故道椹果生态文化节。

李云鹏，从实践到理论：灌溉工程遗产保护。2023，四川省2023年"蜀水讲堂"第十七期。

李云鹏，都江堰水利遗产特性与保护发展策略。2023，青城山——都江堰世界文化遗产保护利用人才峰会。

李云鹏，灌溉工程遗产保护与灌区现代化建设。2023，江苏省农业节水与灌区现代化建设技术培训。

骆世明，从农业文化遗产看中国农民的智慧。2023，高校非遗教师培训班。

闵庆文，穿越千年的丰收。2023，CCTV-17《大地讲堂》。

孙金荣，山东省域重要农业文化遗产的战略认知。2023，山东农业大学、青岛农业大学、山东农业工程学院。

孙庆忠，农业文化遗产保护与年轻一代的作为。2023，中国农业大学"青春讲堂"。

孙庆忠，知天知地——气候变化适应行动摄影展。2023，中国农业大学文化艺术馆。

孙业红，农业文化遗产地旅游发展典型案例。2023，浙江湖州农业文化遗产保护研讨会。

孙业红，遗产地农文旅融合发展路径与典型案例。2023，广东农业文化遗产培训班。

王维奇，全球重要农业文化遗产保护与发展的福建实践。2023，"一带一路"国家农业文化遗产管理与保护研修班。

赵志军，舌尖上的考古——秦汉。2023，CCTV-1《考古公开课》。

赵志军，舌尖上的考古——新石器时代到商周。2023，CCTV-1《考古公开课》。

曹茂，云南茶文化遗产与保护。2024，云岭大讲堂·临沧讲坛。

曹茂，云南的茶树·茶山和茶文化。2024，云南大学人类学博物馆。

孙业红，遗产地农文旅融合发展路径与典型案例。2024，西藏自治区农业文化遗产培训班。

王维奇，福建湿地类全球重要农业文化遗产生态保育与可持续利用。2024，泰国重要农业遗产系统管理保护能力建设研修班。

图书在版编目（CIP）数据

中国农学会农业文化遗产分会主要学术交流成果：
2014-2024 / 闵庆文，刘某承主编. -- 北京：中国农业
出版社，2024.10. -- ISBN 978-7-109-32527-2

Ⅰ.S-53

中国国家版本馆CIP数据核字第2024Y63M47号

中国农业出版社出版

地址：北京市朝阳区麦子店街18号楼

邮编：100125

责任编辑：程　燕　张丽四

版式设计：李　爽　　责任校对：张雯婷　　责任印制：王　宏

印刷：北京缤索印刷有限公司

版次：2024年10月第1版

印次：2024年10月北京第1次印刷

发行：新华书店北京发行所

开本：700mm×1000mm　1/16

印张：18.5

字数：350千字

定价：160.00元